高等职业教育宠物类专业教材

宠物药理

CHONGWU YAOLI

许建国　李泽宇　主编

中国轻工业出版社

图书在版编目（CIP）数据

宠物药理/许建国，李泽宇主编．—北京：中国轻工业出版社，2025.5

高等职业教育“十三五”规划教材　高等职业教育宠物类专业教材

ISBN 978-7-5184-2249-4

Ⅰ.①宠…　Ⅱ.①许…②李…　Ⅲ.①宠物-兽医学-药理学-高等职业教育-教材　Ⅳ.①S859.7

中国版本图书馆 CIP 数据核字（2019）第 028457 号

责任编辑：贾　磊　　责任终审：张乃柬　　设计制作：锋尚设计
策划编辑：贾　磊　　责任校对：吴大朋　　责任监印：张　可

出版发行：中国轻工业出版社（北京鲁谷东街 5 号，邮编：100040）
印　　刷：三河市万龙印装有限公司
经　　销：各地新华书店
版　　次：2025 年 5 月第 1 版第 5 次印刷
开　　本：720×1000　1/16　印张：17
字　　数：345 千字
书　　号：ISBN 978-7-5184-2249-4　定价：44.00 元
邮购电话：010-85119873
发行电话：010-85119832　010-85119912
网　　址：http://www.chlip.com.cn
Email：club@chlip.com.cn

250726J2C105ZBW

本书编写人员

主　编

许建国　(新疆农业职业技术大学)

李泽宇　(新疆农业职业技术大学)

副主编

王传锋　(江苏农牧科技职业学院)

季珉珉　(新疆苏东农牧科技有限公司)

姜　斌　(温州科技职业学院)

参　编

关　团　(新疆维吾尔自治区动物疫病预防控制中心)

陈　英　(新疆农业职业技术大学)

马　博　(巴音郭楞职业技术学院)

汪　文　(阿克苏职业技术学院)

李　丽　(乌鲁木齐米东区畜牧兽医站)

主　审

牛彦兵　(新疆农业职业技术大学)

前言 / PREFACE

根据《国务院关于大力发展职业教育的决定》《教育部关于全面提高高等职业教育教学质量的若干意见》和《教育部关于加强高职高专教育人才培养工作的意见》的精神，2016 年中国轻工业出版社与全国 40 余所院校及宠物类部分优秀企业共同组织编写了“高等职业教育宠物类专业教材”。本套教材依据高职高专“项目引导、任务驱动”的教学改革思路，对现行宠物医学高职教材进行改革，将学科体系下多年沿用的教材进行了重组、充实和改造，形成了适应岗位需要、突出职业能力，便于教、学、做一体化的宠物类专业教材。

《宠物药理》是宠物医学类专业的基础核心课程。本教材分为宠物药理总论、抗微生物药物、抗寄生虫药物、作用于外周神经系统的药物、作用于中枢神经系统的药物、作用于内脏系统的药物、调节新陈代谢的药物、抗组胺药和解热镇痛抗炎药物、抗肿瘤药物、解毒药物、常用生物制品及诊断试剂共 11 个知识性项目。每一个项目下包括一个或多个任务，每个任务均以学习引导或案例分析为导向进行知识点的学习，最后通过操作性项目（项目十二技能训练）来掌握相关内容。教学中建议采取项目式教学和翻转课堂教学相结合的方式，真正达到“教、学、做”一体化的效果。而且，本教材的编写采取校企合作的方式，专门聘请临床一线的执业兽医师参与编写，使教材达到学以致用的效果。

《国务院关于推进兽医管理体制改革的若干意见》中指出，我国要逐步实现执业兽医制度，《全国兽医卫生事业发展规划（2016—2020 年）》中明确指出要加强兽医队伍建设，优化执业兽医队伍发展。而《宠物药理》教材的编写，力求高职高专类学生能够学有所用，打好专业基础，使高职高专类学生能够更好地学习其他相关的专业课程及提高执业兽医资格考试的通过率，从而保障我国兽医队伍的基本素质，为我国兽医队伍建设和发展奠定良好的基础。本教材可供高职高专宠物医学、宠物养护与驯导、现代马产业技术专业及相关专业的师生使用，也可作为宠物医院相关从业人员的继续教育等培训、自学参考书籍。

本教材由“许建国动物疫病防治员技能大师工作室”组织编写，编写分工如下：绪论和项目一由姜斌编写；项目二、项目十和项目十二由许建国编写；项目三由季珉珉编写；项目四由关团编写；项目五由马博编写；项目六由李泽宇编写；项目七由李丽编写；项目八由汪文编写；项目九由陈英编写；项目十一由王传锋编写。全书由许建国统稿，由牛彦兵主审。

由于编者水平所限，书中难免存在疏漏和错误，恳请同行及专家批评指正。

编者

2018 年 10 月

目录 / CONTENTS

绪论

一、宠物用药特点

兽药是指用于预防、治疗、诊断动物疾病或者有目的地调节动物生理功能的物质（含药物饲料添加剂），主要包括血清制品、疫苗、诊断制品、微生态制品、中药材、中成药、化学药品、抗生素、生化药品、放射性药品及外用杀虫剂、消毒剂等。

兽药行业是我国农业经济的重要支柱产业，是农业领域中工业化、集约化和现代化程度较高的产业。兽药行业是现代养殖业和水产养殖业发展的物质基础，直接关系着我国农业农村经济发展和人民生活水平的提高，已经成为我国国民经济的重要基础产业之一。我国兽药行业的大力发展，为动物疫病的有效防治提供了强而有力的物质保障，促进了安全优质的畜禽及水产产品的有效供给和粮食的增值转化，增强了畜禽水产品业的市场竞争力，带动了农业经济结构调整、农民增收和农业增效，在国民经济中发挥了重要作用。

受中国城镇化发展和独生子女的历史影响，人们越来越适应相对独立的生活方式，独居老人越来越多，饲养宠物将会成为他们生活中不可缺少的一部分。所以，在可以预见的将来，国内宠物的数量会大大增加。宠物数量的增加，特别是狗和猫的数量增长，使宠物用品的需求也快速增长。

宠物疾病诊断、治疗与预防的宠物药品，在保障宠物产业健康持续发展中发挥着重要的作用。但是目前宠物用药比较混乱、复杂的情况阻碍了宠物药品市场的健康发展，产生的耐药性也对人类健康造成一定的影响。因此，为了减少影响人类健康的潜在不良因素，促进宠物产业的健康发展，把握行业发展趋势，规范宠物用药是十分必要的。

（一）规范宠物用药的必要性

宠物医院不根据《兽药管理条例》等相关规定规范用药的不良行为已经阻碍了宠物行业的兴起与繁荣，同时也给宠物药品管理带来了新的挑战。大量非法药品的使用等不规范用药，造成的宠物兽药残留现象虽然不会引起食品安全问题，但是药品人兽混用的结果可导致耐药菌群的产生，宠物个体是细菌的贮存库，其粪便、口腔以及对人的生理性伤害都是细菌传播的途径，耐药菌群扩散对公共卫生可造成无法估量的风险和损失。

因此，我们必须站在保护宠物医疗资源、保障人类健康、维护公共卫生安全的高度，切实加强宠物用药的科学性，进行规范化管理，把宠物药品发展引入到良性、健康的轨道上来。

（二）规范宠物用药对策

1. 加大宣传力度，引导、强化宠物医师规范用药的意识

提高宠物安全用药意识，规范宠物用药涉及兽医人员、宠物医师以及宠物饲养者等多个环节。因此，要真正做到规范用药，首先要加大宣传力度，对他们进行培训，使其充分认识到规范宠物用药的必要性和重要性，真正树立规范宠物用药的意识，不断提高我国宠物用药的安全水平。

2. 鼓励宠物药品研发

国家相关部门应该在宠物新药的研发立项方面给予资金资助，同时在国内、国际合作等方面加大扶持力度，相关部门在制定政策和资金投入方面要向宠物药品的新产品和关键技术倾斜，及时掌握宠物药品的发展趋势，制定国家宠物药品的发展规划。在新兽药研发、审批、生产与使用等环节，制定一些具有针对性和指导性的宠物药品管理政策和措施。为提高宠物药品研发效率、加快宠物药品发展速度、提高宠物药品产品质量等方面提供保障。

3. 加大兽药专业的人才培养

目前我国从事兽药研发的人员比较少，因此，应加大新兽药研发人才的培养，从知识层面、软件层面为增加宠物药品研发的整体能力创造条件。

4. 支持产学研结合

积极鼓励兽药生产企业、科研院所之间开展技术合作，在宠物药品自主创新方面充分发挥优势形成合力，力争出现一批拥有自主知识产权、经济效益好、符合市场需求的宠物药品，只有通过研制适应宠物市场的宠物药品才能占领宠物市场，同时为宠物药品的监管奠定良好的基础。

5. 规范宠物药品标签、说明书

在提升宠物药品研发能力的同时，应规范宠物药品的标识。标签和说明书应尽量详细说明药品的性质及其使用注意事项，以保证宠物医师在宠物用药时有法可依、有章可循。

6. 加大监督检查力度

兽医行政主管部门应打击各种违法用药的行为。针对宠物药品的生产、经营和使用环节存在的突出问题，探讨出解决问题的可行措施，有关部门相互协调，对宠物药品进行有效监管。在宠物的诊疗和宠物药品的经营方面加大执法力度，特别是要针对宠物药品的网络销售劣质假药、走私国外宠物药品等新的

销售模式加大监督力度，不断净化宠物药品的经营与使用环境。

宠物药品市场的混乱状况需要有步骤、有规划地进行整治，先创造条件在生产环节保证高质、高效宠物药品的产出，各种监管措施才能在经营和使用环节显现出良好的作用。总之，政府在加大宣传和监管力度的同时，引导兽药生产企业加快对宠物药品的研发，降低宠物药品生产成本，使得宠物医院有药可用并主动选择国产宠物药品，进一步提高宠物用药的规范性和科学性，引导宠物行业的健康良性发展，保障公共卫生安全。

二、兽药相关法律法规

（一）《兽药管理条例》和配套法规

1.《兽药管理条例》

《兽药管理条例》是为了加强兽药管理、保证兽药质量、防治动物疾病、促进养殖业的发展、维护人体健康而制定的法规。1987 年 5 月 1 日，国务院最早制定颁布了《兽药管理条例》，共九章五十一条，它标志着我国兽药法治化管理的开始。2001 年我国为了履行有关知识产权保护方面的承诺，曾对该《兽药管理条例》的个别条文作了修订。2004 年 3 月 24 日，国务院第 45 次常务会议通过《兽药管理条例》，2004 年 4 月 9 日国务院令第 404 号发布，自 2004 年 11 月 1 日起施行。2014 年 7 月 29 日第一次修订，2016 年 2 月 6 日第二次修订，2020 年 3 月 27 日第三次修订。

现行的《兽药管理条例》共九章七十五条，分为总则、新兽药研制、兽药生产、兽药经营、兽药进出口、兽药使用、兽药监督管理、法律责任、附则九个部分，对兽药的研制、生产、经营、进出口、购买使用及监督管理等做出了规定。包含的证书文件有两本许可证和六个批准文件，分别是生产许可证、经营许可证、新兽药注册证书、兽药产品批准文号、出口兽药证明文件、进口兽药注册证书、允许进口兽用生物制品批准文件、兽药广告审查批准文号。

国务院兽医行政管理部门负责全国的兽药监督管理工作；对兽药生产企业、经营企业实行许可制度；兽药生产、经营强制推行质量管理规范制度，提高了兽药生产、经营的准入条件；实行兽用处方药和非处方药分类管理制度；对兽用生物制品实行审批签发管理制度；对新兽药进行安全性评价和实行知识产权保护制度；国家实行兽药储备制度；对兽药产品和进口兽药实行注册管理制度；对兽药广告实行分级审批管理制度；对兽药使用实行安全监控制度；

《兽药管理条例》对兽药经营方面明确了经营兽药的企业应当具备的条件、申请程序；兽药经营许可证应当载明经营范围以及企业变更内容和程序；兽药经营企业应建立兽药进货核对制度。第二十五条至第二十九条对经营企业经营兽药产品提出了明确要求，第三十、第三十一条对强制免疫疫苗的经营、兽药的广告审批作了规定。《兽药管理条例》对兽药监督管理方面明确了兽药监督管理权限；规定了对涉嫌生产经营假劣兽药的行为可采取的行政强制措施；列举了假、劣兽药的认定范围，对监督管理行为制定了规范性要求；加强了对许可证的管理；规定了兽药进出口管理程序；完善了兽药使用制度。

《兽药管理条例》在法律责任方面主要扩大了承担民事责任的范围；加大了对违法行为的处罚力度；加强了监督管理主体内部的层级监督。

为保障《兽药管理条例》的实施，与《兽药管理条例》配套的规章有《兽药注册办法》《处方药和非处方药管理办法》《兽用生物制品经营管理办法》《兽药进口管理办法》《兽药标签和说明书管理办法》《兽药广告管理办法》《兽药生产质量管理规范（2020 年修订）》《兽药经营质量管理规范》《兽药非临床研究质量管理规范》和《兽药临床试验质量管理规范》等。

2.《兽药生产质量管理规范（2020 年修订）》

《兽药生产质量管理规范（2020 年修订）》根据《兽药管理条例》规定而制定，适用于兽药制剂生产的全过程、原料药生产中影响成品质量的关键工序。该规范共十三章二百八十七条（含附则），自 2020 年 6 月 1 日起施行。

兽药生产企业生产管理负责人应当至少具有药学、兽医学、生物学、化学等相关专业本科学历（中级专业技术职称），具有至少三年从事兽药（药品）生产或质量管理的实践经验，其中至少有一年的兽药（药品）生产管理经验，接受过与所生产产品相关的专业知识培训。质量管理负责人应当至少具有药学、兽医学、生物学、化学等相关专业本科学历（中级专业技术职称），具有至少五年从事兽药（药品）生产或质量管理的实践经验，其中至少一年的兽药（药品）质量管理经验，接受过与所生产产品相关的专业知识培训。质量管理负责人和生产管理负责人应当为企业的全职人员，并不得互相兼任。

与兽药生产、质量有关的所有人员都应当经过培训，培训的内容应当与岗位的要求相适应。应对检验人员进行检验能力考核，合格后上岗。高风险操作区（如高活性、高毒性、传染性、高致敏性物料的生产区）的工作人员应当接受专门的专业知识和安全防护要求的培训。

厂房的选址、设计、布局、建造、改造和维护必须符合兽药生产要求，应当能够最大限度地避免污染、交叉污染、混淆和差错，便于清洁、操作和维护。

生产区和贮存区应当有足够的空间，确保有序地存放设备、物料、中间产品和成品，避免不同产品或物料的混淆、交叉污染，避免生产或质量控制操作发生遗漏或差错。

兽药生产洁净室（区）分为 A 级、B 级、C 级和 D 级 4 个级别。生产不同类别兽药的洁净室（区）设计应当符合相应的洁净度要求，包括达到“静态”和“动态”的标准。

兽药生产所用的原辅料、与兽药直接接触的包装材料应当符合兽药标准、药品标准、包装材料标准或其他有关标准。兽药上直接印字所用油墨应当符合食用标准要求。进口原辅料应当符合国家相关的进口管理规定。应当建立相应的操作规程，确保物料和产品的正确接收、贮存、发放、使用和销售，防止污染、交叉污染、混淆和差错。物料和产品的处理应当按照操作规程或工艺规程执行，并有记录。

兽药生产应当按照批准的工艺规程和操作规程进行操作并有相关记录，确保兽药达到规定的质量标准，并符合兽药生产许可和注册批准的要求。在生产的每一阶段，应当保护产品和物料免受微生物和其他污染。

生产开始前应当进行检查，确保设备和工作场所没有上批遗留的产品、文件和物料，设备处于已清洁及待用状态。检查结果应当有记录。生产操作前，还应当核对物料或中间产品的名称、代码、批号和标识，确保生产所用物料或中间产品正确且符合要求。

每批兽药的检验记录应当包括中间产品和成品的质量检验记录，可追溯该批兽药所有相关的质量检验情况。

3.《兽药经营质量管理规范》

《兽药经营质量管理规范》已于2010年1月4日经农业部第1次常务会议审议通过，自2010年3月1日起施行。《兽药经营质量管理规范》英文缩写为GSP，分为总则、场所与设施、机构与人员、规章制度、采购与入库、销售与运输、售后服务、附则共九章三十七条。

兽药质量管理人员应当具有兽药、兽医等相关专业中专以上学历，或者具有兽药、兽医等相关专业初级以上专业技术职称。经营兽用生物制品的，兽药质量管理人员应当具有兽药、兽医等相关专业大专以上学历，或者具有兽药、兽医等相关专业中级以上专业技术职称，并具备兽用生物制品专业知识。兽药质量管理人员不得在本企业以外的其他单位兼职。主管质量的负责人、质量管理机构的负责人、质量管理人员发生变更的，应当在变更后30个工作日内向发证机关备案。

兽药经营企业购进兽药时，应当依照国家兽药管理规定、兽药标准和合同约定，对每批兽药的包装、标签、说明书、质量合格证等内容进行检查，符合要求的方可购进。必要时，应当对购进兽药进行检验或者委托兽药检验机构进行检验，检验报告应当与产品质量档案一起保存。

兽药经营企业应当保存采购兽药的有效凭证，建立真实、完整的采购记录，做到有效凭证、账、货相符。采购记录应当载明兽药的通用名称、商品名称、批准文号、批号、剂型、规格、有效期、生产单位、供货单位、购入数量、购入日期、经手人或者负责人等内容。兽药入库时，应当进行检查验收，并做好记录。

兽药经营企业销售兽药，应当遵循先产先出和按批号出库的原则。兽药出库时，应当进行检查、核对，建立出库记录。兽药出库记录应当包括兽药通用名称、商品名称、批号、剂型、规格、生产厂商、数量、日期、经手人或者负责人等内容。

4.《兽药标签和说明书管理办法》

《兽药标签和说明书管理办法》于2002年10月31日农业部令第22号公布，2004年7月1日农业部令第38号、2007年11月8日农业部令第6号、2017年11月30日农业部令2017年第8号修订，自2003年3月1日起施行。共五章二十六条，对兽药标签和说明书的基本要求、管理作了规定。

（1）标签 兽药产品（原料药除外）必须同时使用内包装标签和外包装标签。

内包装标签必须注明兽用标识、兽药名称、适应症（或功能与主治）、含量/包装规格、批准文号或《进口兽药登记许可证》证号、生产日期、生产批号、有效期、生产企业信息等内容。安瓿、西林瓶等注射或内服产品由于包装尺寸的限制而无法注明上述全部内容的，可适当减少项目，但至少须标明兽药名称、含量规格、生产批号。

外包装标签必须注明兽用标识、兽药名称、主要成分、适应症（或功能与主治）、用法与用量、含量/包装规格、批准文号或《进口兽药登记许可证》证号、生产日期、生产批号、有效期、停药期、贮藏、包装数量、生产企业信息等内容。

兽用原料药的标签必须注明兽药名称、包装规格、生产批号、生产日期、有效期、贮藏、批准文号、运输注意事项或其他标记、生产企业信息等内容。

（2）说明书 兽用化学药品、抗生素产品的单方、复方及中西复方制剂的说明书必须注明以下内容：兽用标识、兽药名称、主要成分、性状、药理作用、适应症（或功能与主治）、用法与用量、不良反应、注意事项、停药期、外用杀虫药及其他对人体或环境有毒有害的废弃包装的处理措施、有效期、含量/包装规格、贮藏、批准文号、生产企业信息等。

中兽药说明书必须注明以下内容：兽用标识、兽药名称、主要成分、性状、功能与主治、用法与用量、不良反应、注意事项、有效期、规格、贮藏、批准文号、生产企业信息等。

兽用生物制品说明书必须注明以下内容：兽用标识、兽药名称、主要成分及含量（型、株及活疫苗的最低活菌数或病毒滴度）、性状、接种对象、用法与用量（冻干疫苗须标明稀释方法）、注意事项（包括不良反应与急救措施）、有效期、规格（容量和头份）、包装、贮藏、废弃包装处理措施、批准文号、生产企业信息等。

（3）标签和说明书的管理 兽药标签或最小销售包装上应当按照国务院农业行政管理部门的规定印制兽药产品电子追溯码，电子追溯码以二维码标注；已获批准的专利产品，可标注专利标记和专利号，并标明专利许可种类；注册商标应印制在标签和说明书的左上角或右上角；已获兽药GMP合格证的，必须按照兽药GMP标识使用有关规定正确地使用兽药GMP标识。

兽药标签和说明书的字迹必须清晰易辨，兽用标识及外用药标识应清楚醒目，不得有印字脱落或粘贴不牢等现象，并不得用粘贴、剪切的方式进行修改或补充。

兽药标签和说明书内容对产品作用与用途项目的表述不得违反法定兽药标准的规定，并不得有扩大疗效和应用范围的内容；其用法与用量、停药期、有效期等项目内容必须与法定兽药标准一致，并使用符合兽药国家标准要求的规范性用语。

兽药标签和说明书上必须标识兽药通用名称，可同时标识商品名称。商品名称不得与通用名称连写，两者之间应有一定空隙并分行。通用名称与商品名称用字的比例不得小于 1：2（指面积)，并不得小于注册商标用字。

兽药最小销售单元的包装必须印有或贴有符合外包装标签规定内容的标签并附有说明书。兽药外包装箱上必须印有或粘贴有外包装标签。

5.《兽用生物制品经营管理办法》

《兽用生物制品经营管理办法》经农业农村部 2021 年 3 月 2 日第 3 次常务会议审议通过，自 2021 年 5 月 15 日起施行。共十九条，对兽用生物制品的分发、经营和监督管理作出相关规定。

兽用生物制品分为国家强制免疫计划所需兽用生物制品（以下简称国家强制免疫用生物制品）和非国家强制免疫计划所需兽用生物制品（以下简称非国家强制免疫用生物制品)。国家强制免疫用生物制品品种名录由农业农村部确定并公布。非国家强制免疫用生物制品是指农业农村部确定的强制免疫用生物制品以外的兽用生物制品。

农业农村部负责全国兽用生物制品的监督管理工作。县级以上地方人民政府畜牧兽医主管部门负责本行政区域内兽用生物制品的监督管理工作。

兽用生物制品生产企业可以将本企业生产的兽用生物制品销售给各级人民政府畜牧兽医主管部门或养殖场（户)、动物诊疗机构等使用者，也可以委托经销商销售。发生重大动物疫情、灾情或者其他突发事件时，根据工作需要，国家强制免疫用生物制品由农业农村部统一调用，生产企业不得自行销售。

从事兽用生物制品经营的企业，应当依法取得《兽药经营许可证》。《兽药经营许可证》的经营范围应当具体载明国家强制免疫用生物制品、非国家强制免疫用生物制品等产品类别和委托的兽用生物制品生产企业名称。经营范围发生变化的，应当办理变更手续。

兽用生物制品生产、经营企业应当遵守兽药生产质量管理规范和兽药经营质量管理规范各项规定，建立真实、完整的贮存、销售、冷链运输记录，经营企业还应当建立真实、完整的采购记录。贮存记录应当每日记录贮存设施设备温度；销售记录和采购记录应当载明产品名称、产品批号、产品规格、产品数量、生产日期、有效期、供货单位或收货单位和地址、发货日期等内容；冷链运输记录应当记录起运和到达时的温度。

兽用生物制品生产、经营企业自行配送兽用生物制品的，应当具备相应的冷链贮存、运输条件，也可以委托具备相应冷链贮存、运输条件的配送单位配送，并对委托配送的产品质量负责。冷链贮存、运输全过程应当处于规定的贮藏温度环境下。

兽用生物制品生产、经营企业以及承担国家强制免疫用生物制品政府采购、分发任务的单位，应当按照兽药产品追溯要求及时、准确、完整地上传制品入库、出库追溯数据至国家兽药追溯系统。

各级畜牧兽医主管部门、兽药检验机构、动物卫生监督机构、动物疫病预防控制机构及其工作人员，不得参与兽用生物制品生产、经营活动，不得以其名义推荐或者监制、监销兽用生物制品和进行广告宣传。

养殖场（户）、动物诊疗机构等使用者采购的或者经政府分发获得的兽用生物制品只限自用，不得转手销售。养殖场（户）、动物诊疗机构等使用者转手销售兽用生物制品的，或者兽用生物制品经营企业超出《兽药经营许可证》载明的经营范围经营兽用生物制品的，属于无证经营，按照《兽药管理条例》第五十六条的规定处罚；属于国家强制免疫用生物制品的，依法从重处罚。

6.《兽药进口管理办法》

《兽药进口管理办法》于2007年7月31日农业部、海关总署令第2号公布，2019年4月25日农业农村部令2019年第2号、2022年1月7日农业农村部令2022年第1号修订，共五章三十条，自2008年1月1日起施行。对在中华人民共和国境内从事兽药进口、进口兽药的经营和监督管理作出相关规定。进口兽药实行目录管理。《进口兽药管理目录》由农业农村部会同海关总署制定、调整并公布。农业农村部负责全国进口兽药的监督管理工作。

兽药应当从具备检验能力的兽药检验机构所在地口岸进口（简称兽药进口口岸）。兽药检验机构名单由农业农村部确定并公布。兽药进口应当办理《进口兽药通关单》。兽药进口口岸所在地省级人民政府兽医主管部门应当自收到申请之日起2个工作日内完成审查。审查合格的发给《进口兽药通关单》；不合格的，书面通知申请人并说明理由。

《进口兽药通关单》主要载明代理商名称、有效期限、兽药进口口岸、海关商品编码、商品名称、生产企业名称、进口数量、包装规格等内容。兽药进口口岸所在地省级人民政府兽医主管部门应当在每月上旬将上月核发的《进口兽药通关单》报农业农村部备案。

国内急需的兽药，由农业农村部指定单位进口，并发给《进口兽药通关单》。《进口兽药通关单》实行一单一关，在30日有效期内只能一次性使用，内容不得更改，过期应当重新办理。

境外企业不得在中国境内直接销售兽药。进口的兽用生物制品，由中国境内的兽药经营企业作为代理商销售，但外商独资、中外合资和合作经营企业不得销售进口的兽用生物制品。兽用生物制品以外的其他进口兽药，由境外企业依法在中国境内设立的销售机构或者符合条件的中国境内兽药经营企业作为代理商销售。境外企业应当与代理商签订进口兽药销售代理合同，明确代理范围等事项。进口兽用生物制品，除境外企业确定的代理商及代理商确定的经销商外，其他兽药经营企业不得经营。进口的兽药标签和说明书应当用中文标注。

经批准以加工贸易方式进口兽药的，海关按照有关规定实施监管。进口料件或加工制成品属于兽药且无法出口的，应当按照《兽药进口管理办法》规定办理《进口兽药通关单》，海关凭《进口兽药通关单》办理内销手续。未取得《进口兽药通关单》的，由加工贸易企业所在地省级人民政府兽医主管部门监督销毁，海关凭有关证明材料办理核销手续。

（二）《中华人民共和国兽药典》

《中华人民共和国兽药典》简称《中国兽药典》，是国家为了保证兽药产品质量而制定的具有强制约束力的技术法规，是兽药生产、经营、进出口、使用、检验和监督管理部门共同遵循的法定依据。

《中国兽药典》先后于1990年、2000年、2005年、2010年、2015年、2020年出版发行。现行2020年版兽药典在编制过程中，以确保兽药标准的科学性、先进性、实用性和规范性为重点，与国际接轨，更好地科学指导、合理用药，充分借鉴国内外兽药检验的先进技术和经验，客观反映我国兽药行业生产、检验和兽医临床用药的实际水平，着力提高兽药标准质量控制水平。

《中国兽药典（2020年版）》于2021年1月29日由农业农村部公告第363号颁布，并于2021年7月1日起施行，分一部、二部、三部，总计收载凡例3个、正文品种1621个和附录302个，是兽药研制、生产（进口）、经营、使用和监督管理活动应遵循的法定技术标准。自《中国兽药典（2020年版）》施行之日起，《中国兽药典（2015年版）》《兽药质量标准》（2017年版）及农业农村部公告等收载、发布的同品种兽药质量标准同时废止。

《中国兽药典（2020年版）》收载品种未收载的制剂规格（已废止的除外），其质量标准按照《中国兽药典（2020年版）》收载品种相关要求执行，规格项按照原批准证明文件执行。2021年7月1日起申报兽药产品批准文号的企业和兽药检验机构应按照《中国兽药典（2020年版）》要求进行样品检验，并在兽药检验报告上标注《中国兽药典（2020年版）》兽药质量标准。此前申报的，兽药检验报告标注的执行标准可为原兽药质量标准，也可标注《中国兽药典（2020年版）》兽药质量标准。

《中国兽药典》的颁布和实施，对规范我国兽药的生产、检验及临床应用起到了显著效果。为我国兽药生产的标准化、管理的规范化、提高兽药产品质量、保障动物用药的安全有效、防治动物疾病等诸多方面都起到了积极作用，也促进了我国新兽药研制水平的提高，为发展畜牧养殖业提供了有力的保证。

（三）《中华人民共和国动物防疫法》

现行《中华人民共和国动物防疫法》2021年修订，共十二章一百一十三条。自 2021 年 5 月 1 日起施行。内容包括总则，动物疫病的预防，动物疫情的报告、通报和公布，动物疫病的控制，动物和动物产品的检疫，病死动物和病害动物产品的无害化处理，动物诊疗，兽医管理，监督管理，保障措施，法律责任，附则。

第一章总则，共十四条，对动物防疫立法目的、调整对象、政府责任、动物防疫管理体制、动物防疫科学技术研究和表彰奖励等作出了具体规定。第二章动物疫病的预防，共十六条，对动物疫病风险评估、动物强制免疫、动物疫病监测、动物疫情预警、养殖者和经营者防疫责任、动物防疫条件许可、动物疫病区域化管理、动物和动物产品无害化处理、病原微生物管理以及禁止经营的动物、动物产品等作出了明确规定。第三章动物疫情的报告、通报和公布，共七条，对动物疫情报告、动物疫情认定、动物疫情通报、动物疫情公布等作出明确规定。第四章动物疫病的控制，共十条，对发生一类、二类、三类动物疫病，以及发生重大动物疫情时应当采取的控制措施。第五章动物和动物产品的检疫，共九条，对实施检疫主体、检疫程序、野生动物检疫和跨省引进种用乳用动物检疫，以及经检疫不合格的动物、动物产品的处理等作出了明确规定。第六章病死动物和病害动物产品的无害化处理，共四条，对从事动物饲养、屠宰、经营、隔离以及动物产品生产、经营、加工、贮藏等活动的单位和个人及从事动物、动物产品运输的单位和个人，公共区域、公共场所等对病死动物和病害动物产品的无害化处理做了规定。第七章动物诊疗，共五条，对动物诊疗许可、动物诊疗活动、执业兽医资格考试、执业兽医从业要求和乡村兽医服务人员管理等作出了明确规定。第八章兽医管理，共八条，对官方兽医、执业兽医、乡村兽医的管理作出了明确规定。第九章监督管理，共五条，对实施动物防疫监督管理的主体，监督管理的措施，监督管理机构及其执法人员的要求，检疫证明的要求等作出了明确规定。第十章保障措施，共八条，对动物防疫经费投入、基层动物防疫体系建设、动物防疫物资储备、动物防疫补偿和动物防疫卫生防护措施等作出了明确规定。第十一章法律责任，共二十三条，对违反动物防疫法的各种违法行为规定了严厉的处罚措施。强化了政府、政府部门和饲养者、经营者的法律责任，加大了对各种违法行为的处罚力度，提高了法律威慑力。第十二章附则，共四条。

（四）《动物诊疗管理办法》

《动物诊疗管理办法》属于国家部委规章。农业农村部为了加强动物诊疗机构管理，规范动物诊疗行为，保障公共卫生安全，根据《中华人民共和国动物防疫法》制定，于 2022 年 8 月 22 日经农业农村部第 9 次常务会议审议通过，自 2022 年 10 月 7 日起施行。农业部 2008 年 11 月 26 日公布，2016 年 5 月 30 日、2017 年 11 月 30 日修订的《动物诊疗机构管理办法》同时废止。共五章四十二条，包括总则、诊疗许可、诊疗活动管理、法律责任及附则，是相关部门开展工作的规范性文件。

《动物诊疗管理办法》所称动物诊疗，是指动物疾病的预防、诊断、治疗和动物绝育手术等经营性活动，包括动物的健康检查、采样、剖检、配药、给药、针灸、手术、填写诊断书和出具动物诊疗有关证明文件等；所称动物诊疗机构，包括动物医院、动物诊所以及其他提供动物诊疗服务的机构。

国家实行动物诊疗许可制度。从事动物诊疗活动的机构，应当取得动物诊疗许可证，并在规定的诊疗活动范围内开展动物诊疗活动。

从事动物诊疗活动的机构、动物诊所、动物医院应具备相应条件，除符合《动物诊疗管理办法》规定的动物医院外，其他动物诊疗机构不得从事动物颅腔、胸腔和腹腔手术。

从事动物诊疗活动的机构，应当向动物诊疗场所所在地的发证机关提出申请，并提交相关材料。申请材料不齐全或者不符合规定条件的，发证机关应当自收到申请材料之日起五个工作日内一次性告知申请人需补正的内容。

动物诊疗机构应当使用规范的名称。未取得相应许可的，不得使用“动物诊所”或者“动物医院”的名称。

发证机关受理申请后，应当在十五个工作日内完成对申请材料的审核和对动物诊疗场所的实地考察。符合规定条件的，发证机关应当向申请人颁发动物诊疗许可证；不符合条件的，书面通知申请人，并说明理由。专门从事水生动物疫病诊疗的，发证机关在核发动物诊疗许可证时，应当征求同级渔业主管部门的意见。

动物诊疗机构变更名称或者法定代表人（负责人）的，应当在办理市场主体变更登记手续后十五个工作日内，向原发证机关申请办理变更手续。动物诊疗机构变更从业地点、诊疗活动范围的，应当按照《动物诊疗管理办法》规定重新办理动物诊疗许可手续，申请换发动物诊疗许可证。动物诊疗许可证不得伪造、变造、转让、出租、出借。动物诊疗许可证遗失的，应当及时向原发证机关申请补发。

动物诊疗机构应当依法从事动物诊疗活动，建立健全内部管理制度，在诊疗场所的显著位置悬挂动物诊疗许可证和公示诊疗活动从业人员基本情况。

动物诊疗机构可以通过在本机构备案从业的执业兽医师，利用互联网等信息技术开展动物诊疗活动，活动范围不得超出动物诊疗许可证核定的诊疗活动范围。

动物诊疗机构应当对兽医相关专业学生、毕业生参与动物诊疗活动加强监督指导。

动物诊疗机构应当按照国家有关规定使用兽医器械和兽药，不得使用不符合规定的兽医器械、假劣兽药和农业农村部规定禁止使用的药品及其他化合物。

动物诊疗机构兼营动物用品、动物饲料、动物美容、动物寄养等项目的，兼营区域与动物诊疗区域应当分别独立设置。

动物诊疗机构应当使用载明机构名称的规范病历，包括门（急）诊病历和住院病历。病历档案保存期限不得少于三年。病历根据不同的记录形式，分为纸质病历和电子病历。电子病历与纸质病历具有同等效力。病历包括诊疗活动中形成的文字、符号、图表、影像、切片等内容或者资料。

动物诊疗机构应当为执业兽医师提供兽医处方笺，处方笺的格式和保存等应当符合农业农村部规定的兽医处方格式及应用规范。

动物诊疗机构安装、使用具有放射性的诊疗设备的，应当依法经生态环境主管部门批准。

动物诊疗机构发现动物染疫或者疑似染疫的，应当按照国家规定立即向所在地农业农村主管部门或者动物疫病预防控制机构报告，并迅速采取隔离、消毒等控制措施，防止动物疫情扩散。动物诊疗机构发现动物患有或者疑似患有国家规定应当扑杀的疫病时，不得擅自进行治疗。

动物诊疗机构应当按照国家规定处理染疫动物及其排泄物、污染物和动物病理组织等。动物诊疗机构应当参照《医疗废物管理条例》的有关规定处理诊疗废弃物，不得随意丢弃诊疗废弃物，排放未经无害化处理的诊疗废水。

动物诊疗机构应当支持执业兽医按照当地人民政府或者农业农村主管部门的要求，参加动物疫病预防、控制和动物疫情扑灭活动。动物诊疗机构可以通过承接政府购买服务的方式开展动物防疫和疫病诊疗活动。

动物诊疗机构应当配合农业农村主管部门、动物卫生监督机构、动物疫病预防控制机构进行有关法律法规宣传、流行病学调查和监测工作。

动物诊疗机构应当定期对本单位工作人员进行专业知识、生物安全以及相关政策法规培训。

动物诊疗机构应当于每年三月底前将上年度动物诊疗活动情况向县级人民政府农业农村主管部门报告。

县级以上地方人民政府农业农村主管部门应当建立健全日常监管制度，对辖区内动物诊疗机构和人员执行法律法规、规章的情况进行监督检查。

（五）《执业兽医和乡村兽医管理办法》

《执业兽医和乡村兽医管理办法》于 2022 年 8 月 22 日经农业农村部第 9 次常务会议审议通过，自 2022 年 10 月 1 日起施行。农业部 2008 年 11 月 26 日公布，2013 年 9 月 28 日、2013 年 12 月 31 日修订的《执业兽医管理办法》和 2008 年 11 月 26 日公布、2019 年 4 月 25 日修订的《乡村兽医管理办法》同时废止。

为了维护执业兽医和乡村兽医合法权益，规范动物诊疗活动，加强执业兽医和乡村兽医队伍建设，保障动物健康和公共卫生安全，根据《中华人民共和国动物防疫法》，制定《执业兽医和乡村兽医管理办法》。共六章三十七条，包括总则、执业兽医资格考试、执业备案、执业活动管理、法律责任、附则等。

《执业兽医和乡村兽医管理办法》所称执业兽医，包括执业兽医师和执业助理兽医师；所称乡村兽医，是指尚未取得执业兽医资格，经备案在乡村从事动物诊疗活动的人员。

国家实行执业兽医资格考试制度。

具备下列条件之一的，可以报名参加全国执业兽医资格考试：具有大学专科以上学历的人员或全日制高校在校生，专业符合全国执业兽医资格考试委员会公布的报考专业目录；2009 年 1 月 1 日前已取得兽医师以上专业技术职称；依法备案或登记，且从事动物诊疗活动十年以上的乡村兽医。

通过执业兽医资格考试的人员，由省、自治区、直辖市人民政府农业农村主管部门根据考试合格标准颁发执业兽医师或者执业助理兽医师资格证书。

取得执业兽医资格证书并在动物诊疗机构从事动物诊疗活动的，应当向动物诊疗机构所在地备案机关备案。

具备下列条件之一的，可以备案为乡村兽医：取得中等以上兽医、畜牧（畜牧兽医）、中兽医（民族兽医）、水产养殖等相关专业学历；取得中级以上动物疫病防治员、水生物病害防治员职业技能鉴定证书或职业技能等级证书；从事村级动物防疫员工作满五年。

执业兽医可以在同一县域内备案多家执业的动物诊疗机构；在不同县域从事动物诊疗活动的，应当分别向动物诊疗机构所在地备案机关备案。执业的动物诊疗机构发生变化的，应当按规定及时更新备案信息。

患有人兽共患传染病的执业兽医和乡村兽医不得直接从事动物诊疗活动。

执业兽医应当在备案的动物诊疗机构执业，但动物诊疗机构间的会诊、支援、应邀出诊、急救等除外。经备案专门从事水生动物疫病诊疗的执业兽医，不得从事其他动物疫病诊疗。乡村兽医应当在备案机关所在县域的乡村从事动物诊疗活动，不得在城区从业。

三、兽用处方药和非处方药

（一）《兽用处方药和非处方药管理办法》

《兽用处方药和非处方药管理办法》（中华人民共和国农业部令 2013 年第 2 号）已于 2013 年 8 月 1 日经农业部第 7 次常务会议审议通过，自 2014 年 3 月 1 日起施行。根据《兽用处方药和非处方药管理办法》，国家对兽药实行分类管理，根据兽药的安全性和使用风险程度，将兽药分为兽用处方药和非处方药。

兽用处方药，指凭兽医处方方可购买和使用的兽药。兽用非处方药，指国务院农业行政管理部门公布的、不需要凭兽医处方就可以自行购买并按照说明书使用的兽药。

兽用处方药是由农业农村部组织有关专家进行遴选并批准的，遴选原则主要从五个方面考虑。一是属于国家特殊管制的兽药品种，如麻醉药品、毒性药品、精神药品等特殊管制兽药，兽用生物制品、激素类兽药；二是对动物产品构成安全隐患，有毒副作用的兽药：在动物性产品中兽药残留列入国家残留监控范围、或有使用禁忌和停药期规定的兽药品种；需要严格限制食品动物使用的兽药品种；三是使用方法有特殊要求，必须由兽医根据诊断和临床评价使用的兽药品种；四是安全范围窄、毒副作用大，对用药剂量有精确要求的兽药品种；使用时需要特别注意的兽药品种；五是其他不适合按照非处方药管理的兽药品种。

农业农村部主管全国兽用处方药和非处方药管理工作。县级以上地方人民政府兽医行政管理部门负责本行政区域内兽用处方药和非处方药的监督管理，具体工作可以委托所属执法机构承担。

1. 兽用处方药标识

兽用处方药目录由国务院农业行政管理部门制定并公布。兽用处方药目录以外的兽药为兽用非处方药。兽用处方药的标签和说明书上应当标注“兽用处方药”字样，兽用非处方药的标签和说明书应当标注“兽用非处方药”字样。前款字样应当在标签和说明书的右上角以宋体红色标注，背景应当为白色，字体大小根据实际需要设定，但必须醒目、清晰。

2. 兽用处方药的开具和营销

兽药经营者应当在经营场所显著位置悬挂或者张贴“兽用处方药必须凭兽医处方购买”的提示语。兽药经营者对兽用处方药、兽用非处方药应当分区或分柜摆放。兽用处方药不得采用开架自选方式销售。兽用处方药凭兽医处方笺方可买卖（以下三种情况除外：进出口兽用处方药的；向动物诊疗机构、科研单位、动物疫病防控机构和其他兽药生产企业、经营者销售兽用处方药的；向聘有依照《执业兽医管理办法》规定注册的专职执业兽医的动物饲养场（养殖小区）、动物园、实验动物饲育场等销售兽用处方药的）。兽医处方笺由依法注册的执业兽医按照其注册的执业范围开具，处方笺应符合有关要求并保存两年以上。兽药经营者应对处方笺进行查验，单独建立兽用处方药的购销记录，并保存两年以上。

3. 兽用处方药的监管

未经注册执业兽医开具处方销售、购买、使用兽用处方药的，依照《兽药管理条例》第六十六条的规定进行处罚。有以下情形之一，按照《兽药管理条例》第五十九条第一款的规定进行处罚：兽药经营者未在经营场所明显位置悬挂或张贴提示语的；兽用处方药与兽用非处方药未分区或分柜摆放的；兽药处方药采用开架自选方式销售的；兽用处方笺和兽用处方药购销记录未按照规定保存的。

（二）兽用处方药分类目录

1. 兽用处方药分类目录（第一批）

根据《兽药管理条例》和《兽用处方药和非处方药管理办法》规定，农业部颁发的《兽用处方药分类目录（第一批）》（农业部公告第 1997 号）自 2013 年 9 月 30 日发布，自 2014 年 3 月 1 日起施行。第一批兽用处方药品种目录涵盖 9 大类共 227 个品种。

第一批兽用处方药品种涉及抗微生物药、抗寄生虫药、中枢神经系统药、外周神经系统药、抗炎药、泌尿生殖系统药、抗过敏药、局部用药和解毒药九大类。其中，抗微生物药有 150 种，包括抗生素和合成抗菌药两类；抗寄生虫药有 15 种，包括抗蠕虫药、抗原虫药和杀虫药 3 类；中枢神经系统药物有 20 种，包括中枢兴奋药、镇静药与抗惊厥药、麻醉性镇痛药和全身麻醉药与化学保定药 4 类；外周神经系统药物有 9 种，包括拟胆碱药、抗胆碱药、拟肾上腺素药和局部麻醉药；抗炎药有 7 种；泌尿生殖系统药物有 9 种；抗过敏药有 3 种；局部用药物有 8 种；解毒药有 6 种。

兽用非处方药主要包括部分预混剂等动物可以长期使用的兽药；维生素与矿物质类、营养补充类、生理调节类兽药；外用兽药，如消毒剂、杀虫剂等；兽用中药材等非临床用兽药。

2. 兽用处方药品种目录（第二批）

根据《兽药管理条例》和《兽用处方药和非处方药管理办法》规定，农业部组织制定了《兽用处方药品种目录（第二批）》（中华人民共和国农业部公告第 2471 号），于 2016 年 11 月 28 日发布，自发布之日起施行。对列入目录的兽药品种，兽药生产企业按照有关要求自行增加“兽用处方药”标识，印制新的标签和说明书。

兽用处方药品种目录（第二批）共 19 种，其中抗生素类药物 9 种、泌尿生殖系统药物 1 种、中枢神经系统药物 1 种、磺胺类药物 5 种、杀虫药 3 种（表 0-1）。

表 0-1　兽用处方药品种目录（第二批）

序号	通用名称	分类	备注
1	硫酸黏菌素预混剂	抗生素类	—
2	硫酸黏菌素预混剂（发酵）	抗生素类	—
3	硫酸黏菌素可溶性粉	抗生素类	—
4	三合激素注射液	泌尿生殖系统药物	—
5	复方水杨酸钠注射液	中枢神经系统药物	含巴比妥
6	复方阿莫西林粉	抗生素类	—
7	盐酸氨丙啉磺胺喹噁啉钠可溶性粉	磺胺类药	—
8	复方氨苄西林粉	抗生素类	—
9	氨苄西林钠可溶性粉	抗生素类	—

续表

序号	通用名称	分类	备注
10	高效氯氰菊酯溶液	杀虫药	—
11	硫酸庆大-小诺霉素注射液	抗生素类	—
12	复方磺胺二甲嘧啶钠可溶性粉	磺胺类药	—
13	联磺甲氧苄啶预混剂	磺胺类药	—
14	复方磺胺喹噁啉钠可溶性粉	磺胺类药	—
15	精制敌百虫粉	杀虫药	—
16	敌百虫溶液（水产用）	杀虫药	—
17	磺胺氯达嗪钠乳酸甲氧苄啶可溶性粉	磺胺类药	—
18	注射用硫酸头孢喹肟	抗生素类	—
19	乙酰氨基阿维菌素注射液	抗生素类	—

3. 兽用处方药品种目录（第三批）

根据《兽药管理条例》和《兽用处方药和非处方药管理办法》规定，农业农村部组织制定了《兽用处方药品种目录（第三批）》（中华人民共和国农业农村部公告第245号），于2019年12月19日发布，自发布之日起施行。对列入目录的兽药品种，兽药生产企业按照有关要求自行增加“兽用处方药”标识，印制新的标签和说明书。

兽用处方药品种目录（第三批）共22种，其中抗生素类11种、合成抗菌药4种、抗炎药1种、泌尿生殖系统药物2种、局部用药物4种（表0-2）。

表0-2　兽用处方药品种目录（第三批）

序号	通用名称	分类
1	吉他霉素预混剂	抗生素类
2	金霉素预混剂	抗生素类
3	磷酸替米考星可溶性粉	抗生素类
4	亚甲基水杨酸杆菌肽可溶性粉	抗生素类
5	头孢氨苄片	抗生素类
6	头孢噻呋注射液	抗生素类
7	阿莫西林克拉维酸钾片	抗生素类
8	阿莫西林硫酸黏菌素可溶性粉	抗生素类

续表

序号	通用名称	分类
9	阿莫西林硫酸黏菌素注射液	抗生素类
10	盐酸沃尼妙林预混剂	抗生素类
11	阿维拉霉素预混剂	抗生素类
12	马波沙星片	合成抗菌药
13	马波沙星注射液	合成抗菌药
14	注射用马波沙星	合成抗菌药
15	恩诺沙星混悬液	合成抗菌药
16	美洛昔康注射液	抗炎药
17	戈那瑞林注射液	泌尿生殖系统药物
18	注射用戈那瑞林	泌尿生殖系统药物
19	土霉素子宫注入剂	局部用药物
20	复方阿莫西林乳房注入剂	局部用药物
21	硫酸头孢喹肟乳房注入剂（泌乳期）	局部用药物
22	硫酸头孢喹肟子宫注入剂	局部用药物

4. 兽用处方药品种目录（第四批）

根据《兽药管理条例》《兽用处方药和非处方药管理办法》规定，农业农村部组织制定了《兽用处方药品种目录（第四批）》（中华人民共和国农业农村部公告第790号），于2024年5月30日发布，自发布之日起施行。对列入目录的兽药品种，兽药生产企业按照有关要求自行增加“兽用处方药”标识，印制新的标签和说明书。原标签和说明书，兽药生产企业可继续使用至2025年5月30日，此前使用原标签和说明书生产的兽药产品，在产品有效期内可继续销售使用。

为优化兽用处方药管理，自该公告发布施行之日起，在批准新兽药、进口兽药注册同时，对应纳入兽用处方药管理的产品，在发布注册公告时明确列入兽用处方药目录，自批准之日起执行，不再分批次集中发布兽用处方药品种目录。

兽用处方药品种目录（第四批）共22种，其中诱导麻醉剂1种、拟肾上腺素类药1种、非吸入麻醉剂1种、吸入麻醉剂2种、麻醉性镇痛药1种、抗生素类抗寄生虫药7种、复方抗寄生虫药7种、抗生素类药1种、肾上腺皮质激素1种（表0-3）。

表 0-3　　兽用处方药品种目录（第四批）

序号	通用名称	分类
1	丙泊酚注射液	诱导麻醉剂
2	盐酸右美托咪定注射液	拟肾上腺素类药
3	注射用盐酸替来他明盐酸唑拉西泮	非吸入麻醉剂
4	异氟烷（宠物用）	吸入麻醉剂
5	吸入用七氟烷（宠物用）	吸入麻醉剂
6	酒石酸布托啡诺注射液	麻醉性镇痛药
7	伊维菌素片	抗生素类抗寄生虫药
8	伊维菌素注射液	抗生素类抗寄生虫药
9	伊维菌素溶液	抗生素类抗寄生虫药
10	伊维菌素预混剂	抗生素类抗寄生虫药
11	芬苯达唑伊维菌素片	复方抗寄生虫药
12	伊维菌素氧阿苯达唑粉	复方抗寄生虫药
13	阿苯达唑伊维菌素粉	复方抗寄生虫药
14	阿苯达唑伊维菌素片	复方抗寄生虫药
15	阿苯达唑伊维菌素预混剂	复方抗寄生虫药
16	阿苯达唑阿维菌素片	复方抗寄生虫药
17	阿维菌素片	抗生素类抗寄生虫药
18	阿维菌素胶囊	抗生素类抗寄生虫药
19	阿维菌素透皮溶液	抗生素类抗寄生虫药
20	阿维菌素氯氰碘柳胺钠片	复方抗寄生虫药
21	注射用阿莫西林钠克拉维酸钾	抗生素类药
22	曲安奈德注射液（宠物用）	肾上腺皮质激素

四、宠物药理的性质和任务

随着人民生活水平的提高，宠物被越来越多的家庭和个人所接受、所喜爱。所以，宠物的健康与疫病防治已成为宠物饲养者和社会各界关注的事情，由此新兴了宠物医疗行业，并急需一大批宠物专业人才。宠物药理是宠物医学中一门实践性很强的专业基础课，也是连接宠物医疗基础与宠物临床的桥梁课程，可指导临床合理用药，防止不良反应等。

（一）宠物药理的概念及主要研究内容

宠物药理是研究药物与宠物机体（包括病原体）之间相互作用，以阐明应用药物防治宠物疾病的道理及其规律的科学。宠物药理是研究药物对宠物机体作用的规律，药物防治宠物疾病的机理；又研究宠物机体对药物的作用（转运、吸收、分布、转化、排泄等）及药物的临床应用等内容。

（二）课程性质与任务

1. 课程的性质

宠物药理是一门应用性极强的专业基础课，是宠物医疗技术、宠物养护与驯导等专业的必修课。

2. 课程的任务

本门课程主要讲授药物的一般知识；药效学；药动学；影响药物的作用因素；处方的正确开写方法；对因治疗药物和对症治疗药物，包括各种药物的性状、来源、化学结构、体内过程、主要作用、临床应用、不良反应、注意事项及制剂与用法。为宠物临床的正确选药、合理用药、提高药效、减少不良反应；为新研发药和增加新剂型创造条件。使学生在实践中真正能够做到合理性的联合用药，既能充分发挥药效，又能最大限度地降低成本，尽可能地避免其对动物机体产生的不良反应，为今后学习其他专业核心课奠定基础，同时本门课的专业理论知识和基本技能也是毕业生今后从事宠物疾病防治工作必备的知识和技能。

项目一 宠物药理总论

药物是指用于治疗、预防或诊断疾病的各种化学物质，其中应用于宠物的统称为宠物用药，包括宠物保健品和饲料药物添加剂等。学习宠物药理总论，主要掌握药物基本概念、来源、分类、剂型和保存管理的基础知识，掌握药物动力学和药物效应学的基本规律，能够根据病情正确地开写处方并灵活运用各种药物。

任务一　宠物药物的基本知识及给药方法

【案例分析】

某8月龄比格犬，患大肠杆菌病，宠物医生采用肌内注射复方磺胺嘧啶钠注射液，剂量为每千克体重20mg磺胺嘧啶钠和4mg甲氧苄啶的用药方案，请问这两种药物是否能够一起使用？如何用药才能更加合理？

【任务目标】

1. 了解药物的基本概念、药物的来源。

2. 掌握药物的制剂与剂型、药物管理的一般知识和给药方法，能够运用所学知识科学合理地对药物进行保管与贮存，正确判断给药方法。

【知识准备】

（一）药物的基本概念

1. 药物

药物是用于预防、治疗和诊断疾病或者有目的地调节动物生理机能的化学物质。但随着科学的发展，药物的概念应该更加扩大和深入。从理论上说，凡能通过化学反应影响生命活动过程的化学物质都属于药物范畴。此外，药物还包括能促进动物生长、提高生产性能的各种物质，如动物保健品和饲料添加剂等。

2. 毒物

能对宠物体产生损害作用的化学物质称为毒物。药物超过一定剂量或用法不当，对宠物也能产生毒害作用，所以，中毒剂量的药物也属于毒物。利用毒物可以治疗一些疾病，如治疗宠物体内外寄生虫病。药物使用超过一定剂量或使用方法不当，也会对动物体产生损害，药物与毒物之间并没有绝对的界限，如维生素类过量使用也可引起中毒。

3. 普通药

在治疗剂量时一般不产生明显毒性的药物称为普通药，如青霉素、磺胺嘧啶等。

4. 毒药

毒药指毒性很大，极量与致死量很接近，稍大剂量即可引起宠物中毒甚至死亡的药物，如硝酸士的宁、毛果芸香碱等。

5. 剧药

剧药指毒性较大，极量与致死量较接近，超过极量也可引起宠物中毒或死亡的药物。其中，国家对某些毒性较强的药物，要求必须经有关部门批准才能生产、销售，限制使用条件的剧药，又称为限剧药，如安钠咖、巴比妥类等。

6. 麻醉品

麻醉品指能成瘾的毒、剧药品，如吗啡、可待因等。它与麻醉药不同，麻醉药不具有成瘾性。

（二）药物的来源

药物的种类虽然很多，大体可分成三大类。

1. 天然药物

天然药物是利用自然界的植物、动物、矿物等，经过加工而作药用者。

（1）来源于植物的各种中草药，如黄连、龙胆。

（2）来源于动物的生化药物，如胰岛素、胃蛋白酶，血液制品如血清、抗血清等。

（3）来源于矿物的无机药物，如硫酸钠、硫酸镁等。

（4）来源于微生物的抗生素，如各种抗生素、生物制品如各种疫苗。

2. 人工合成和半合成药物

人工合成药物是用化学方法人工合成的有机化合物，如磺胺类、喹诺酮类等，或根据天然药物的化学结构，用化学方法制备的药物，如肾上腺素、麻黄碱等。

半合成药物是在原有天然药物的化学结构基础上引入不同的化学基团，制得的一系列化学药物，如半合成抗生素。

3. 生物技术药物

生物技术药物是通过细胞工程、基因工程等新技术生产的药物，如干扰素、细胞因子等。

（三）药物的制剂与剂型

无论药物来源于何处，是天然的还是人工合成的，有些不能直接使用，而且直接使用也不方便。为了使用安全有效、便于保存运输，将原料药加工成一定形态、一定规格药品的过程，就称“制剂”。药物经过加工后所呈现的各种物理形态就称剂型，如土霉素片为片剂、固体剂型。

1. 液体剂型

液体剂型指一种或多种溶质溶解或分散在溶媒中所制成的澄清或混悬的液态剂型，供内服、外用或注射使用，可分为以下类型。

（1）溶液剂　溶液剂指非挥发性药物的澄清水溶液。供内服或外用，如高锰酸钾溶液。

（2）合剂　合剂指含有数种药物的呈混悬状态的液体剂型。主要供内服，如复方甘草合剂。

（3）乳剂　乳剂指两种或两种以上不相混合或部分混合的液体，通过乳化剂的乳化作用，形成不均匀分散液体的制剂。主要供内服或外用，如鱼肝油乳剂、松节油乳剂等。

（4）擦剂　擦剂指由刺激性药物制成的油性或醇性液体制剂，有溶液型、混悬型或乳剂型等。专供外用，如松节油擦剂、四三一擦剂等。

（5）酊剂　酊剂指用不同浓度的乙醇浸泡药材或溶解化学药物所得的液体制剂。供内服或外用，如龙胆酊、碘酊等。

（6）醑剂　醑剂指挥发性的药物溶于乙醇溶液。可供外用或内服，如芳香氨醑和樟脑醑等。醑剂禁忌与水剂混合，易发生混浊。

（7）流浸膏剂　流浸膏剂指中草药中的有效成分用醇或水的浸出液，经低温浓缩而得的液体制剂，如益母草流浸膏。

（8）煎剂和浸剂　煎剂和浸剂指将中草药放入陶瓷容器内加水煎或浸一定时间，去渣使用的液体剂型，如槟榔煎剂和大黄浸剂等。

2. 半固体剂型

半固体剂型是指由药物与适当的基质均匀混合的剂型。供外用或内服。

（1）软膏剂　软膏剂指将药物加入适宜的基质中，制成一定稠度的膏状外用制剂，易于粘敷涂布在皮肤、黏膜等处，如磺胺软膏等。

（2）舔剂　舔剂指由一种或多种药物与基质混合制成的糊状制剂，供病畜自由舔食或涂抹在病畜舌根部任其吞食。

（3）糊剂　糊剂是含药物粉末较多的半固体制剂（一般药物粉末含量为25%~70%）。甘油、液体石蜡多为其液体部分，有的也用水。

（4）浸膏剂　浸膏剂是在经浓缩后的中草药浸出液中，加入适量的固体稀释剂，调制成规定标准的半固体或粉状制剂。每克浸膏相当于2~5g原药。

3. 固体剂型

固体剂型是指药物或药物与基质均匀混合的剂型。

(1) 散剂 散剂指由一种或多种药物经粉碎、过筛、均匀混合而制成的固体剂型。供内服和外用，如健胃散、消食散等。

①水溶性粉：将水溶性药物与赋形剂葡萄糖或乳糖相混合而成的可溶于水的散剂。可加入饮水中饮用（混饮），又称饮水剂。

②预混剂：将药物与赋形剂淀粉或轻质碳酸钙等混合制成的散剂。不溶于水，可加入饲料中使用（混饲）。

(2) 片剂 片剂指将一种或多种药物与赋形剂混合后，经压片机压制成不同剂量的圆片剂型。主要供内服，如安乃近片等。

(3) 丸剂 丸剂指将一种或多种药物与赋形剂混合后制成的干燥或湿润的圆形或椭圆形的固体制剂。供内服，如六味地黄丸。

(4) 胶囊剂 胶囊剂指药物盛装于特制的胶囊内的一种固体制剂。供内服，如速效感冒胶囊。

(5) 微囊剂 微囊剂指将固体药物或液体药物用天然的或合成的高分子材料包裹成的微型胶囊，以提高药物的稳定性、延长药效、掩盖气味等。如容易被氧化破坏的维生素 A、维生素 D、维生素 E、维生素 C 等，气味异臭的杆菌肽锌等。

4. 注射剂

注射剂指灌封于特殊容器中的灭菌溶液、乳浊液或粉末，以供注入组织、体腔或血管中的一种剂型，也称针剂。如复方氨基比林注射液、青霉素粉针剂等。

(1) 溶液型安瓿 安瓿是用来盛装注射用药物的玻璃密封小瓶，将药物的溶液装入其中，密封。使用时打开抽取即可。

①水剂安瓿（水针）：药物为水溶性的，溶剂为水，药物吸收快，可作皮下、肌肉、静脉等使用。

②油剂安瓿：药物为脂溶性的，溶剂为油（麻油、花生油等），药物吸收较慢，药效持续时间长，只能作肌内注射。

(2) 混悬型注射剂 某些在水中溶解度较小的药物与水制成的混悬液制剂。只作肌内注射使用，使用时要摇匀。

(3) 粉剂型安瓿剂（粉针） 将水溶液不稳定的、易失效的药物装入已灭菌的安瓿中，使用时用注射用水溶解即可。

(4) 大型输液剂 补充体液用的制剂是将药物溶于注射用水中。量大多为大的盐水瓶，现在已用软的塑料制品做包装。

5. 气雾剂

气雾剂指将药物与抛射剂一同装入特制的雾化器中，使用时压下按钮，雾化器将药物变成微粒状态喷出。供吸入或空间消毒、除臭和杀虫等用。

（四）药物的保管与贮存

妥善地保管与贮存药物，是防止药物变质、药效降低、毒性增加和发生意外的重要环节。

1. 药物的保管

药物的保管应实行“三专”，即专人、专账、专柜（室），并按国家颁布的药品管理办法，建立严格的管理体制。对毒、剧药品，麻醉品和危险品，更应严格进行管理。

2. 药物的贮存

药物在贮存不当时，可发生变质。药物的变质不仅造成药品的浪费，还可能影响疗效，甚至因毒性增加而发生意外，所以应注意以下几点。

（1）空气的湿度　空气的相对湿度不能超过 70%，若超过 70%，在包装封口不严时易发生霉变。

（2）温度　某些液体药物在零度以下易结冻，而损坏包装。

（3）光线　光线中的紫外线能使许多药物发生变色、氧化、还原和分解等化学反应，所以药物应避光贮存。

（4）时间　药物不宜长期贮存，有些药物因理化性质不太稳定，易受外界因素的影响，贮存一定的时间后，会使药效降低或毒性增强。为了保证药物安全有效，对药物规定了有效期或失效期。

3. 药品贮存与养护管理制度

（1）为保证药品质量，避免因储藏不当影响药品质量，根据《兽药管理条例》和《兽药经营管理规范》的有关规定，制定本制度。

（2）坚持“预防为主”的原则，按照药品养护操作的方法，定期对销售和使用药品根据流转情况进行养护与检查，做好养护记录，防止药品变质。

（3）配备保管养护人员，保管养护人员经专业培训和药品管理法规学习，熟悉药品保管和养护要求。药房应指定专人管理，负责药品领取供应和保管工作，药房药品应定位存放，不得私自放置、截留。

（4）药品贮存应实行色标管理。其统一标准是：待验药品库（区）、退货药品库（区）为黄色；合格药品库（区）、零货称取库（区）为绿色；不合格药品库（区）为红色。

（5）根据药品的性能及贮存要求，按规定分类贮存、分类摆放药品。

（6）在检查中对由于异常原因可能出现问题的药品、易变质药品、已发现质量问题的相邻批号药品、贮存时间较长的药品，应进行抽样送检。

（7）定期清点药品种类、数量是否相符，检查药品是否积压变质，如发现有沉淀、变质、变色、过期、标签模糊等药品时，须停止使用，并按有关规定进行处理。

（8）根据季节气候变化，做好库房温、湿度的监测和管理，每日对库房温、湿度进行记录。如库房温、湿度超出规定范围，应及时采取调控措施，并予以记录。

（9）保持库房、货架的清洁卫生，记载药品进、存、出状况。做好防盗、防火、防潮、防腐、防污染、防鼠等工作。

（10）建立健全重点药品保管防护档案工作，并定期分析，不断总结经验，为药品储存养护提供科学依据。

4. 药品的贮存方法

原料药主要用于配制各种制剂，它是一切制剂的基础，其中呈固态者为固体原料药，呈液态者称为液体原料药。由于大部分原料药用于配制各种制剂，因此做好它们的保管养护工作具有更广泛的意义。

一般原料药都应当密闭保存，在保管中要注意清洁卫生和包装完好，严防灰尘等异物的污染。

对于易受外界因素如光线、空气、湿气、温度、霉菌等影响的药品，或具有特殊性质的药品，除应密闭保存外，还要根据药品的不同特性考虑不同的保养方法。现分别列举如下。

（1）凡吸潮能发生变化的药品，贮存时应注意防潮。如阿司匹林、碳酸氢钠能吸潮水解；葡萄糖吸潮易发霉；溴化钠、醋酸钾易吸湿潮解；甘油能吸收水分而被稀释；药用炭受潮后吸附力降低等。这类药品要求包装密封，于干燥处保存。

（2）含有结晶水的药品，如硫酸镁、硼砂、咖啡因等均易风化。贮藏时应注意包装严密，不要放在过于干燥或通风的地方。硫酸钠除有风化性外，当温度较高时，即使在密封的情况下，还会发生溶化现象，所以还要在凉处保存。

（3）遇光易变质的药品，在保管养护中均应注意避光。如磺胺类、甘汞、硝酸银、氨基比林、氨基盐酸普鲁卡因、苯酚等遇光易变色，甚至毒性增加。这类药品都应放置避光容器内，密闭暗处保存。

（4）有挥发性的药品，如薄荷脑、樟脑以及挥发油类等，温度过高可加速挥发而减量。这类药品在保管时，应密封于凉处保存。

（5）具有特殊臭味的药品，应与其他药品分开存放，尤其要与吸附力强的药品分开存放，以防串味。如碘仿、樟脑、薄荷脑等有特殊气味，应与矽碳银、药用炭、淀粉、葡萄糖、乳糖、氢氧化铝等药品分开存放。

（6）露置空气中易吸收二氧化碳的药品，如氧化锌、氧化镁、茶碱和磺胺类钠盐等，保管时要注意密封，以避免与空气接触。

（7）抗菌素类药品，绝大部分都有有效期规定，干燥品一般在室温下尚稳定，但吸潮受热后极易分解失效。这类药品保管时应在干燥处保存，并注意期限，掌握“先产先出，近期先出”。

（8）生化制品，如胃蛋白酶、甲状腺粉等，大多含有蛋白质或多肽，易受温度、光线、水分和微生物等的影响，而引起腐败、霉变、生虫、有效成分破坏或发生异臭。这类药品在保管中须注意密封，在凉爽处避光保存；有“效期”规定的，应掌握“先产先出，近期先出”。

（9）危险药品，保养和运输应严格按照有关部门的规定和制度办理。易燃烧爆炸的药品（如乙醚等）应贮存在危险品仓库或与一般库房远离的专库，在凉暗处注意防火保管；强氧化剂（如高锰酸钾等）遇甘油、糖等还原剂经摩擦撞击能引起燃烧爆炸，在储藏运输中应与还原剂远离；毒害药品应专柜加锁保管；腐蚀性药品应放置专门货区、专门货架进行保管。

（10）特殊管理药品：麻醉药品、一类精神药品必须设置专用仓库或专柜，指定专人双人双锁保管，仓库需有安全设施，如报警器、监控器等；毒性药必须贮存于设有必要安全设施的单独仓库或专柜，指定专人双人双锁保管。

应指出，药品的性质和影响其质量的因素往往是多方面的，在保养中应全面综合考虑，不能单纯注意某方面，而忽视其他方面。如强蛋白银、弱蛋白银除对光敏感外，还有引湿性，保管中既要避光又要防潮；又如碘仿在常温下能挥发。遇光又易变质，所以要在凉处避光保存，并与其他药品隔离保管以防串味。因此，原料药品的保养工作应根据其全面性质，结合各种外界因素，采用适宜方法妥善保管。

（五）药物管理的一般知识

药物是特殊的商品，既要保证疗效，又要保证安全。所以必须对药物的研制、生产、经营及使用过程等依法进行严格管理。

1. 新兽药及兽药新制剂研制管理

主要法律规章有《兽药管理条例》和《新兽药研制管理办法》。

国家鼓励研制新兽药，依法保护研制者的合法权益。

新兽药研究，包括临床前研究和临床试验两大内容。临床前研究包括生产工艺、结构确证、理化性质及纯度，剂型选择、处方筛选，检验方法、质量指标，稳定性，药理学、毒理学等；临床试验分Ⅰ期临床试验、Ⅱ期临床试验和Ⅲ期临床试验。

研制新兽药，应当在临床前研究阶段进行安全性评价，即通过系列毒理学研究评估新兽药对靶动物和人的健康风险。从事兽药安全性评价的单位，应当经国务院兽医行政管理部门认定。

研制用于食用动物的新兽药，还应当按照国务院兽医行政管理部门的规定进行兽药残留试验并提供休药期、最高残留限量标准、残留检测方法及其制定依据等资料。

2. 兽药注册管理

主要法律规章有《兽药管理条例》和《兽药注册办法》，分“新兽药注册”“进口兽药注册”和“兽药变更注册”三种情况。

新兽药临床试验完成后，研制者应向国务院兽医行政管理部门申请新兽药注册，获得《新兽药注册证书》。

注册时应当提交新兽药的样品和下列资料：名称、主要成分、理化性质；研制方法、生产工艺、质量标准和检测方法；药理和毒理试验结果、临床试验报告和稳定性试验报告；环境影响报告和污染防治措施。

首次向中国出口兽药，应当由出口方驻中国境内的办事机构或由其委托的中国境内代理机构向农业农村部申请注册，获得《进口兽药注册证书》。

已经注册的兽药拟改变原批准事项的，应当向农业农村部申请兽药变更注册。

3. 兽药生产管理

主要法律规章有《兽药管理条例》《中华人民共和国兽药典》《兽药生产质量管理规范》和《兽药标签和说明书管理办法》等。

兽药生产企业应按《兽药生产质量管理规范》进行建设、生产和管理，经国务院兽医行政管理部门审查合格，发给《兽药生产许可证》，《兽药生产许可证》有效期为 5 年。

国务院兽医行政管理部门，应当对兽药生产企业是否符合兽药生产质量管理规范的要求进行监督检查，并公布检查结果。

兽药生产企业生产兽药，应当取得国务院兽医行政管理部门核发的产品批准文号，产品批准文号的有效期为 5 年。

兽药包装应当按照规定印有或者贴有标签，附具说明书，并在显著位置注明“兽用”字样。兽药的标签和说明书经国务院兽医行政管理部门批准并公布后，方可使用。

4. 兽药经营管理

主要法律规章有《兽药管理条例》《中华人民共和国兽药典》等。

经营兽药的企业应依照《兽药经营质量管理规范》（GSP）进行建设和经营，经县级以上地方人民政府兽医行政管理部门依法审查合格，发给《兽药经营许可证》。《兽药经营许可证》有效期为 5 年。

兽药广告的内容应当与兽药说明书内容相一致，在全国重点媒体发布兽药广告的，应当经国务院兽医行政管理部门审查批准，取得兽药广告审查批准文号。在地方媒体发布兽药广告的，应当经省、自治区、直辖市人民政府兽医行政管理部门审查批准，取得兽药广告审查批准文号；未经批准的，不得发布。禁止兽药经营企业经营人用药品和假、劣兽药。

5. 兽药使用管理

主要法律规章有《兽药管理条例》《中华人民共和国兽药典》《兽医使用指南》等。

兽药使用单位，应当遵守国家制定的兽药安全使用规定，并建立用药记录。禁止使用假、劣兽药以及国务院兽医行政管理部门规定禁止使用的药品和其他化合物。有休药期规定的兽药用于食用动物时，饲养者应当向购买者或者屠宰者提供准确、真实的用药记录；购买者或者屠宰者应当确保动物及其产品在用药期、休药期内不被用于食品消费。

国务院兽医行政管理部门，负责制定公布在饲料中允许添加的药物饲料添加剂品种目录。禁止在饲料和动物饮用水中添加激素类药品和国务院兽医行政管理部门规定的其他禁用药品。

经批准可以在饲料中添加的兽药，应当由兽药生产企业制成药物饲料添加剂后方可添加。禁止将原料药直接添加到饲料及动物饮用水中或者直接饲喂动物。禁止将人用药品用于动物。

（六）给药方法

1. 口服

难溶于水或不易制成注射液的药物常用于口服给药。口服药物，经胃肠吸收后作用于全身，或停留在胃肠道发挥局部作用。其优点是操作比较简单，适合大多数药物。为了发挥胃肠道的作用，药物也常采用口服给药。缺点是受胃肠道内容物的影响比较大，吸收不规则，显效慢。在病情危急、昏迷、呕吐时不能采用口服给药；刺激性大，可损伤胃肠道黏膜的药物不能口服；能被消化液破坏的药物，也不宜口服。药物在犬、猫饲喂前还是饲喂后服用，要根据不同情况而定。应在饲喂前服用的药物有苦味健胃药、收敛止泻药、胃肠解痉药、肠道抗感染药、利胆药。应空腹或半空腹服用的药物有驱虫药、盐类泻药。刺激性强的药物要在饲喂后服用。

2. 注射

注射包括皮下注射、肌内注射、静脉注射、静脉滴注等数种。其优点是吸收快且安全，剂量准确，可避免消化液的破坏。不宜口服的药物，多数进行注射给药。

（1）皮下注射　将药物注入颈部或股内侧皮下疏松结缔组织中，经毛细血管吸收，一般 10～15min 后出现药效。刺激性药物及油类药物不宜皮下注射，否则易造成发炎或硬结。

（2）肌内注射　将药物注入富含血管的肌肉内，吸收速度比皮下快，一般经 5～10min 即可出现药效。油剂、混悬液也可肌注，刺激性较大的药物，可注射于肌肉深部，药量大的应分点注射。

（3）静脉注射　将药物注入体表明显的静脉中，作用最快，适用于急救、注射量大或刺激性强的药物；但危险性也大，可能迅速出现剧烈不良反应。药物漏出血管外，可能引起刺激反应或炎症。混悬液、油溶液、易引起溶血或凝血的物质不可静注。

（4）静脉滴注　将药物缓慢输入静脉，并用滴数计速时，称为静脉滴注或静脉点滴。一般大量补充体液或使用作用强烈的药物时采用此法。

3. 局部用药

主要可引起局部作用，例如涂擦、撒布、喷淋、洗涤、滴入等都属于皮肤、黏膜局部用药。刺激性强的药物不宜用于黏膜。必须指出，灌肠、吸入、植入、塞入肛门或阴道等给药方法，虽将药物用于局部，但目的多在于引起局部吸收作用，不属于局部用药。

4. 群体给药

为了预防或治疗动物传染病或寄生虫病以及促进畜禽发育、生长等，常常对动物群体使用药物。常用方法有以下几种。

（1）混饲给药　将药物均匀混入饲料中，让犬、猫采食时同时吃进药物。此法简单易行，适用于长期投药。不溶于水的药物使用此法更为恰当。但应注意药物与饲料必须混合均匀，并且准确掌握饲料中药物的浓度。

（2）混水给药　将药物溶解于水中，让犬、猫自由饮用。此法尤其适用于因病不能吃食，但还能饮水的动物。采用此法必须注意根据犬、猫可能饮水的量，来计算药量与药物的浓度。对于不溶于水或在水中容易破坏变质的药物，须采取相应措施，以保证有效。如使用助溶剂使药物能溶于水中，限制时间饮用药液，以防止药物失效或增加毒性等。

（3）气雾给药　将药物以气雾剂的形式喷出，使之分散成微粒，让犬、猫经呼吸道吸入而在呼吸道发挥局部作用，或使药物经肺泡吸收进入血液而发挥全身治疗的作用。若喷雾用于皮肤或黏膜表面，则可发挥保护创面、消毒、局麻、止血等局部作用。气雾吸入要求药物对动物呼吸道无刺激性，且药物应能溶解于呼吸道的分泌液中，否则会引起呼吸道炎症。此外，使用喷雾器喷药或烟熏剂熏蒸给药也类似气雾给药。

（4）药浴　采用药浴方法是为了杀灭体表寄生虫或为了防治犬、猫皮肤病。药浴用于药物最好是水溶性的，遇到难溶性药物时，要先用适宜溶媒将药物溶解后再溶于水中。药浴应注意掌握好药浴浓度、温度和浸洗时间。

（5）环境消毒　为了杀灭环境中寄生虫与病原微生物，除采用上述气雾给药方法外，最简单的方法是往犬、猫窝巢或饲养场地喷洒药液，或用药液浸泡、洗刷犬、猫食盆及笼具。消毒环境及用具，要注意掌握药液浓度，对刺激性及毒性强的药物应在消毒后及时除去，以防犬、猫中毒。

任务二　药物对机体的作用——药效动力学

【学习引导】

某种药物A，使用说明上写的使用方法是每天3次，每次10mg，而另外一种药物B，使用说明上写的使用方法是每天4次，每次5mg。请问，药物的使用间隔时间和使用剂量的依据什么？

【任务目标】

1. 掌握药物作用的基本形式和药物作用的方式。

2. 了解药物作用的机理，理解药物的量效关系和药物的构效关系。

【知识准备】

药物对动物机体的作用是指药物能使动物机体的生理机能或生化反应过程发生变化，常简称药效学（研究药物对机体的作用规律，阐明药物防治疾病的原理）。它是药理学研究的主要内容，也是应用药物防治疾病的依据。各类药物均有其独特作用，在以下章节中分别讨论。

（一）药物作用的基本形式

药物的作用是十分复杂的，对机体的反应主要表现为机能活动的加强和减弱两个方面。

1. 兴奋作用

药物作用于动物机体，能使动物生理机能或生化反应加强的作用称为兴奋作用，这类能引起兴奋作用的药物称为兴奋药，如苯甲酸钠咖啡因。

2. 抑制作用

药物作用于动物机体，能使动物生理机能或生化反应减弱的作用称为抑制作用，这类能引起抑制的药物称为抑制药，如巴比妥类药物。

药物对机体的兴奋和抑制作用是可以转化的。如兴奋剂量过大，或作用时间过长，机体往往会由兴奋转为抑制。抑制药在发挥抑制作用之前也有一个短暂的兴奋过程（兴奋期）。

除了兴奋作用与抑制作用外，有些药物如化疗药物则主要作用于病原体，可杀灭或驱除侵入的微生物或寄生虫，使机体的生理、生化功能免受损害或恢复平衡而呈现其药理作用。

（二）药物作用的方式与两重性

1. 局部作用与全身作用

（1）局部作用　药物在吸收进入血液之前，在用药局部产生的作用称作局部作用，如普鲁卡因在局部浸润产生的麻醉作用。

（2）全身作用　药物吸收进入血液循环后所产生的作用称为吸收作用或全身作用，如安乃近内服后产生的解热作用。

2. 直接作用与间接作用

（1）直接作用　药物吸收后，直接到达某一组织、器官产生的作用称为直接作用或原发性作用。如洋地黄，对心脏产生直接作用是加强心肌收缩力，改善全身血液循环。

（2）间接作用　通过药物直接作用的结果，而对其他组织、器官所产生的作用称为间接作用或继发性作用。如应用洋地黄毒苷后，由于全身循环改善，间接增加肾的血流量，尿量增加，表现利尿作用，使心性水肿得以减轻或消除为间接作用。

3. 药物作用的选择性

药物在使用适当剂量时，只对某些器官组织产生比较明显的作用，而对其他器官组织作用较小或不产生作用，称作药物作用的选择性或选择性作用，如缩宫素对子宫平滑肌具有高度选择作用，能用于催产。

有些药物毫无选择地影响机体各器官组织而产生类似的作用称为药物普遍细胞毒作用或原生质毒作用。如常用的防腐消毒药，可影响一切活组织中的原生质，只用于体表或环境、器具的消毒。

药物作用的选择性越高，治疗效果越好，副作用越少。药物作用的选择性越低，治疗效果越差，副作用越多。

4. 药物的两重性

大多数药物，在其发挥治疗作用的同时，都会或多或少地产生不良反应，这就是药物的两重性。

（1）药物的防治作用　药物对机体的作用符合用药目的，产生了防治疾病的效果称为药物的防治作用。药物的防治作用可分为药物的预防作用和药物的治疗作用。

①药物的预防作用：药物预防疾病发生的作用称为药物的预防作用，防治疾病必须贯彻“预防为主，防重于治”的方针，如消毒和接种疫苗等。

②药物的治疗作用：药物治疗疾病的作用称为药物的治疗作用。药物的治疗作用又分对因治疗（针对病因进行的治疗）和对症治疗（针对症状进行的治疗）。在临床上对因和对症治疗是相辅相成的，因病情的轻重应灵活运用，遵循“急则治其标，缓则治其本，标本兼治”的治疗原则。

（2）药物的不良反应　药物在治疗剂量时出现与用药目的无关的作用，甚至对动物机体产生不利的作用称为药物的不良反应。临床用药时，应注意充分发挥药物的治疗作用，尽量减少药物的不良反应。药物的不良反应一般分为药物的副作用、毒性反应、过敏反应等。

①药物的副作用：药物在治疗剂量时出现与用药目的无关的作用。如用阿托品解挛时引起的口腔干燥为副作用。一般副作用比较轻，多是可逆的，是药物的选择性作用低所造成的。

②药物的毒性反应：药物用量过大，或用药时间过长，或机体对某一药物特别敏感，而引起对机体有明显损害的作用称为药物的毒性反应。

a. 急性毒性反应。用药后短时间内立即发生，主要是用药量过大引起。

b. 慢性毒性反应。长期用药，经蓄积而逐步对机体组织器官引起的损害。用药时间过长所引起。如链霉素长期注射能引起耳聋（损害听神经）。

为了预防毒性作用，主要是用药时严格掌握剂量和时间。

③药物的继发性反应：继发于治疗作用所出现的不良反应称为药物的继发性反应。如成年动物长期应用广谱抗生素，能破坏胃肠道菌群的平衡，引起动物的消化不良。

④药物的过敏反应（变态反应或超敏反应）：动物机体对某种药物的再次刺激所产生的病理性免疫应答，常常造成机体功能障碍甚至组织损伤。药物多数是外来异物，虽然不是完全抗原，但许多可能是半抗原，如与血浆蛋白或组

织蛋白结合后可形成完全抗原，便可引起动物机体发生体液免疫和细胞性免疫反应，如临床上用的抗生素、疫苗等。这种反应难以预知，与药物的剂量无关，但不同药物可能出现相似的反应。轻者出现皮疹、发热、流涎、呕吐、哮喘、腹痛、腹泻、血管扩张、血压下降等；重者发生过敏性休克，动物表现为呼吸困难、缺氧、昏迷、抽搐乃至死亡。治疗可用抗过敏的扑尔敏、苯海拉明；葡萄糖酸钙、氯化钙等，休克用肾上腺素或配合糖皮质激素进行抢救。

⑤药物的后遗效应：指停药后血液中药物的浓度下降到最低有效浓度以下时，残存药物的作用。如长期应用皮质激素，由于负反馈作用，抑制机体肾上腺皮质机能，如停药约半年以上时间才能恢复正常。

（三）药物作用的机理

药物作用的机理是指药物是如何发挥治疗作用的。由于药物的种类繁多，性质各异，且机体的生化过程和生理机能十分复杂，故药物作用的机理也不完全相同。目前公认的药物机理有以下几种。

1. 通过受体产生作用

受体是存在于细胞膜或细胞内的一种大分子物质（蛋白质、脂蛋白、核酸），具有高度的特异性。药物通过与机体细胞的细胞膜或细胞内的受体相结合而产生药物效应。有的药物与受体结合后能使该受体激活，产生强大效应，这类药为激活药或兴奋药；有的药物与受体结合后阻断受体激活药与受体的结合，这类药为该受体的阻断药或拮抗药。如乙酰胆碱是胆碱受体激活药或兴奋药，阿托品是胆碱受体阻断药。

2. 通过改变细胞或组织周围环境的理化性质而发挥作用

如碳酸氢钠内服能中和过多的胃酸，可治疗胃酸过多症。

3. 通过影响酶的活力而发挥作用

如新斯的明可抑制胆碱酯酶的活力而产生拟胆碱作用。

4. 通过影响细胞的物质代谢过程而发挥作用

如磺胺药通过干扰细菌的叶酸代谢过程而发挥作用。

5. 通过改变细胞膜的通透性而发挥作用

如制霉菌素改变胞浆膜的通透性而发挥作用。

6. 通过影响体内活性物质的合成和释放而发挥作用

如阿司匹林能抑制前列腺素的合成而发挥解热作用。

（四）药物的构效关系

药物的构效关系指药物的化学结构与药物疗效之间的关系。药物的化学结构与药理效应或活性有着密切的关系，药理作用的特异性就取决于特定的化学结构。

1. 拟似作用

化学结构类似的药物一般都有类似的作用。它们能与同一受体或酶结合，产生相似（拟似药）的作用。氯甲酰胆碱与体内神经递质乙酰胆碱结构相似，有类似乙酰胆碱的作用；麻黄碱与体内肾上腺素结构相似，有拟似肾上腺素的作用。使用这类药物可促进其活动增强。

2. 拮抗作用

有些结构类似的药物，可相互竞争同一受体或酶，使其他药物不能与受体或酶结合，致使其他药物失去作用。而这种药物只与受体结合，因结构不同（只是类似），与受体结合后不产生与其他药物类似的作用，结果是与其他药物起相反（拮抗药）的作用。抗组胺药物与体内的组胺结构类似，使用后可竞争组胺受体，而与组胺受体结合后不产生与组胺相同的作用，使组胺失去效能，从而起到抗过敏作用。

3. 光异构体

有些药物成分结构完全相同，只是在光化学上有些不同，为光异构体，光异构体之间具有不同的药理作用。左旋的氯霉素具有抗菌作用，其消旋体无作用；左旋咪唑有抗线虫作用，它们的右旋体就没有作用。

（五）药物的量效关系

药物的量效关系指药物在一定范围内的疗效与剂量之间的关系，即疗效随剂量的改变而改变。

1. 剂量的相关概念

剂量即用药的分量。

（1）无效剂量　药物剂量从小到大的增加，可引起机体药物效应增强或性质的变化。药物剂量过小，不产生任何效应，为无效剂量。

（2）最小有效量　剂量增加到开始出现药物效应的最小剂量，为最小有效量。

（3）半数有效量　对半数（50%）的动物个体有效的剂量为半数有效剂量（ED_{50}）。

（4）有效量　从最小有效剂量开始，随剂量的加大，效应也逐渐增强，剂量加大到明显效应时，而不出现中毒反应的剂量，为有效量，也称治疗量、常用量、剂量。常用量应比最小有效量大，比极量小，在最小有效量与极量之间。

（5）极量　药物剂量继续增加，到出现药物效应最强时的剂量，为极量。

（6）中毒量　药量增加到出现中毒反应的剂量，为中毒量。

（7）最小中毒量　能引起中毒反应的最小剂量为最小中毒量。

（8）致死量　能引起动物死亡的剂量为致死量。

（9）半数致死量　引起半数（50%）动物死亡的剂量为半数致死量（LD_{50}）。通常用半数致死量来衡量药物的毒性。

（10）安全范围　最小有效剂量与最小中毒量之间的剂量范围为安全范围或安全度。安全范围越大，用药越安全。

2. 量效曲线

（1）量效曲线的概念　药物效应随药物剂量的增加而相对增强，但实际不是每增加一份药物剂量，就增强一份等比的效应，不是成直线等比上升，而是成曲线变化的。

（2）量效曲线　有的剂量范围增减对效应变化的幅度影响不大，有的剂量范围增减对效应影响较强，有的剂量范围变化对效应无影响。用曲线的方式表示分析药物剂量与它所产生的某种效应之间的关系，就是药效曲线。

（3）量效曲线的表示　在药效曲线中，通常用纵坐标表示药效强度，以横坐标表示药物剂量的对数值，药效曲线就呈几乎对称的S形。

（4）量效关系的规律

①药物必须达到一定剂量才能产生效果。

②在一定范围内，剂量增加，效应也增加。

③最大效应：效应的增加并不是无止境的，有一定的极限，这个极限就是最大效应或效能。达到最大效应后，剂量再增大，效应也不再增强。

④量效曲线对称点：量效曲线的对称点在50%处。此处曲线斜率最大，剂量稍有变化，效应就产生明显变化。

3. 药物的效价和效能

（1）药物的效价　指药物作用的强度，是产生一定的效应所需要的药物剂量的大小。产生一定的药物效应需要的药物剂量越小，表示药物的效价越高。

（2）药物的效能　指药物最大效应的水平高低。如有的抗菌药物只能抑菌，即使再加大剂量也不能杀菌；而有的药物可以将病原菌杀灭。

药物的最大效应（或效能）与强度（效价）是两个不同的概念，不能混淆。在临床用药时，由于药物具有不良反应，其剂量是有限度的，可能达不到真正的最大效能，就已经出现不良反应。所以在临床上效能要比强度重要得多。

任务三　机体对药物的作用——药物代谢动力学

【学习引导】

1. 俗话说“是药三分毒”，你对这句话是怎样理解的？有道理吗？

2. 某阿拉斯加犬发生乳房炎，一乡村兽医给该犬注射正常剂量3倍的抗生素进行治疗，还说药物剂量越大治疗效果越好，这样做有道理吗？

【任务目标】

1. 掌握药物的转运、吸收、分布、转化、排泄等药物在动物体内运行和变化规律。

2. 通过对药物体内过程基本规律的了解和研究，进而为设计或改进给药方案、提高药效、减少不良反应打下基础。

【知识准备】

药物进入机体，对机体组织器官的生理、生化功能产生效应。与此同时，动物机体组织器官对药物也产生各种各样的作用，使药物发生各种变化。

药动学就是研究药物在动物体内运行和变化规律的科学。从药物进入动物机体，经过吸收、分布、转化至排泄出体外的过程为药物的体内过程，包括药物在体内的转运和转化两部分。通过对药物体内过程基本规律的了解和研究，对设计或改进给药方案、提高药效、减少不良反应都有重要意义。

（一）药物的转运

药物在体内的吸收、分布、排泄总称为药物的体内转运。药物在体内被分解或与其他物质结合等的代谢过程为药物的转化。这一过程是药物本身发生变化的过程，有的变成了其他物质。

药物自用药部位进入血液循环，随血流分布到各器官组织，而产生药理作用，然后在体内的转化和排泄，这一过程都必须经过一系列的细胞膜或生物膜，称为跨膜转运，简称药物的转运。生物膜是细胞膜和细胞器膜的总称。细胞器膜包括核膜、线粒体膜、内质网膜、溶酶体膜。生物膜上有受体、酶、载体和离子通道等；还有贯穿膜内外的孔道，称作膜孔。药物就是通过生物膜上的这些受体、酶、载体、离子通道、膜孔等进出细胞或细胞器而发挥作用的。药物跨膜转运的方式有以下几种。

1. 被动转运

药物从高浓度的一侧经生物膜向较低浓度的一侧转运的过程称为被动转运。这种转运不消耗能量，转运速度主要决定于膜内外药物的浓度差，浓度差距越大，转运速度越快，当达到平衡则转运停止。被动转运一般包括简单扩散和滤过。

（1）简单扩散　简单扩散又称被动扩散或脂溶扩散。由于生物膜由脂质双分子层组成基本结构，具有类脂质特性，脂溶性药物可以直接溶解在脂质中，借助脂质通过生物膜。大部分药物均通过这种方式转运，其特点是顺浓度梯度，扩散过程与细胞代谢无关，不消耗能量，不受饱和度与竞争性抑制的影响。

（2）滤过　生物膜上有膜孔，主要是水的通道。通过水通道滤过是许多小分子（相对分子质量 150~200）、水溶性、极性和非极性物质转运的常见方式，其借助膜两侧的浓度差形成的渗透压，由渗透压高的一侧随水向渗透压低的一侧转运。大分子物质被阻挡滤除，不能通过。

2. 易化扩散

易化扩散又称协助扩散。与被动扩散相似，药物也是从高浓度处向低浓度处转运，不同的是此扩散需要膜上一种载体蛋白参与。易化扩散不能逆浓度梯度转运，也不消耗能量，是一种被动转运过程，其透过量有饱和现象，也能受代谢抑制物的影响。

3. 主动转运

主动转运又称逆流转运，是指药物逆浓度差由生物膜的一侧转运到另一侧的转运过程。这种转运有载体参与，转运的载体多为载体蛋白，载体对被转运的物质有一定的选择性，转运时需要消耗能量，并且转运能力有一定限度，就是说载体有饱和性，如果载体达到饱和，就不能再进行转运。

载体对药物具有特异的亲和力并发生可逆性结合，由膜的一侧通过到另一侧，再将药物释放出来，载体重新回到原位，再继续新的转运。同一载体转运两种类似化合物时发生竞争性抑制。强酸、强碱或大多数药物的代谢产物迅速转运至尿液和胆汁都是主动转运机制，多数无机离子如 Na^+、K^+、Cl^- 的转运和青霉素、头孢菌素等从肾脏的排出均是主动转运过程。

4. 胞饮/吞噬作用

生物膜具有一定的流动性和可塑性，可主动变形将某些物质摄入细胞内或从细胞内释放到细胞外，此过程称为胞饮或胞吐作用。摄取固体颗粒时称为吞噬作用。大分子（相对分子质量大于 900）药物进入细胞或穿过组织屏障一般为胞饮/吞噬作用，如蛋白质、脂溶性维生素、抗原、破伤风毒素、肉毒毒素等。

（二）药物的吸收

药物的吸收指药物自用药部位进入血液循环的过程。除静脉注射药物直接进入血液循环外，其他方法给药都要吸收进入血液循环才能到达作用的组织器官发挥作用。

1. 内服给药

内服给药包括口服、直肠或舌下给药，多以被动转运的方式经胃肠道黏膜吸收，主要吸收部位是小肠，因为小肠绒毛膜有非常广大的表面积和丰富的血液循环。弱酸、弱碱、中性化合物均可在小肠吸收。

有些药物可以通过直肠给药，经直肠黏膜和结肠黏膜吸收。直肠黏膜吸收的药物可以不通过肝脏，直接进入血液循环。在肝脏分解转化失效的药物可通过直肠给药，如直肠灌注或栓剂等。

影响消化道药物吸收快慢的因素有如下。

（1）胃排空率　胃容积小，排空时间短，有利于药物的吸收；胃容积大，排空时间长，不利于药物的吸收。

（2）pH　不同动物胃内的 pH 有较大差别，影响药物的吸收。动物胃内容物的 pH 均为酸性，所以酸性药物在胃液中不易解离、容易吸收，碱性药物在胃液中易解离、不容易吸收，要进入小肠后才能吸收。

（3）胃肠内容物的充盈度　胃肠内容物越多，药物浓度越低，吸收得越慢；胃肠内容物越少，药物浓度越高，吸收得越快。说明药物在空腹时饲喂有利于吸收，但刺激性强的药物应在采食后饲喂。

（4）药物的相互作用　有些金属或矿物质元素如钙、镁、铁、锌等离子可与四环素类在胃肠道发生螯合作用，从而阻碍药物吸收或使药物失活；又如碳酸氢钠与稀盐酸混合口服时变成碳酸钠、水和二氧化碳，药物的疗效减弱。

（5）首过效应 口服吸收后经门静脉进入肝脏，在肝脏中有一部分被代谢灭活，使进入血液循环的有效量减少，药效降低，这种现象称首过效应。不同的药物首过效应也不同，如利多卡因首过效应后，血液几乎测不到原型药。可以口服的药物首过效应低。

2. 注射给药

静脉注射的优点是药物直接进入血液，无吸收过程，迅速产生药效，并可以控制用药剂量，是最佳的给药技术。其他注射法，药物吸收的快慢决定于注射部位的血管分布状态，皮下和肌肉部位的毛细血管的管壁间隙比较大，一般的药物（包括胃肠黏膜不能吸收的大分子物质）都可以通过毛细血管吸收。由于肌肉组织的毛细血管较皮下丰富，肌内注射给药要比皮下注射给药吸收快。治疗用药肌内注射较多，而接种疫苗多使用皮下注射。肌肉、皮下注射一般 30min 内达到峰值。另外药物的浓度、水溶性、油剂、混悬剂等也影响药物的吸收。水溶性好的药物吸收率高而快，混悬液和油溶液吸收率低而慢。

腹腔注射是将药物直接注射到腹腔内，通过腹膜吸收。由于腹膜面积较大，吸收速度较肌内注射给药快，仅次于静脉注射给药。由于腹腔空间较大，可以承受较大量的药物，代替静脉补液等。但刺激性强的药物不能腹腔注射。

3. 呼吸道给药

呼吸道给药指气体、挥发性液体或气雾剂等药物可通过呼吸道吸入肺部给药，由肺泡的毛细血管吸收而产生药理作用。原因是肺的面积大、血流量多、肺泡细胞结构较薄，所以药物易于吸收。

4. 皮肤黏膜给药

完整的皮肤吸收能力差，一般药物很难通过皮肤吸收，但个别脂溶性高的药物（如有机磷）可通过皮肤吸收，常用于局部炎症的治疗，局部涂擦刺激剂，如碘酊。黏膜吸收能力比皮肤快而强，临床主要用于黏膜表面麻醉。

5. 影响药物吸收的主要因素

（1）药物的理化性质 脂溶性物质因可溶于生物膜的类脂质中而扩散，故较易吸收，如脂溶性的维生素 A、维生素 D、维生素 E、维生素 K 等；小分子的不溶性物质可自由通过生物膜的膜孔扩散而被吸收，如水溶性维生素 B_6、维生素 B_{12}、维生素 C 等。

（2）药物浓度、吸收面积以及局部血流量 一般地说，药物浓度大、吸收面积广，局部血流量大，可使吸收加快。

（3）药物的剂型决定吸收速度 如固体与液体。

（4）给药途径 在组织不破损不发炎的情况下，除静脉给药直接进入血液外，吸收的快慢顺序是：肺泡、腹腔注射、肌肉或皮下注射、黏膜（口腔）、皮肤给药。

（三）药物的分布

药物的分布指吸收后的药物，随血液循环转运到机体各组织器官的过程。药物在体内的分布多数是不平衡的。一般组织器官的药物浓度与血浆药物浓度成平行关系，血浆药物浓度高，组织器官的药物浓度也相应高。通常药物在组织器官内的浓度越大，对该组织器官的作用越强。但也有例外的，如强心苷主要分布于肝和骨骼肌组织，却选择性地作用于心脏。

影响药物分布的主要因素包括以下几方面。

1. 药物与血浆蛋白的结合力

药物在血液中以游离型和结合型两种形式存在。

游离型：药物吸收后，一部分不发生任何变化，以原形的形式存在于血液中。血浆中的游离型药物可以通过血管壁进入组织器官的细胞内发挥作用；但游离型药物容易被转化而失去效力。

结合型：一部分药物在血浆中能与血浆清蛋白结合成一种复合物。这种结合型复合物分子个体大，不容易被转化，也不易通过细胞膜，所以就不能产生药理活性。但这种结合是可逆的，可以再分离，成为游离型药物而发挥作用。在血液中游离型与结合型药物始终处于动态平衡状态。

影响药物与血浆蛋白结合的因素如下：

（1）饱和性　血浆蛋白与药物的结合是有限度的，达到一定量，就会出现饱和，不能再与药物结合。如用药量大到一定程度，其游离型药物浓度就会很高，药效增强，但也容易发生中毒。

（2）竞争性　药物之间与血浆蛋白的结合是有竞争的，与蛋白亲和力强的药物可将与蛋白亲和力弱的药物从结合型置换出来，使结合力弱的药物游离型增加。

药物作用与血浆中存在形式的关系：药物的作用强度与血浆中游离型药物浓度成正比，游离型药物浓度越高，药物作用强度越强，产生药效快。不同的药物，与血浆蛋白的结合率不同。结合率高的药物，产生药效慢，在体内转化慢、存留时间长，作用时间也长。在游离药物由于分布或消除使浓度下降时，便可从结合状态下分离出来，延缓了药物从血浆中消失的速度，使半衰期延长，因此，与血浆蛋白结合实际上是一种贮存功能。药物与血浆蛋白结合后分子增大，不易透过细胞膜屏障而失去药理作用，也不易经肾脏排泄而使作用时间延长。当药物剂量过大超过饱和时，会使游离型药物大量增加，有时可引起中毒。

2. 药物与组织的亲和力

有的药物与某个组织有亲和力，而使药物在该种组织的浓度高于血浆游离药物的浓度，这种药物在亲和力高的组织中分布多、浓度高，对这一组织作用也相对要强。如：碘在甲状腺的浓度比在血浆和其他组织约高 1 万倍，硫喷妥钠在给药 3h 后，约有 70%分布于脂肪组织中，四环素可与 Ca^{2+} 络合主要贮存于骨组织中。有些抗肿瘤药物与肿瘤细胞有特殊的亲和力，可杀灭肿瘤细胞而对健康组织细胞损害较小。但也有不同，如强心苷。

3. 药物的理化性质

如脂溶性、水溶性、pH 和相对分子质量等。脂溶性药物容易分布，水溶性药物难以分布，多数药物呈弱酸或弱碱性，其分布受 pH 影响较大。细胞内液 pH（约为 7.0）略低于细胞外液 pH（约为 7.4），弱碱性药物在细胞内液浓度略高，弱酸性药物在细胞外液浓度略高。

4. 组织的血流量

单位时间血流量较大的器官，一般药物在该器官的浓度也较大。如肝、肾、肺等。

5. 血液和组织间的浓度梯度

因为药物分布主要以被动扩散的方式。

6. 体内屏障

动物机体是有防御机能的，不是所有外来物质都能接受，来者不拒，那就要出问题。各组织器官的生物膜对药物的透过是有选择的，有的药物不能通过而被屏蔽，形成屏障作用，以保护机体不受损害。这种屏障对药物的分布有很大的影响。机体特殊屏障作用有血脑屏障和胎盘屏障。

血脑屏障是由毛细血管壁与神经胶质细胞形成的血浆与脑细胞之间的屏障，和由脉络丛形成的血浆与脑脊液之间的屏障。许多大分子、水溶性的药物难以通过，但脂溶性高的药物能顺利通过。血脑屏障对脑组织是一种保护，以防外来物质对脑组织产生损害。但脑组织发生疾病时，它也将药物屏蔽在血管内，难以发挥治疗作用。如发生脑膜炎时，抗生素药物个体大，不能通过血脑屏障，不能用作治疗脑膜炎的药物；而磺胺嘧啶分子小，与血浆蛋白结合力低，容易通过血脑屏障，多用于治疗脑膜炎。炎症时，血脑屏障的通透性发生改变，通透性增大，正常不能通过的青霉素就可以通过，用来治疗脑炎。脂溶性高的药物可通过血脑屏障，进入脑组织细胞，如全身麻醉药物。中枢神经兴奋药安钠咖通过血脑屏障，选择性分布到脑。

胎盘屏障是指胎盘绒毛血流与子宫血窦间的屏障，是将母体血液与胎儿血液隔开形成的屏障，是对胎儿保护的一种生物机能。通透性与一般毛细血管没有明显差别，脂溶性高的药物能够从母体血液通过胎盘屏障进入胎儿血液；脂溶性小或高度解离的药物不易通过胎盘屏障。大多数药物均可进入胎儿体内，但因胎盘和母体交换的血液量少，进入胎儿体内的药物需要较长的时间才能达到与母体平衡。有的药物（如激素类药物）能引起胎儿畸形，所以对孕畜用药要慎重。

（四）药物的转化

药物的转化指药物在体内发生化学结构的变化过程，或称生物转化，又称药物的代谢。一般药物在体内所发生的变化大多向着解除毒性、降低药效、有利于排泄的方向转化；但有的药物转化后才具有药理作用。

1. 药物在体内的主要转化方式

（1）氧化　巴比妥侧链的苯环上多了一个氧，得到氧而被氧化成对羟苯巴比妥（失效）。

（2）还原　氯霉素的苯环上的硝基（O_2N^-）失去了两个氧原子，变成了氨基（H_2N^-），失去氧而被还原为还原型氯霉素（失效）。

（3）水解（分解）　普鲁卡因水解后生成对氨基苯甲酸和二乙氨基乙醇（失效）。

（4）结合　苯酚与葡萄糖醛酸结合成苯酚葡萄糖醛酸。

2. 药物在体内转化的两个阶段

（1）第一阶段　包括氧化、还原、水解方式，多数药物经此阶段转化后生成药理活性降低或消失的代谢产物，但也有部分药物经此阶段转化后的产物才具有活性（如百浪多息）或作用加强（如非那西丁的代谢产物扑热息痛的解热镇痛作用）。

（2）第二阶段　第一阶段生物转化使药物分子产生极性基团，生成的极性代谢物或未经代谢的原形药（如磺胺类）能与内源性化合物如葡萄糖醛酸、醋酸、硫酸和氨基酸等结合，形成极性更大、水溶性更高、更有利于从尿液或胆汁迅速排出的代谢物，药理活性完全消失，称为解毒作用。

3. 药物的转化器官

药物转化的主要器官是肝脏，肝细胞内有微粒体酶（如细胞色素等），是催化药物等外来物质转化的酶系统，称作药酶。药酶的含量高、活力强，药物的转化极快。

（1）肝脏功能对药物转化的影响　在肝功能不良时，药酶的活力降低，肝脏对药物的转化能力减慢。药物转化不了，可延长药物作用时间，但更容易引起药物的蓄积而中毒。所以肝脏功能不良时，应注意选择药物或减少剂量。

（2）影响药酶的因素

①药酶的诱导剂：有些药物可加速药酶的合成或提高药酶的活力，加速其他药物的转化，为药酶的诱导剂，如苯巴比妥、水合氯醛、保泰松、苯海拉明等。

②药酶抑制剂：有些药物可减少药酶的合成或减低药酶的活力，使其他药物的转化减慢，为药酶抑制剂，如有机磷杀虫剂、乙酰苯胺、异烟肼等。其他药物转化的部位：血浆、肾、肺、脑、皮肤、胃肠黏膜、胃肠道微生物等也能进行部分药物的转化。只有少数药物是由非微粒体药酶系统（包括细胞浆、线粒体、血浆中酶系）代谢，凡属结构类似体内正常物质、脂溶性小、水溶性大的药物均由此组酶系代谢。如线粒体中单胺氧化酶可使5-羟色胺体内活性物质氧化成醛。

（五）药物的排泄

药物的排泄指药物及其代谢产物被排出体外的过程。除内服不易吸收的药物多经肠道排泄外，其他被吸收的药物主要经肾脏排泄，只有少数药物经呼吸道、胆汁、乳腺、汗腺等排出体外，排泄和吸收、分布一样也是药物的转运。药物多经转化后排出，只有少数药物以原形排出。

1. 肾脏排泄

绝大多数药物及其代谢产物都要经肾脏排出，药物及其产物在肾小球滤过，滤过后的部分药物被肾小管重吸收，未被重吸收的部分随尿液排出。

（1）滤过　药物的相对分子质量大小及药物与蛋白结合率直接影响药物的滤过。相对分子质量小于 68000 的药物可以滤过，相对分子质量越小，滤过速度越快；相对分子质量超过 68000 的药物及与血浆蛋白结合的药物不能滤过。

（2）重吸收　影响重吸收的因素主要有脂溶性和尿液的 pH。

①脂溶性高的药物易被重吸收，排泄慢，药效时间长；脂溶性低的药物重吸收少，排泄快，药效短。

②尿液 pH：pH 低时（酸性尿），弱酸性药物重吸收多，排泄慢，药效时间长；而弱碱性药物重吸收少，排泄快，药效时间短；尿液 pH 高时（碱性尿），弱碱性药物重吸收较多，排泄慢，药效时间长；而弱酸性药物的重吸收少，排泄快，药效时间短。所以在弱酸性药物中毒时，给动物使用碱性药物碳酸氢钠，使尿液变成弱碱性，减少弱酸性药物的重吸收，促使其排泄。

从肾脏排泄的原形药物或代谢产物由于小管液水分的重吸收，生成尿液时可达到很高的浓度，有的产生治疗作用，如青霉素、链霉素大部分以原形从尿液排出，可用于治疗泌尿道感染；但有的可能产生毒副作用，如磺胺产生的乙酰磺胺因浓度高可析出结晶，可引起结晶尿或血尿，尤其犬、猫尿液呈酸性更易出现，故应同时内服碳酸氢钠。

③主动分泌：肾小管通过载体能主动分泌一些不能滤过的药物而排泄。当两种药物通过同一载体转运时，可出现相互竞争载体而减缓排泄，与载体亲和力弱的药物排泄慢，作用时间长。如单独使用青霉素药物，排泄较快。丙磺舒与青霉素在转运时竞争同一载体，丙磺舒较青霉素与载体的亲和力强，所以两药同时使用会使青霉素排泄减慢，提高药效，延长作用时间，丙磺舒就为青霉素的增效剂。

肾功能对药物排泄的影响：由于药物主要通过肾脏排泄，如果肾脏出现功能不良，就会减缓药物的排泄，使药物作用时间延长。但这时，用药剂量大或反复用药，会增加肾脏负担，并且因药物排泄不良，还会引起蓄积中毒。

2. 胆汁排泄

相对分子质量 300 以上并有极性基团的药物主要从肝脏进入胆汁，随其至胆囊和小肠。某些药物可经肝细胞主动排泄进入胆汁，随胆汁进入小肠的药物，部分可被小肠再次重吸收，经肝脏的门脉系统又进入肝脏，这就形成了肝肠循环。如某些脂溶性药物（如四环素）可在肠腔内又被重吸收，或和葡萄糖醛酸结合，被肠道微生物的β-葡萄糖醛酸酶水解并释放出原形药物，然后被重吸收，由此形成肝肠循环，使药物作用时间延长，如红霉素、吗啡等。

3. 乳汁排泄

动物机体可通过泌乳将药物排泄到乳汁中，通过乳汁排泄。利用乳汁排泄可以给母畜用药，治疗幼畜疾病，但有时也会危害幼畜。

（六）药物代谢动力学的基本概念

药物代谢动力学是研究药物在体内的浓度随时间发生变化的规律的一门学科。

血药浓度一般指血浆中的药物浓度，是体内药物浓度的重要指标，虽然它不等于作用部位的浓度，但作用部位的浓度与血药浓度以及药理效应一般呈正相关。血药浓度随时间发生的变化，不仅能反映作用部位的浓度变化，而且也能反映药物在体内过程的变化规律。测定体内药物浓度主要是借助血、尿等易得的样品进行分析。常用的血药浓度是按用药后不同时间采血测定获得的，常以时间作横坐标、以血药浓度作纵坐标，绘出曲线称药-时曲线，再借助特定的房室模型及数学表达式，计算出一系列动力学参数，从而阐明药物在体内的吸收、分布、代谢与排泄的规律，为临床制定科学合理的给药方案及研究和寻找新药提供定量的依据与标准，也是临床药理学、药剂学及毒理学研究的重要工具。现介绍几个药动学基本参数及其意义。

1. 半衰期

半衰期指体内药物浓度或药量下降一半所需的时间，又称为生物半衰期或血浆半衰期。它反映药物在体内消除的速度，在临床具有重要意义。同一种药物对不同动物种类、不同品种、不同个体，半衰期也有差异。为了保持血中的有效药物浓度，半衰期是制定给药间隔时间的重要依据，也是预测连续多次给药时体内药物达到稳态浓度和停药后从体内消除时间的主要参数。如按半衰期间隔给药 4~5 次即可达稳态浓度，停药后经 5 个半衰期则体内药物消除约达 95%。药物的半衰期长，其排泄、消除速度慢，维持药效时间长，重复给药的间隔时间可长些。相反，半衰期短，药物在体内的排泄、消除较快，药物作用时间短，为维持有效的血药浓度，就要缩短重复给药的间隔时间。

2. 药-时曲线下面积

药-时曲线下面积指以血药浓度为纵坐标，时间为横坐标作图所得的曲线下面积，反映到达全身循环的药物总量，即药物的吸收状态。大多数药物的药-时曲线下面积与剂量成正比，此常数常作为计算生物利用度和其他参数的基础。

3. 表观分布容积

表观分布容积指药物在体内的分布达到动态平衡时，药物总量按血浆药物浓度分布所需的总容积，为体内药量与血浆药物浓度的一个比例常数。表观分布容积值越大，药物穿透组织越多，分布越广，血中药物浓度越低。一般，当表观分布容积值大于1.0L/kg时，药物的组织浓度高于血浆浓度，药物在体内分布广泛，或组织蛋白对药物有较强的亲和性。

4. 峰浓度和峰时

给药后达到的最高血药浓度称为血药峰浓度（简称峰浓度）。峰浓度与给药剂量、给药途径、给药次数及达到时间有关。达到峰浓度时所需的时间称为峰时间（简称峰时），取决于吸收速率和消除速率。峰浓度、峰时和曲线下面积是决定生物利用度和生物等效性的重要参数。

5. 体清除率

体清除率指在单位时间内机体通过各种消除过程消除药物的血浆容积，用消除速率常数和半衰期来表示。消除速率常数与半衰期不同，它可以不依赖药物处置动力学的方式表达药物的消除速率。体清除率包括肾清除率、肝清除率和其他如肺、乳汁、皮肤清除率等。

6. 生物利用度

生物利用度指药物以一定剂型从给药部位吸收进入全身循环的速率和程度，是决定药物量效关系的首要因素。另外可根据生物利用度寻找促进吸收或延缓消除的药剂。

任务四　影响药物作用的因素及合理用药

【学习引导】

1. 药物的使用说明书上都写着该药物的使用方法，有的是口服，有的是肌内注射，那么在制定药物的给药方案时，应该考虑哪些因素呢？

2. 俗话说得好，“是药三分毒”，我们在用药的时候，怎样减少药物的毒副作用、增加药物的治疗作用呢？

【任务目标】

了解影响药物作用的因素，能进行合理选药和用药。

【知识准备】

（一）影响药物作用的因素

药物的作用是药物与宠物机体作用过程的综合表现，许多因素可能影响药物的作用，使药物的效应发生改变，主要有药物、宠物、饲养管理与环境等因素。

1. 药物方面的因素

（1）剂量

①剂量对药物作用程度的影响：药物的作用或效应在一定剂量范围（治疗量）内随着剂量的增加而增强。例如巴比妥类药物，小剂量催眠，随着剂

量的增加呈现镇静、抗惊厥作用，再大剂量便呈现麻醉作用。这些都是中枢神经的抑制作用，只是抑制程度的不同，没有本质的区别，剂量越大，抑制程度越强。

②剂量对药物作用性质的影响：有少数药物随着剂量或浓度的不同，作用性质会发生变化。如人工盐，小剂量有健胃作用，大剂量就变为泻下作用。大黄，小剂量健胃、收敛止泻，大剂量泻下。所以在临床用药时，要根据药物的有效剂量及不同剂量的作用、药物的毒副作用、病情的发展等适当调整。只有准确地选择剂量，才能获得预期的治疗效果。

（2）剂型　药物的剂型可影响药物的吸收和消除，进而影响药效。相同剂量的同一药物，以注射吸收较快，内服剂型吸收较慢，溶液剂吸收较混悬剂及油剂快。在口服剂型中，溶液剂较散剂快，散剂较片剂和丸剂快。药物剂型不同，可影响药物作用的性质、大小、快慢和部位。临床应用时应根据疾病类型、病情轻重、治疗方案和用药目的选择适当的剂型。

①改变药物作用的性质：剂型不同，给药途径不同，如硫酸镁内服为泻下作用，注射为抗惊厥作用。

②影响药物疗效和毒副作用：如平喘药氨茶碱注射剂和片剂可兴奋心脏，导致心率增加，栓剂可减轻对心脏的不良反应。

③影响药物作用的潜伏期和持续时间：速效制剂：注射剂、吸入气雾剂等；慢效制剂：片剂、丸剂、透皮剂等；缓释制剂；控释制剂。

④靶向作用：如脂质体、微球、微囊。

（3）给药途径　制剂和剂型可以决定给药途径，不同的给药途径可以影响药物吸收的数量和速度，从而影响药物作用的速度和强度。药物吸收的速度由快到慢依次为静脉注射→吸入→肌内注射→皮下注射→内服。同样给药途径不同，可影响药效的性质。口服硫酸镁有泻下作用，注射给药有中枢抑制作用。

①口服给药：口服给药的优点是简便、经济、安全，不足是起效慢、吸收不完全、有首过消除作用。多种因素影响胃肠道药物的吸收，进而影响药物的起效快慢、作用强度和持效时间。

②注射给药：注射给药的优点是吸收快速、完全、起效快，不足是操作难度大、制剂质量要求高。

静脉注射：药物无吸收过程，起效快；容易控制用药量。有静脉推注、静脉滴注两种。

肌内注射：最常用的注射给药方式，药物吸收速度受注射部位血流量的影响。药物刺激性不能过大。

皮下注射：用药量有限，吸收较肌注缓慢，血管收缩药物如肾上腺素可影响药物吸收速度。

腹腔注射：药物不应有刺激性。

③吸入给药：吸入给药的特点是起效快、受制剂及药物理化性质制约（如挥发性、气雾剂）。

（4）重复用药　临床治疗中，为维持药物在体内的有效浓度，必须多次给药，即重复用药。反复给药因剂量过大，或给药次数过频而间隔时间过短，或由于机体对药物的生物转化功能减退、排泄速率过慢，而引起体内药物蓄积。药物蓄积可增强药物效应和持续作用，也可能引起蓄积中毒。消除慢的药物容易在体内蓄积而引起中毒，应避免长期给药。反复给药后机体对药物的反应性减弱，需要不断增加剂量才可达到原先较少剂量所能产生的效果，这种现象称为耐药性。耐药性又称抗药性，是指病原体与药物多次接触后，对药物的敏感性下降甚至消失，致使药物对该病原体的疗效降低或无效的现象。在发生传染病时应防止病原体对药物的耐受现象，即耐药性或抗药性。

重复用药的时间和次数称为疗程，每天给药次数与疗程长短应视药物在体内的消除速度和病情需要而定。

（5）联合用药　为了增强药物疗效，减少或消除药物不良反应，临床上同时或先后使用两种或两种以上的药物，称为联合用药或合并用药。

采用相同或不同途径，同时或先后给予机体两种或多种药物所起的药效学或药动学相互影响使药物原有作用增强或减弱的现象，称为药物相互作用。药物之间的相互作用主要有：协同作用、拮抗作用、不良反应、体外的相互作用、配伍禁忌。

①协同作用：联合用药后使药效增强称为协同作用，药效为各药分别作用的代数和称为相加作用，药效大于各药分别作用的代数和称为增强作用。

②拮抗作用：联合用药后药效减弱称为拮抗作用。临床上除有意利用拮抗作用减轻或消除药物的副作用及解除药物毒性外，联合用药时应避免产生拮抗作用。

③不良反应：两药合用有时还会出现不良反应，具有毒副作用。如：头孢菌素对肾的毒性，因联合使用庆大霉素而增强，所以，头孢菌素禁与庆大霉素合用。一般情况，合用药物种类越多，不良反应发生率越高。

④体外的相互作用：两种以上药物合用或混合制成制剂时，有的药物可能发生体外的相互作用，出现药物的中和、水解、破坏而失效。肌肉松弛药琥珀胆碱与麻醉药硫喷妥钠混合，外观上看不到任何变化，但实际上琥珀胆碱在碱性溶液中已水解失效。

出现物理的、化学的反应，使药物的外观（分离、析出、潮解、熔化等）或性质（沉淀、变色、产气、爆炸等）发生变化，导致药物不能使用。

⑤配伍禁忌：两种或两种以上药物混合使用或药物制成制剂时，发生中和、水解、破坏失效等理化反应，使药物在外观性质上（混浊、沉淀、产生气体及变色等）出现异常以及药物疗效降低的现象。常见配伍禁忌有物理性配伍禁忌、化学性配伍禁忌、疗效性配伍禁忌。配伍禁忌的药物之间不能混合

使用。

2. 宠物方面的因素

（1）种属差异　宠物的种属不同，其解剖结构、生理生化机能有较大差异，因而同一药物在不同种属动物体内的吸收、分布、代谢及排泄过程不同，药效作用也不同。

（2）个体差异　同种宠物中因个体不同而引起的不同药物反应称为个体差异。个体差异在量的差异方面表现为少数个体对某种药物特别敏感，称为高敏性；少数个体对药物的敏感性很低，称为耐受性。宠物对药物的个体差异还表现为生物转化过程的差异，药物代谢酶的多态性是其主要影响因素。药物在特异质个体还可能表现为质的差异，如变态反应。产生个体差异的原因主要是遗传因素，使个体对药物的吸收、分布、转化和排泄过程出现差异。

（3）生理差异　不同年龄、性别、怀孕和哺乳期动物对同一药物的反应往往有一定差异，这与器官机能、组织功能状态，尤其与肝脏药物代谢酶系统有密切关系。

初生动物肝功能不完全，肾功能较弱；老龄动物肝肾功能也退化，可能影响药物的生物转化和排泄，从而引起药物蓄积、半衰期延长，增强药物作用，甚至引起毒性反应。怀孕动物滥用药物可能引起流产，哺乳期动物滥用药物可能影响幼畜发育。

（4）病理因素　药物的药理效应一般都可在健康动物的试验中观察到。而宠物在病理状态下对药物的反应性可能存在一定程度的差异性。一些药物在疾病状态下作用显著，而在健康状态下无明显作用。如解热镇痛药的降温作用、洋地黄的强心作用。各种病理状态都能改变药物在健康机体内的药动学过程，如胃肠功能失调，能改变药物吸收的速度和数量；肝功能受损，会影响药物的转化；肾功能下降，可影响药物经肾排泄，使药物在体内吸收转化及排出等受影响，从而引起药物蓄积、半衰期延长，增强药物作用，甚至引起毒性反应，影响药物疗效与毒性。

3. 饲养管理与环境因素

药物是外因，机体是内因，外因通过内因才能起作用，宠物机体的功能状态与药物作用有着密切的关系，因此，饲养管理水平和环境可通过影响机体的健康状态、免疫力，对药物的效应产生直接或间接影响。对患病动物加强营养、精心护理、注意栏舍安静、卫生、增强机体自身抵抗力，有利于药效的发挥。环境的温度、湿度、光照改变、空气污染刺激、饲料转换、饲养密度增加及动物迁移、长途运输均可导致环境应激而影响药效。

在一定程度上讲，宠物机体的健康状态对药物的效果可产生直接或间接的影响。但是，宠物机体的健康如何，主要取决于饲养管理水平。饲养管理水平高低直接影响到宠物的健康和用药效果。饲养方面要做到饲料营养全面，根据宠物不同生长时期的需要提供搭配合理的食物，以免出现营养不良或营养过剩，即防止营养不平衡状况出现。

管理方面应考虑宠物养殖场饲养规模的大小，防止密度过大，特别是圈舍饲养宠物，更要注意通风、采光及其活动的空间，要为宠物的健康生长创造一个较好的环境条件。宠物疾病的恢复，单纯依靠药物是不行的，一定要配合良好的饲养管理，加强护理，提高宠物机体的抵抗力，才能使药物的作用得到更好的发挥。宠物机体的健康状态对药物的效应可以产生直接或间接的影响，因此，药物的作用与宠物的饲养管理及外界环境因素有着密切的关系。通风不良、空气污染、舍内氨气及有害气体过重，可增加宠物的应激反应，加重宠物疾病过程，影响药效，这在用药治疗宠物病时尤其要注意的问题。

环境方面应考虑温度，一般情况下，当温度上升 10℃，化学反应速度增加 2~4 倍。例如，药物的氧化还原反应、溶解度、共溶等都与温度关系较大。空气相对湿度的大小，可影响固体药物的配伍。例如，异烟肼与维生素 C 配伍，干燥时无变化，湿润时药效 1 天内损失 2%，3 天内损失 4%。苯巴比妥与水合氯醛以 1∶5 配合，温度在 22~27℃，相对湿度为 84%~94%时即液化，相对湿度为 44%~56%时则无变化。药物在溶液中的稳定性与 pH 高低很有关系，如超出其 pH 稳定范围时，则易发生药物配伍变化。

（二）合理用药

1. 合理选药

一种疾病常有多种药物对之有效，应在掌握常用药物的药效、药动学知识的基础上，根据疾病病情、病因及症状进行合理地选择。

选药原则为：疗效高；毒副作用低；使用方便；价格便宜。

2. 合理用药

合理用药就是以当代药物和疾病的系统知识和理论为基础，安全、有效、经济、适当地使用药物。要做到合理用药，必须掌握药理学的基本知识，熟悉所用药物的药动学和药效学特点，全面掌握患宠的生理、病理特点，同时掌握用药原则，不断积累临床经验。

合理用药的原则包括以下几个方面：明确诊断，严格掌握药物适应证；适宜的剂型、剂量、给药途径和疗程；科学的联合用药；对症治疗和对因治疗相结合。

掌握适应证是用药的最主要原则。考虑药物适应证时，首先应对疾病做出明确论断，包括并发症，其次还应了解病畜的用药史。

应根据病情和医疗条件选择剂型和给药途径，如急症多用注射剂。剂量和疗程的确定应以安全、有效、经济、方便为原则。在治疗过程中，还应根据病情变化随时调整剂量和疗程。

临床中多联合用药。联合用药时既要充分考虑药物的协同作用，提高疗效，又要考虑药物之间的拮抗作用及不良反应，还应注意避免配伍禁忌。一般用药首先考虑对因治疗，但也要重视对症治疗。如急症需先用药缓解症状，慢性病多使用针对致病因子的药物。

任务五　处方开写技术基础

【学习引导】

病例信息：一只 30kg 藏獒，感染大肠杆菌病，请开写三天，一天三次用药处方。使用药物：青霉素 G 钠，80 万 IU/支，肌内注射（im），2 万 IU/kg。请根据兽医处方格式及应用规范开写一份正确的处方。

【任务目标】

掌握处方笺的格式和基本书写要求，使学生能够运用所学知识，达到正确开写处方。

【知识准备】

（一）处方概述

兽医处方，是指经备案的执业兽医师在动物诊疗活动中开具的、作为动物用药凭证的文书。

执业兽医师根据动物诊疗活动的需要，按照兽药使用规范，遵循安全、有效、经济的原则开具兽医处方。

（二）处方开写基本要求

（1）执业兽医师在备案单位签名留样或者专用签章、电子签名备案后，方可开具处方。兽医处方经执业兽医师签名、盖章或电子签名后有效。

（2）执业兽医师利用计算机开具、传递兽医处方时，应当同时打印出纸质处方，其格式与手写处方一致。

（3）有条件的动物诊疗机构可以使用电子签名进行电子处方的身份认证。可靠的电子签名与手写签名或者盖章具有同等的法律效力。

（4）电子兽医处方上没有可靠的电子签名的，打印后需要经执业兽医师签名或者盖章方可有效。可靠的电子签名是指符合《中华人民共和国电子签名法》规定的电子签名。

（5）兽医处方限于当次诊疗结果用药，开具当日有效。特殊情况下需延长有效期的，由开具兽医处方的执业兽医师注明有效期限，但有效期最长不得超过 3 天。

（6）除兽用麻醉药品、精神药品、毒性药品和放射性药品外，动物诊疗机构和执业兽医师不得限制动物主人或者饲养单位持处方到兽药经营企业购药。

（三）处方笺格式

兽医处方笺规格和样式由农业农村部规定，从事动物诊疗活动的单位应当按照规定的规格和样式印制兽医处方笺或者设计电子处方笺。兽医处方笺规格如下：

（1）兽医处方笺一式三联，可以使用同一种颜色纸张，也可以使用三种不同颜色纸张。

(2) 兽医处方笺分为两种规格，小规格（横版）为长 210mm、宽 148mm；大规格（竖版）为长 296mm、宽 210mm。

（四）处方笺内容

兽医处方笺内容包括前记、正文、后记三部分，要符合以下标准：

1. 前记

对个体动物进行诊疗的，兽医处方笺内容至少包括动物主人姓名或者动物饲养单位名称、病历号、开具日期和动物的种类、毛色、性别、体重、年（日）龄。个体动物兽医处方笺样式见图 1-1。

兽医处方笺样式1（个体动物）

XXXXXXX处方笺

动物主人/饲养单位＿＿＿＿＿＿＿＿ 病历号＿＿＿＿＿＿

动物种类＿＿＿＿＿＿ 动物性别＿＿＿＿＿＿ 动物毛色＿＿＿＿＿＿

体重＿＿＿＿＿＿ 年（日）龄＿＿＿＿＿＿ 开具日期＿＿＿＿＿＿

诊断：

Rp：

执业兽医师＿＿＿＿＿＿ 发药人＿＿＿＿＿＿

第一联 从事动物诊疗活动的单位留存

注："XXXXXXX处方笺"中，"XXXXXXX"为从事动物诊疗活动的单位名称。

图 1-1 个体动物兽医处方笺样

对群体动物进行诊疗的，兽医处方笺内容至少包括动物主人姓名或者饲养单位名称、病历号、开具日期和动物的种类、患病动物数量、同群动物数量、年（日）龄。群体动物兽医处方笺样式见图 1-2。

兽医处方笺样式2（群体动物）

XXXXXXX处方笺

动物主人/饲养单位＿＿＿＿＿＿＿＿ 病历号＿＿＿＿＿＿

动物种类＿＿＿＿＿＿ 患病动物数量＿＿＿＿＿＿ 同群动物数量＿＿＿＿＿＿

年（日）龄＿＿＿＿＿＿ 开具日期＿＿＿＿＿＿

诊断：

Rp：

执业兽医师＿＿＿＿＿＿ 发药人＿＿＿＿＿＿

第一联 从事动物诊疗活动的单位留存

注："XXXXXXX处方笺"中，"XXXXXXX"为从事动物诊疗活动的单位名称。

图 1-2 个体动物兽医处方笺样式

2. 正文

兽医处方笺正文包括初步诊断情况和 Rp（拉丁文 Recipe“请取”的缩写）。Rp 应当分列兽药名称、规格、数量、用法、用量等内容；对于食品动物还应当注明休药期。

3. 后记

兽医处方笺后记至少包括执业兽医师签名或盖章、发药人签名或盖章。

（五）处方书写注意事项

（1）动物基本信息、临床诊断情况应当填写清晰、完整，并与病历记载一致。

（2）字迹清楚，原则上不得涂改；如需修改，应当在修改处签名或盖章，并注明修改日期。

（3）兽药名称应当以兽药的商品名或国家标准载明的名称为准。兽药名称简写或者缩写应当符合国内通用写法，不得自行编制兽药缩写名或者使用代号。

（4）书写兽药规格、数量、用法、用量及休药期要准确规范。

（5）兽医处方中包含兽用化学药品、生物制品、中成药的，每种兽药应当另起一行。中药自拟方应当单独开具。

（6）兽用麻醉药品应当单独开具处方，每张处方用量不能超过 1 日量。兽用精神药品、毒性药品应当单独开具处方。

（7）兽药剂量与数量用阿拉伯数字书写。剂量应当使用法定计量单位：质量以千克（kg）、克（g）、毫克（mg）、微克（μg）、纳克（ng）为单位；容量以升（L）、毫升（mL）为单位；有效量单位以国际单位（IU）、单位（U）为单位。

（8）片剂、丸剂、胶囊剂以及单剂量包装的散剂、颗粒剂分别以片、丸、粒、袋为单位；多剂量包装的散剂、颗粒剂以 g 或 kg 为单位；单剂量包装的溶液剂以支、瓶为单位，多剂量包装的溶液剂以 mL 或 L 为单位；软膏及乳膏剂以支、盒为单位；单剂量包装的注射剂以支、瓶为单位，多剂量包装的注射剂以 mL 或 L、g 或 kg 为单位，应当注明含量；兽用中药自拟方应当以剂为单位。

（9）开具处方后的空白处应当划一条斜线，以示处方完毕。

电子处方最后一行应当标注“以下为空白”。

（六）处方保存

（1）兽医处方开具后，第一联由从事动物诊疗活动的单位留存，第二联由药房或者兽药经营企业留存，第三联由动物主人或者饲养单位留存。

（2）兽医处方由处方开具、兽药核发单位妥善保存三年以上，兽用麻醉药品、精神药品、毒性药品处方保存五年以上。保存期满后，经所在单位主要负责人批准、登记备案，方可销毁。

【项目练习】

（一）选择题

1. 药物效应学研究（　　）

A. 药物的疗效　　B. 药物在体内的变化过程

C. 药物对机体的作用规律　　D. 影响药效的因素

E. 药物的作用规律

2. 以下对药理学概念的叙述哪一项是正确的（　　）

A. 是研究药物与机体间相互作用规律及其原理的科学

B. 药理学又名药物治疗学

C. 药理学是临床药理学的简称

D. 阐明机体对药物的作用

E. 是研究药物代谢的科学

3. 药理学研究的中心内容是（　　）

A. 药物的作用、用途和不良反应　　B. 药物的作用及原理

C. 药物的不良反应和给药方法　　D. 药物的用途、用量和给药方法

E. 药效学、药动学及影响药物作用的因素

4. 作用选择性低的药物，在治疗量时往往呈现（　　）

A. 毒性较大　　B. 副作用较多

C. 过敏反应较剧　　D. 容易成瘾

E. 以上都不对

5. 肌注阿托品治疗肠绞痛时，引起的口干属于（　　）

A. 治疗作用　　B. 后遗效应

C. 变态反应　　D. 毒性反应

E. 副作用

6. 下列关于受体的叙述，正确的是（　　）

A. 受体是首先与药物结合并起反应的细胞成分

B. 受体都是细胞膜上的多糖

C. 受体是遗传基因生成的，其分布密度是固定不变的

D. 受体与配基或激动药结合后都引起兴奋性效应

E. 药物都是通过激动或阻断相应受体而发挥作用的

7. 当某药物与受体相结合后，产生某种作用并引起一系列效应，该药是属于（　　）

A. 兴奋剂　　B. 激动剂

C. 抑制剂　　D. 拮抗剂

E. 以上都不是

8. 药物与特异性受体结合后，可能激动受体，也可能阻断受体，这取决于（　　）

A. 药物的作用强度
B. 药物的剂量大小
C. 药物的脂/水分配系数
D. 药物是否具有亲和力
E. 药物是否具有内在活性

9. 药物在体内的转化和排泄统称为（　　）
A. 代谢
B. 消除
C. 灭活
D. 解毒
E. 生物利用度

10. 决定药物每天用药次数的主要因素是（　　）
A. 作用强弱
B. 吸收快慢
C. 体内分布速度
D. 体内转化速度
E. 体内消除速度

11. 药物主动转运的特点是（　　）
A. 由载体进行，消耗能量
B. 由载体进行，不消耗能量
C. 不消耗能量，无竞争性抑制
D. 消耗能量，无选择性
E. 无选择性，有竞争性抑制

12. 受体阻断药的特点是（　　）
A. 对受体有亲和力，且有内在活性
B. 对受体无亲和力，但有内在活性
C. 对受体有亲和力，但无内在活性
D. 对受体无亲和力，也无内在活性
E. 直接抑制传出神经末梢所释放的递质

13. 药物的常用量是指（　　）
A. 最小有效量到极量之间的剂量
B. 最小有效量到最小中毒量之间的剂量
C. 治疗量
D. 最小有效量到最小致死量之间的剂量
E. 以上均不是

14. 吸收是指药物进入（　　）
A. 胃肠道过程
B. 靶器官过程
C. 血液循环过程
D. 细胞内过程
E. 细胞外液过程

15. 肾功能不良时，用药时需要减少剂量的是（　　）
A. 所有的药物
B. 主要从肾排泄的药物
C. 主要在肝代谢的药物
D. 自胃肠吸收的药物
E. 以上都不对

（二）简答题

1. 什么是药物作用的选择性？有何意义？
2. 药理效应与治疗效果的概念是否相同，为什么？
3. 解释协同作用和拮抗作用。
4. 影响药物作用的因素有哪些？
5. 药物的不良反应有哪些？请举例说明。

项目二 抗微生物药物

在宠物疾病中，有相当一部分是由病原微生物（如细菌、真菌、病毒等）所致的感染性疾病，由于饲养宠物的情感问题，这些疾病导致患宠的死亡给人类的情感生活带来了痛苦，而且许多人宠共患病直接或间接地危害人们的健康和影响公共卫生。因此，在与这些感染性疾病的斗争中，抗微生物药发挥着巨大作用。

任务一　消毒防腐药

【案例分析】

王某饲养一哈士奇，3 个月，雄性，黑白色。该犬近两天呕吐、腹泻，呕吐物为未消化的犬粮和黄色液体，拉黄色稀便。经实验室诊断为感染大肠杆菌导致的胃肠炎。请问王某该选择何种消毒药物进行室内消毒？如何使用？为什么？

【任务目标】

1. 掌握消毒防腐药的概念及种类。

2. 掌握常用消毒防腐药的药理作用、临床应用、使用注意事项和用法用量。

【知识准备】

（一）概述

1. 消毒防腐药的概念

消毒防腐药指能杀灭或抑制病原微生物的药物。防腐药指能抑制病原微生物生长繁殖的药物；消毒药指能迅速杀灭病原微生物的药物。两者之间并无严格的界限，消毒药在低浓度时仅能抑菌，而防腐药在高浓度时也能杀菌。因此，一般统称为消毒防腐药。

消毒防腐药与其他抗菌药不同，它们对病原体与机体组织并无明显的选择性，在消毒防腐的浓度下，往往也能损害动物机体，甚至产生毒性反应，故通常不作全身用药，主要用于杀灭或抑制体表、器械、排泄物及周围环境病原微生物的生长繁殖。

2. 消毒防腐药的作用机理

（1）使蛋白质凝固或变性　此类药物多为原浆毒，能使微生物的原浆蛋白质凝固或变性而杀灭微生物，如酚类、醇类、醛类、酸类和重金属盐类等。此类药物大多只适用于环境或体表的消毒。

（2）改变胞浆膜的通透性　某些消毒防腐药能改变细胞膜表面张力，增加其通透性，引起胞内物质漏失，水向菌体内渗入，使菌体破裂或溶解，如表面活性剂新洁尔灭、洗必泰等。

（3）干扰病原体的酶系统　有些消毒防腐药通过氧化还原反应损害酶的活性基团，或因化学结构与代谢相似，竞争或非竞争地同酶结合，抑制酶的活力，引起菌体死亡，如重金属盐类、氧化剂类和卤素类。

3. 影响消毒防腐药作用的因素

（1）药物的浓度和作用时间　浓度越高，作用时间越长，效果越好，但对组织的刺激性也越大。反之，则达不到杀菌的目的，故使用时应选用适当的浓度和作用时间。

（2）温度　在一定范围，药液温度越高，杀菌力越强。一般是每增加10℃，抗菌活性可增加1倍。

（3）有机物　有机物能与消毒防腐药结合使其作用减弱，或机械性保护微生物而阻碍药物的作用。因此，在使用消毒防腐药前必须将消毒场所彻底打扫干净，创伤应消除脓、血、坏死组织和污物，以取得更好的消毒效果。

（4）微生物的特点　不同的微生物，对药物的敏感性是不同的，如病毒对碱类敏感，而对酚类耐药；生长繁殖旺盛期的细菌对药物敏感，而具有芽孢的细菌则对其有强大抵抗力。

（5）药物之间的相互拮抗　两种药物合用时，常会出现配伍禁忌，使药效降低。如阳离子表面活性剂和阴离子表面活性剂共用，可使消毒作用消失。

（6）其他　环境的pH、湿度、药物的剂型、药物的配伍禁忌等都能影响药效，在使用消毒防腐药时，必须加以考虑。

（二）消毒防腐药的分类和应用

1. 主要用于周围环境、用具、器械的消毒药

甲酚皂

【概述】　黄棕色至红棕色的黏稠液体，带甲酚的臭气。主要成分为甲酚。属于兽用非处方药。

【作用】　甲酚为原浆毒消毒药，使菌体蛋白凝固变性而呈现杀菌作用。

抗菌作用比苯酚强 3~10 倍，毒性大致相等，但消毒用量比苯酚低，故较苯酚安全。可杀灭一般繁殖型病原菌，对芽孢无效，对病毒作用较弱，是酚类中最常用的消毒药。

由于甲酚的水溶性较低，通常都用肥皂乳化配成 50%甲酚皂溶液。甲酚皂溶液的杀菌性能与苯酚相似，其苯酚系数随成分与菌种不同而介于 1.6~5.0。常用浓度可破坏肉毒梭菌毒素，能杀灭包括铜绿假单胞菌在内的细菌繁殖体，对结核杆菌和真菌有一定杀灭能力，能杀死亲脂性病毒，但对亲水性病毒无效。

【应用】 用于器械、犬猫舍和排泄物等消毒。

【注意】 ①本品对皮肤有刺激性，注意保护使用者的皮肤。按规定剂量配制使用，暂未见不良反应；②无须制定休药期。遮光，密封保存。

【用法】 喷洒或浸泡：配成 5%~10%的水溶液。

【规格】 1000mL；500mL。

戊二醛

【概述】 稀戊二醛为无色至微黄色的澄清液体，有特臭；浓戊二醛为无色至淡黄色的澄清液体，有刺激性特臭。主要成分为戊二醛。属于兽用非处方药。

【作用】 本品具有广谱、高效和速效的消毒作用。对革兰阳性和革兰阴性细菌均具有迅速的杀菌作用，对细菌繁殖体、芽孢、病毒、结核杆菌和真菌等均有很好的杀灭作用。水溶液在 pH 7.5~7.8 时，抗菌效果最佳。

【应用】 用于橡胶、塑料制品及手术器械消毒。

【注意】 ①常规浓度下可引起接触性皮炎或皮肤过敏反应，避免接触皮肤和黏膜。按规定剂量配制使用，暂未见不良反应；②误服可引起消化道黏膜炎症、坏死和溃疡，引起剧痛、呕吐、呕血、便血、血尿、尿闭、酸中毒、抽搐和循环衰竭；③无须制定休药期。遮光，密封，在凉暗处保存。

【用法】 稀戊二醛：喷洒使浸透，配成 0.78%溶液，保持 5min 至干。浓戊二醛：配成 2%或 5%溶液。

【规格】 稀戊二醛溶液：①2%；②5%。浓戊二醛溶液：①20%；②25%。

苯酚

【概述】 无色至微红色的针状结晶或结晶性块，特臭，有引湿性，水溶液显弱酸性反应，遇光或在空气中色渐变深。主要成分为苯酚。属于兽用非处方药。

【作用】 本品为原浆毒，使菌体蛋白凝固变性而呈现杀菌作用。0.1%~1%溶液有抑菌作用，1%~2%溶液有杀灭细菌和真菌作用，5%溶液可在 48h 内杀死炭疽芽孢，对病毒的作用较弱。碱性环境、脂类和皂类等能减弱其杀菌作用。

【应用】 用于器械、用具等消毒。

【注意】 ①本品对皮肤和黏膜有腐蚀性，对动物和人有较强的毒性，不能用于创面和皮肤的消毒；②当苯酚浓度为0.5%~5%时，对皮肤可产生局部麻醉作用；高于5%溶液则对组织产生强烈的刺激和腐蚀作用。宠物意外吞服或皮肤、黏膜大面积接触苯酚会引起全身性中毒，表现为中枢神经先兴奋、后抑制以及心血管系统受抑制，严重者可因呼吸麻痹致死。中毒时应进行对症治疗。有致癌作用；③无须制定休药期。遮光，密封保存。

【用法】 喷洒使浸透：配成0.78%溶液，保持5min至干。

含氯石灰

【概述】 灰白色颗粒性粉末，有氯臭，在空气中即吸收水分与二氧化碳而缓缓分解，水溶液遇红色石蕊试纸显碱性反应，随即将试纸漂白。主要成分为有效氯。属于兽用非处方药。

【作用】 本品遇水生成次氯酸，后者释放活性氯和新生态氧而呈现杀菌作用。杀菌作用快而强，但不持久。含氯石灰对细菌繁殖体、芽孢、病毒及真菌都有杀灭作用，并可破坏肉毒梭菌毒素。1%澄清液作用0.5~1min即可抑制炭疽杆菌、沙门菌、巴氏杆菌等多数繁殖型细菌的生长，1~5min可抑制葡萄球菌和链球菌的生长，对结核杆菌和鼻疽杆菌效果较差。30%含氯石灰混悬液作用7min后，炭疽芽孢即停止生长。实际消毒时，含氯石灰与被消毒物的接触至少需20min。含氯石灰的杀菌作用受有机物的影响。含氯石灰中所含的氯可与氨和硫化氢发生反应，故有除臭作用。

【应用】 用于饮水消毒和畜舍、场地、车辆、排泄物等的消毒。

【注意】 ①本品使用时可释放出氯气，引起流泪、咳嗽，并可刺激皮肤和黏膜。严重时可引起急性氯气中毒，表现为躁动、呕吐、呼吸困难；②本品对皮肤和黏膜有刺激作用。对金属有腐蚀作用，可使有色棉织物褪色；③无须制定休药期。密封保存。

【用法】 饮水消毒：每50L水加本品1g。犬猫舍等消毒：配成5%~20%混悬液。

【规格】 含有效氯（Cl）不少于25.0%。

2. 皮肤、黏膜用消毒药

乙醇

【概述】 无色澄清液体，微有特臭，易挥发，易燃烧，燃烧时显淡蓝色火焰，加热至约78℃即沸腾。属于兽用非处方药。

【作用】 本品能杀死细菌繁殖体，对结核分枝杆菌、囊膜病毒也有杀灭作用，但对细菌芽孢无效。乙醇可使细菌胞浆脱水，并进入蛋白肽链的空隙破坏其构型，使菌体蛋白变性沉淀。另外，乙醇还可溶解类脂质，不仅易渗入菌体破坏其细胞膜，而且能溶解动物的皮脂分泌物，从而发挥机械性除菌作用。

高于95%浓度乙醇的杀菌作用不可靠，因它使组织表层蛋白凝固，阻碍渗透而影响杀菌作用。常用75%乙醇消毒皮肤以及浸泡器械。当乙醇的浓度低于20%时，杀菌作用微弱。乙醇对黏膜的刺激性大，不能用于黏膜和创面消毒。乙醇能扩张局部血管，改善局部血液循环，用稀乙醇涂擦卧病已久动物的局部皮肤，可预防褥疮的形成；浓乙醇涂擦局部皮肤可促进炎性产物吸收，减轻疼痛。无水乙醇纱布压迫手术出血创面5min。

【应用】 常以75%的溶液用于皮肤消毒；也可用于治疗急性关节炎、腱鞘炎和肌炎等。

【注意】 ①偶见过敏反应：对酒精过敏者慎用；②无须制定休药期。遮光，密封保存。

【用法】 手、皮肤、温度计、注射针头和小件医疗器械等消毒：75%溶液。

碘酊

【概述】 红棕色的澄清液体，有碘与乙醇的特臭。主要成分为碘和碘化钾。属于兽用非处方药。

【作用】 碘具有强大的消毒作用，可杀灭细菌芽孢、真菌、病毒及部分原虫。碘主要以分子（I_2）形式发挥作用，其原理可能是碘化和氧化病原微生物蛋白活性基因，并与蛋白的氨基结合而导致蛋白变性和抑制病原微生物的代谢酶系统。碘难溶于水，在水中不易水解形成次碘酸。在碘水溶液中具有杀菌作用的成分为元素碘（I_2）、三碘化物的离子（I_3^-）和次碘酸（HIO），其中HIO的量较少，但作用最强，I_2次之，解离的I_3^-的杀菌作用极微弱。在酸性条件下，游离碘增多，杀菌作用较强，在碱性条件下则相反。

【应用】 用于手术前和注射前皮肤消毒。

【注意】 ①对碘过敏动物禁用。低浓度碘的毒性很低，使用时偶尔引起过敏反应；②含汞药物（包括中成药）无论以何种途径用药，如与碘剂（碘化钾、碘酊、含碘食物海带和海藻等）相遇，均可产生碘化汞而呈现毒性作用，故不应与含汞药物配伍；③小动物用碘酊涂擦皮肤消毒后，宜用70%酒精脱碘，避免引起发泡或发炎；④无须制定休药期。遮光，密封，在凉处保存。

【用法】 外用：术前和注射前的皮肤消毒。

【规格】 每1000mL中含碘20g、碘化钾15g。

碘甘油

【概述】 红棕色的黏稠液体，有碘的特臭。主要成分为碘和碘化钾。属于兽用非处方药。

【作用】 同碘酊。

【应用】 用于口腔、舌、齿龈、阴道等黏膜炎症与溃疡。

【注意】 ①对碘过敏动物禁用。低浓度碘的毒性很低，使用时偶尔引起过敏反应；②含汞药物（包括中成药）无论以何种途径用药，如与碘剂（碘化钾、碘酊、含碘食物海带和海藻等）相遇，均可产生碘化汞而呈现毒性作用，故不应与含汞药物配伍；③无须制定休药期。遮光，密封保存。

【用法】 外用：涂患处。

浓碘酊

【概述】 暗红褐色液体，有碘与乙醇的特臭，易挥发。主要成分为碘与碘化钾。属于兽用非处方药。

【作用】 本品对皮肤有较强刺激作用，可引起局部血管扩张，促进局部血液循环，改善局部营养，促进慢性炎症产物的吸收，从而加速局部病变的消散。

【应用】 用于局部慢性炎症。

【注意】 ①本品刺激性强，皮肤局部反复涂搽可引起炎症反应。偶尔引起过敏反应；②含汞药物（包括中成药）无论以何种途径用药，如与碘剂（碘化钾、碘酊、含碘食物海带和海藻等）相遇，均可产生碘化汞而呈现毒性作用，故不应与含汞药物配伍；③无须制定休药期。遮光，密封，在阴凉处保存。

【用法】 外用：局部涂擦。

【规格】 每 1000mL 中含碘 100g、碘化钾 75g。

聚维酮碘

【概述】 红棕色液体。主要成分为聚维酮碘。属于兽用非处方药。

【作用】 本品通过释放游离碘，破坏菌体的新陈代谢而使之死亡。是一种高效低毒的消毒药物，对细菌、病毒和真菌均有良好的杀灭作用。

【应用】 用于手术部位、皮肤黏膜消毒。

【注意】 ①对碘过敏动物禁用。按规定用法用量使用，尚未见不良反应。宠物用碘涂擦皮肤消毒后，宜用 70%酒精脱碘，避免引起发泡或发炎；②当溶液变为白色或淡黄色即失去消毒活性。不应与含汞药物配伍。勿用金属容器盛装，勿与强碱类物质及重金属物质混用；③无须制定休药期。遮光，在阴凉处保存。

【用法】 外用：皮肤消毒及治疗皮肤病，5%溶液；黏膜及创面冲洗，0.1%溶液。

【规格】 溶液：①100mL：聚维酮碘 5g；②100mL：聚维酮碘 10g。

甲紫

【概述】 紫色液体。主要成分为甲紫。属于兽用非处方药。

【作用】 本品属染料类消毒药，对革兰阳性菌有强大的选择作用，也有抗真菌作用。对组织无刺激性，有收敛作用。

【应用】 用于黏膜和皮肤的创伤、烧伤和溃疡的消毒。

【注意】 ①本品外用可产生黏膜刺激和溃疡。长期或反复用于治疗口腔念珠菌病，可因摄入本品而导致食管炎、喉炎、喉头阻塞和气管炎，还可引起恶心、呕吐、腹泻和腹痛等症；②本品有致癌性，禁用于食品动物。本品对皮肤、黏膜有着色作用，宠物面部创伤慎用；③无须制定休药期。遮光，密封保存。

【用法】　外用：涂于患处。

【规格】　1%。

硼酸

【概述】　无色微带珍珠光泽的结晶或白色疏松的粉末，有滑腻感，无臭，水溶液显弱酸性反应。主要成分为硼酸。属于兽用非处方药。

【作用】　本品通过释放氢离子而发挥对细菌和真菌微弱的抑制作用。刺激性极小，外用配成2%~4%溶液，用于洗眼或冲洗黏膜。

【应用】　用于洗眼或冲洗黏膜。

【注意】　①外用一般毒性不大，但不适用于大面积创伤和新生肉芽组织的冲洗，以避免吸收后蓄积中毒；②无须制定休药期。密封保存。

【用法】　外用：配制成2%~4%溶液。

硼砂

【概述】　无色半透明的结晶或白色结晶性粉末，无臭，有风化性，水溶液显碱性反应。主要成分为四硼酸钠。属于兽用非处方药。

【作用】　本品在水中解离生成硼酸，从而起抑菌作用。硼酸抗菌作用微弱，2.5%溶液仅抑制细菌生长，对许多类型的细菌无杀灭作用。刺激性很小，毒性较低。本品只能用作防腐药。

【应用】　用于冲洗眼结膜、口腔及阴道黏膜。

【注意】　①按规定的用法用量使用，尚未见不良反应；②无须制定休药期。密封保存。

【用法】　外用冲洗：配制成2%~4%溶液。

醋酸

【概述】　无色澄明液体，有刺激性特臭。主要成分为醋酸。属于兽用非处方药。

【作用】　本品对细菌、真菌、芽孢和病毒均有较强的杀灭作用，但作用的强弱不尽相同。一般来说，以对细菌繁殖体最强，其次为真菌、病毒、结核杆菌及细菌芽孢。1%的醋酸杀灭抵抗力最强的病原体如真菌、芽孢等，需时10min，但芽孢被有机物保护时，作用时间则延长至30min。

【应用】　用于冲洗口腔。

【注意】　①避免与眼睛接触，若与高浓度醋酸接触，立即用清水冲洗；②应避免接触金属器械，以免产生腐蚀作用；③醋酸有刺激性，高浓度时对皮肤、黏膜有腐蚀性。禁与碱性药物配伍；④无须制定休药期。置玻璃瓶内，密封保存。

【用法】　外用：冲洗口腔，配成2%~3%溶液。

水杨酸

【概述】 白色细微的针状结晶或白色结晶性粉末，无臭或几乎无臭，水溶液显酸性反应。主要成分为2-羟基苯甲酸。属于兽用非处方药。

【作用】 本品有中等程度的抗真菌作用。在低浓度（1%~2%）时有角质增生作用，能促进表皮的生长；高浓度（10%~20%）时可溶解角质，对局部有刺激性。在体表真菌感染时，可以软化皮肤角质层，角质层脱落的同时也将菌丝随之脱出，而起一定程度的治疗作用。

【应用】 用于皮肤真菌感染。

【注意】 ①皮肤破损处禁用。重复涂敷可引起刺激。不可大面积涂敷，以免吸收中毒。按规定剂量配制使用，暂未见不良反应；②无须制定休药期。密封保存。

【用法】 外用：配成1%醇溶液或软膏。

醋酸氯己定

【概述】 白色或几乎白色的结晶性粉末，无臭。主要成分为1，6-双（N_1-对氯苯基-N_5-双胍基）己烷二醋酸盐（醋酸氯己定）。属于兽用非处方药。

【作用】 本品为阳离子表面活性剂，对革兰阳性菌、阴性菌和真菌均有杀灭作用，但对结核杆菌、细菌芽孢及某些真菌仅有抑制作用。抗菌作用强于苯扎溴铵，其作用迅速且持久，毒性低，无局部刺激作用。与苯扎溴铵联用对大肠杆菌有协同作用。本品不易被有机物灭活，但易被硬水中的阴离子沉淀而失去活性。

【应用】 本品对革兰阳性细菌、革兰阴性细菌和真菌均具有杀灭作用。用于皮肤、黏膜、人手及器械消毒。

【注意】 ①本品不能与肥皂、碱性物质和其他阳离子表面活性剂混合使用；金属器械消毒时加0.5%亚硝酸钠防锈。本品遇硬水可形成不溶性盐，遇软木（塞）可失去药物活性；②按规定剂量配制使用，暂未见不良反应。禁与汞、甲醛、碘酊、高锰酸钾等消毒剂配伍应用；③无须制定休药期。密封保存。

【用法】 皮肤消毒：0.5%醇（70%乙醇）溶液。黏膜及创面消毒：0.05%溶液。手消毒：0.02%溶液。器械消毒：0.1%溶液。

3. 创伤用消毒防腐药

苯扎溴铵

【概述】 无色至淡黄色的澄清液体，气芳香，强力振摇则发生多量泡沫。遇低温可能发生浑浊或沉淀。主要成分为苯扎溴铵。属于兽用非处方药。

【作用】 本品为阳离子表面活性剂，对细菌如化脓杆菌、肠道菌等有较好的杀灭作用，对革兰氏阳性菌的杀灭能力比革兰阴性菌强。对病毒的作用较弱，对亲脂性病毒如流感、疱疹等病毒有一定杀灭作用，对亲水性病毒无效；

对结核杆菌与真菌的杀灭效果甚微；对细菌芽孢只能起到抑制作用。

本品对阴离子表面活性剂，如肥皂、卵磷脂、洗衣粉、吐温-80 等有拮抗作用。碘、碘化钾、蛋白银、硝酸银、水杨酸、硫酸锌、硼酸（5%以上）、过氧化物和磺胺类药物以及钙、镁、铁、铝等金属离子，都对本品有拮抗作用。

【应用】 用于手术器械、皮肤和创面消毒。

【注意】 ①本品禁与肥皂及其他阴离子表面活性剂、盐类消毒剂、碘化物和过氧化物等合用，术者用肥皂洗手后，务必用水冲净后再用本品。按规定的用法用量使用，尚未见不良反应；②不宜用于眼科器械和合成橡胶制品的消毒。可引起人的药物过敏；③配制器械消毒液时，需加 0.5%亚硝酸钠，其水溶液不得贮存于聚乙烯制作的容器内，以避免与增塑剂起反应而使药液失效；④无须制定休药期。遮光，密闭保存。

【用法】 创面消毒：配成 0.01%溶液。皮肤、手术器械消毒：配成 0.1%溶液。

【规格】 溶液：①5%；②20%。

度米芬

【概述】 白色或微黄色片状结晶，无臭或微带特臭，振摇其水溶液则发生泡沫。主要成分为度米芬。属于兽用非处方药。

【作用】 本品为阳离子表面活性剂。对革兰阳性菌和革兰阴性菌均有灭菌作用，但对后者需较高浓度。对细菌芽孢、抗酸杆菌和病毒效果不显著；有抗真菌作用。在中性或弱碱性溶液中效果好，在酸性溶液中效果明显下降。

【应用】 用于创面、黏膜、皮肤和器械消毒。

【注意】 ①禁与肥皂、盐类和其他合成洗涤剂配伍使用；金属器械消毒时加 0.5%亚硝酸钠防锈；②可引起接触性皮炎。按规定的用法用量使用，尚未见不良反应；③无须制定休药期。遮光，密闭保存。

【用法】 创面、黏膜消毒：0.02%～0.05%溶液。皮肤、器械消毒：0.05%～0.1%溶液。

高锰酸钾

【概述】 黑紫色、细长的菱形结晶或颗粒，带蓝色的金属光泽，无臭，与某些有机物或易氧化物接触，易发生爆炸。主要成分为高锰酸钾。属于兽用非处方药。

【作用】 本品强氧化剂，遇有机物、加热、加酸或碱等均可释出新生态氧而呈现杀菌、除臭、氧化等作用。高锰酸钾的抗菌作用较过氧化氢强。在发生氧化反应时，其本身还原为棕色的二氧化锰，后者可与蛋白结合成蛋白盐类复合物，因此高锰酸钾在低浓度时对组织有收敛作用；高锰酸钾可使吗啡、士的宁等生物碱、苯酚、水合氯醛、氯丙嗪等化学药物，磷和氰化物等氧化而失去毒性。因此，本品常用于皮肤创伤及腔道炎症的创面消毒、止血和收敛，也用于有机物中毒。

本品在酸性环境中杀菌作用增强，2%～5%溶液能在24h内杀死芽孢；在1%溶液中加1.1%盐酸，则能在30s内杀死炭疽芽孢。有机物极易使高锰酸钾分解而使作用减弱。

【应用】 本品为强氧化剂，遇有机物、加热、加酸或碱等均可释出新生态氧而呈现杀菌、除臭、氧化等作用。用于皮肤创伤及腔道炎症的创面消毒、止血和收敛，也用于有机物中毒。

【注意】 ①高浓度高锰酸钾有刺激和腐蚀作用。严格掌握不同用途使用不同浓度的溶液；②由于高锰酸钾对胃肠道有刺激作用，在误服有机物中毒时，不应反复用高锰酸钾溶液洗胃。水溶液易失效，药液需新鲜配制，避光保存，久置变棕色而失效；③内服可引起胃肠道刺激症状，严重时出现呼吸和吞咽困难。动物内服本品中毒时，应用温水或添加3%过氧化氢溶液洗胃，并内服牛奶、豆浆或氢氧化铝凝胶，以延缓吸收；④无须制定休药期。密封保存。

【用法】 腔道冲洗及洗胃：配成0.05%～0.1%溶液。创伤冲洗：配成0.1%～0.2%溶液。

过氧化氢

【概述】 无色澄清液体，无臭或有类似臭氧的臭气，遇氧化物或还原物即迅速分解并发生泡沫，遇光易变质。主要成分为过氧化氢。属于兽用非处方药。

【作用】 本品有较强的氧化作用，在与组织或血液中的过氧化氢酶接触时，迅速分解，释出新生态氧，对病原微生物产生氧化作用，干扰其酶系统的功能而发挥抗病原微生物作用。由于作用时间短，且有机物能大大减弱其作用，因此杀病原微生物能力很弱。在接触创面时，由于分解迅速，会产生大量气泡，机械地松动脓块、血块、坏死组织及与组织粘连的敷料，故常用于清洁创面。

【应用】 用于清洗化脓性创口等。

【注意】 ①本品对皮肤、黏膜有强刺激性。禁与有机物、碱、生物碱、碘化物、高锰酸钾或其他强氧化剂合用；②不能注入胸腔、腹腔等密闭体腔或腔道、气体不易逸散的深部脓疡，以免产气过速，可导致栓塞或扩大感染；③无须制定休药期。遮光，密封，在阴凉处保存。

【用法】 清洗化脓创面、痂皮：配成1%～3%溶液。冲洗口腔黏膜：配成0.3%～1%溶液。

【规格】 3%。

乳酸依沙吖啶

【概述】 黄色的澄清液体。主要成分为乳酸依沙吖啶。属于兽用非处方药。

【作用】 本品属吖啶类碱性染料，为染料类中最有效的防腐药。当本品解离出依沙吖啶，在其碱性氮基上带正电荷时，对革兰阳性菌呈现最大的抑制作用。对各种化脓菌均有较强的作用，而魏氏梭状芽孢杆菌和酿脓链球菌对其最敏感。抗菌活性与溶液的 pH 和药物的解离常数有关。其作用缓慢持久，且不受有机物的影响。本品的特点为穿透力强、对组织无刺激和毒性低，但抗菌作用产生较慢，药物可牢固地吸附在黏膜和创面上，作用可持续 1 天。当遇有机物存在时，活性增强。

【应用】 用于创面、黏膜消毒。

【注意】 ①溶液在光照下可分解生成剧毒产物，若肉眼观察本品变为褐绿色，则表明已分解，不可再用；②当溶液中氯化钠浓度高于 0.5%时，本品可从溶液中析出；遇碱和碘液易析出沉淀；③长期使用可能延缓伤口愈合。按规定的用法用量使用，尚未见不良反应；④无须制定休药期。遮光，密闭保存。

【用法】 外用：适量，涂于患处。

【规格】 按 $C_{15}H_{15}N_3O \cdot C_3H_6O_3$ 计，溶液：0.1%。

任务二 抗生素

【案例分析】

李某饲养一贵宾犬，3 岁，3.4kg，雌性，近日天气转凉，该犬流鼻涕，狗粮吃得很少。临床检查发现脓性眼屎较多，流红色鼻液，血常规检查发现白细胞增多，X 射线检查可见肺纹理增粗明显。诊断为大叶性肺炎。请问该选择何种药物？如何使用？

【任务目标】

1. 掌握抗生素的基本概述。

2. 掌握常用抗生素使用的药理作用、临床应用、使用注意事项和用法用量。

【知识准备】

（一）概述

1. 概念

抗生素是细菌、真菌、放线菌等微生物在其代谢过程中所产生的，能抑制或杀灭其他病原微生物的化学物质。抗生素主要从微生物的培养液中提取，有些已能人工合成或半合成。

2. 抗菌谱及抗菌活性

抗菌谱是指药物抑制或杀灭病原微生物的范围。凡仅作用于单一菌种或某属细菌的药物称为窄谱抗菌药，例如青霉素主要对革兰阳性细菌有作用；链霉素主要作用于革兰阴性细菌。凡能杀灭或抑制多种不同种类的细菌，抗菌谱的范围广泛，称为广谱抗菌药，如四环素类、氯霉素类、庆大霉素、广谱青霉素类、第三代头孢菌素、氟喹诺酮类等。

抗菌活性是指抗菌药抑制或杀灭病原微生物的能力，可用体外抑菌试验和体内实验治疗方法测定。体外抑菌试验对临床用药具有重要参考意义。能够抑制培养基内细菌生长的最低浓度称为最小抑菌浓度（MIC）。能够杀灭培养基内细菌生长的最低浓度称为最小杀菌浓度（MBC）。抗菌药的抑菌作用和杀菌作用是相对的，有些抗菌药在低浓度时呈抑菌作用，而高浓度时呈杀菌作用。临床上所指的抑菌药是指仅能抑制病原菌的生长繁殖，而无杀灭作用的药物，如磺胺类、四环素类、氯霉素等。杀菌药是指具有杀灭病原菌作用的药物，如青霉素类、氨基糖苷类、氟喹诺酮类等。

3. 分类

根据抗生素的抗菌谱和应用，兽医临床上常用抗生素通常有以下几类：

（1）主要作用于革兰阳性菌的抗生素　青霉素类、头孢菌素类、大环内酯类、林可胺类、新生霉素、杆菌肽等。

（2）主要作用于革兰阴性菌的抗生素　氨基糖苷类、多黏菌素类等。

（3）广谱抗生素　即对革兰阳性菌和革兰阴性菌等均有作用的抗生素，包括四环素类及氯霉素类等。

（4）抗真菌抗生素　灰黄霉素、制霉菌素及两性霉素 B 等。

（5）抗寄生虫的抗生素　莫能菌素、盐霉素、马杜霉素、拉沙里菌素、伊维菌素等。

（6）抗肿瘤的抗生素　丝裂霉素 C. 正定霉素、博来霉素、光辉霉素等。

（7）促生长抗生素　黄霉素、维吉尼霉素等。

4. 作用机理

随着近代生物化学、分子生物学、电子显微镜、同位素示踪技术和精确的化学定量方法等飞跃发展，抗生素作用机理的研究已进入分子水平，目前阐明有四种类型。

（1）抑制细菌细胞壁的合成　大多数细菌细胞（如革兰阳性菌）的胞浆膜外有一坚韧的细胞壁，具有维持细胞形状及保持菌体内渗透压的功能。

（2）增加细菌胞浆膜的通透性　胞浆膜即细胞膜，是包围在菌体原生质外的一层半透性生物膜。它的功能在于维持渗透屏障、运输营养物质和排泄菌体内的废物，并参与细胞壁的合成等。当胞浆膜损伤时，通透性将增加，导致菌体内胞浆中的重要营养物质外漏而死亡，产生杀菌作用。

（3）抑制菌体蛋白质的合成　蛋白质的合成是一个非常复杂的生物过程。在菌体蛋白质合成的不同阶段，与核蛋白体的不同部位结合，阻断蛋白质的合成，从而产生抑菌或杀菌作用。

（4）抑制细菌核酸的合成　核酸包括脱氧核糖核酸（DNA）和核糖核酸（RNA），它们具有调控蛋白质合成的功能。

5. 耐药性

细菌等病原菌对抗生素或其他抗感染药敏感性降低或消失，称为细菌对抗生素的耐药性，又称抗药性，分为天然耐药性和获得耐药性两种。前者属细菌的遗传特征，不可改变。获得耐药性，即一般所指的耐药性，是指病原菌与抗菌药多次接触后对药物的敏感性逐渐降低，甚至消失，致使抗菌药对耐药病原菌的作用降低或无效。某种病原菌对一种药物产生耐药性后，往往对同一类的药物也具有耐药性，这种现象称为交叉耐药性。交叉耐药性包括完全交叉耐药性及部分交叉耐药性。完全交叉耐药性是双向的；部分交叉耐药性是单向的。

6. 抗生素的效价

效价是评价抗生素效能的标准，也是衡量抗生素活性成分含量的尺度。每种抗生素的效价与重量之间有特定转换关系。抗生素的效价通常以重量或国际单位来表示。

7. 有效期

抗生素在贮存过程中受光、热、空气等因素的影响，效价一般不稳定。抗生素自出厂日起至失去效用时止，这个期限称为抗生素的有效期。

（二）主要作用于革兰阳性菌的抗生素

1. 青霉素类

青霉素类抗生素根据其来源不同分为天然青霉素与半合成青霉素。其中天然青霉素具有杀菌力强、毒性低、使用方便、价格低廉等优点，但不耐酸、不耐酶，抗菌谱窄，易过敏。而半合成青霉素具有广谱、耐酶、长效等特点，但抗菌活性均不及天然青霉素。

（1）天然青霉素

青霉素钾

【概述】 白色结晶性粉末。主要成分为青霉素钾。属于兽用处方药。

【作用】 本品属杀菌性抗生素，抗菌活性强，其抗菌作用机理主要是抑制细菌细胞壁黏肽的合成。生长期的敏感菌分裂旺盛，细胞壁处于生物合成期，在青霉素的作用下，黏肽的合成受阻不能形成细胞壁，在渗透压作用下导致细胞膜破裂而死亡。非生长繁殖期的细菌，此时不需合成细胞壁，则青霉素不起杀菌作用，不应将青霉素这类“繁殖期杀菌剂”与抑制细菌生长繁殖的“快效抑菌剂”（如氟苯尼考、四环素类、红霉素等）合用。后者使细菌处于生长抑制状态，导致青霉素不能发挥作用。

青霉素为窄谱抗生素，主要对多种革兰阳性菌和少数革兰阴性菌有作用。主要敏感菌有葡萄球菌、链球菌、棒状杆菌、破伤风梭菌、放线菌、炭疽杆菌、螺旋体等。对分枝杆菌、支原体、衣原体、立克次体、诺卡菌、真菌和病毒均不敏感。

青霉素钾盐肌内注射后吸收迅速，15~30min 达血药峰浓度，肌注后血药浓度维持 0.5μg/mL 以上的时间为 6~7h。青霉素可广泛分布到全身各组织，并可进入胎儿循环，以肾、肝、肺、肌肉、小肠和脾的浓度较高；骨骼、唾液和乳汁含量较低。很难进入脑脊液，其在正常脑脊液中的浓度仅为血药浓度的1%~3%，炎症时脑脊液中浓度可达血药浓度的5%~30%。青霉素小部分在肝内代谢，大部分以原形排泄。在肾功能正常情况下，50%~75%自肾脏排出，其中90%通过肾小管分泌，因排出迅速，故体内消除较快。青霉素的血浆蛋白结合率约50%。半衰期较短，种属间的差异较小，所有家畜的半衰期0.5~1.2h。表观分布容积也较小，一般为0.2~0.3L/kg体重，血浆浓度较高，组织浓度较低。

【应用】 用于革兰阳性菌感染，也用于放线菌及钩端螺旋体等的感染。

【注意】 ①青霉素与氨基糖苷类合用，可提高后者在菌体内的浓度，呈现协同作用。大环内酯类、四环素类和酰胺醇类等快效抑菌剂对青霉素的杀菌活性有干扰作用，不宜合用。重金属离子（尤其是铜、锌、汞）、醇类、酸、碘、氧化剂、还原剂、羟基化合物、呈酸性的葡萄糖注射液或盐酸四环素注射液等可破坏青霉素的活性，禁止配伍。胺类与青霉素可形成不溶性盐，可以延缓青霉素的吸收，如普鲁卡因青霉素。青霉素钾水溶液与一些药物溶液（如盐酸氯丙嗪、盐酸林可霉素、酒石酸去甲肾上腺素、盐酸土霉素、盐酸四环素、B族维生素及维生素C）不宜混合，否则可产生混浊、絮状物或沉淀。应了解与其他药物的相互作用和配伍禁忌，以免影响青霉素的药效；②大剂量注射可能出现高血钾症。对肾功能减退或心功能不全患病动物会产生不良后果，钾离子对心脏的不良作用更严重。对某些动物，青霉素可诱导胃肠道的二重感染。治疗破伤风时宜与破伤风抗毒素合用；③青霉素钾易溶于水，水溶液不稳定，很易水解，水解率随温度升高而加速，因此注射液应在临用前配制。必需保存时，应置冰箱中（2~8℃），可保存7d，在室温只能保存24h；④主要是过敏反应，大多数动物均可发生，但发生率较低。局部反应表现为注射部位水肿、疼痛，全身反应为荨麻疹、皮疹，严重者偶见休克或死亡；⑤无须制定休药期。密闭，在凉暗干燥处保存。

【用法】 一次肌内注射，犬、猫3万~4万IU/kg体重，2~3次/天，连用2~3天。临用前，加灭菌注射用水适量使溶解。

【规格】 按$C_{16}H_{17}KN_2O_4S$计算，注射用：①0.25g（40万IU）；②0.5g（80万IU）；③0.625g（100万IU）；④1.0g（160万IU）；⑤2.5g（400万IU）。

青霉素钠

【概述】 白色结晶性粉末。主要成分为青霉素钠。属于兽用处方药。

【作用】 同青霉素钾。

【应用】 用于革兰阳性菌感染，也用于放线菌及钩端螺旋体等的感染。

【注意】 同青霉素钾。

【用法】 一次肌内注射，犬、猫3万~4万IU/kg体重，2~3次/天，连用2~3天。临用前，加灭菌注射用水适量使溶解。

【规格】 按 $C_{16}H_{17}N_2NaO_4S$ 计算，注射用：①0.24g（40 万 IU）；②0.48g（80 万 IU）；③0.6g（100 万 IU）；④0.96g（160 万 IU）；⑤2.4g（400 万 IU）。

普鲁卡因青霉素

【概述】 注射用为白色粉末；注射液为细微颗粒的混悬油溶液，静置后，细微颗粒下沉，振摇后成均匀的淡黄色混悬液。主要成分为普鲁卡因青霉素与青霉素钠（钾）。属于兽用处方药。

【作用】 青霉素属杀菌性抗生素，抗菌活性强，其抗菌作用机理主要是抑制细菌细胞壁黏肽的合成。生长期的敏感菌分裂旺盛，细胞壁处于生物合成期，在青霉素的作用下，黏肽的合成受阻不能形成细胞壁，在渗透压作用下导致细胞膜破裂而死亡。青霉素为窄谱抗生素，主要对多种革兰阳性菌和少数革兰阴性球菌有作用。主要敏感菌有葡萄球菌、链球菌、棒状杆菌、破伤风梭菌、放线菌、炭疽杆菌、螺旋体等。对分枝杆菌、支原体、衣原体、立克次体、诺卡菌、真菌和病毒均不敏感。

普鲁卡因青霉素肌注后，在局部水解释放出青霉素后被缓慢吸收。达峰时间较长，血中浓度低，但作用较青霉素持久。限用于对青霉素高度敏感的病原菌，不宜用于治疗严重的感染。普鲁卡因青霉素与青霉素钠（钾）混合配制成注射剂后，能在较短时间内升高血药浓度，以兼顾长效和速效。普鲁卡因青霉素大量注射偶见普鲁卡因中毒。

【应用】 用于动物革兰阳性菌感染，也用于放线菌和钩端螺旋体等感染。

【注意】 同青霉素钾。

【用法】 一次肌内注射，犬、猫 3 万~4 万 IU/kg 体重，1 次/天，连用 2~3 天。

【规格】 注射用：①40 万 IU［普鲁卡因青霉素 30 万 IU、青霉素钠（钾）10 万 IU］；②80 万 IU［普鲁卡因青霉素 60 万 IU、青霉素钠（钾）20 万 IU］；③160 万 IU［普鲁卡因青霉素 120 万 IU、青霉素钠（钾）40 万 IU］；④400 万 IU［普鲁卡因青霉素 300 万 IU、青霉素钠（钾）100 万 IU］。注射液：①5mL：75 万 IU（普鲁卡因青霉素 742mg）；②10mL：300 万 IU（普鲁卡因青霉素 2967mg）；③10mL：450 万 IU（普鲁卡因青霉素 4451mg）。

（2）半合成青霉素 半合成青霉素以青霉素的母核 6-氨基青霉素烷酸（6-APA）为基本结构，经过化学修饰合成的一系列具有耐酸、耐酶、广谱特点的青霉素。

氨苄西林钠

【概述】 白色或类白色的粉末或结晶性粉末。主要成分为氨苄西林钠。属于兽用处方药。

【作用】 本品属 β-内酰胺类抗菌药，具有广谱抗菌作用。对青霉素酶敏感，故对耐青霉素的金黄色葡萄球菌无效。对革兰阴性菌如大肠杆菌、变形杆菌、沙门菌、嗜血杆菌、布鲁氏菌和巴氏杆菌等有较强的作用，但这些细菌易产生耐药性；对铜绿假单胞菌不敏感。

本品注射后吸收迅速，血药浓度高，但下降也快。肌内注射或皮下注射的起始浓度较低，按 10mg/kg 体重肌内注射后，5min 血药浓度可达 14.54μg/mL，于 14min 达血药峰浓度 18.46μg/mL。静脉注射，在犬的消除半衰期为 0.6～1.6h，故体内消除较快。丙磺舒可以延缓本品的排泄，使血药浓度提高，半衰期延长。

【应用】 用于对氨苄西林敏感菌感染。

【注意】 ①本品与下列药物有配伍禁忌：琥乙红霉素、乳糖酸红霉素、盐酸土霉素、盐酸四环素、盐酸金霉素、硫酸卡那霉素、硫酸庆大霉素、硫酸链霉素、盐酸林可霉素、硫酸多黏菌素 B、氯化钙、葡萄糖酸钙、B 族维生素、维生素 C 等；②本品与氨基糖苷类合用，可提高后者在菌体内的浓度，呈现协同作用；③大环内酯类、四环素类和酰胺醇类等快效抑菌剂对本品的杀菌作用有干扰作用，不宜合用；④本类药物可出现与剂量无关的过敏反应，表现为皮疹、发烧、嗜酸性细胞增多、白细胞和血小板减少、贫血、淋巴结病或全身性过敏反应。对青霉素酶敏感，不宜用于耐青霉素的金黄色葡萄球菌感染；⑤无须制定休药期。密闭，在干燥处保存。

【用法】 一次肌内注射，犬、猫 10～20mg/kg 体重，2～3 次/天，连用 2～3 天。

【规格】 按 $C_{16}H_{19}N_3O_4S$ 计算，注射用：①0.5g；②1.0g；③2.0g。

苯唑西林钠

【概述】 白色粉末或结晶性粉末。主要成分为苯唑西林钠。属于兽用处方药。

【作用】 本品抗菌谱比青霉素窄，但不易被青霉素酶水解，对耐青霉素的产酶金黄色葡萄球菌有效，对不产酶菌株和其他对青霉素敏感的革兰阳性菌的杀菌作用不如青霉素。肠球菌对苯唑西林耐药。

本品耐酸，肌注吸收迅速，在 30min 内达血药峰浓度。在体内广泛分布，可进入肺、肾、骨、胆汁、胸水、关节液和腹水，犬的表观分布容积为 0.3L/kg 体重。可部分代谢为活性和无活性的代谢物，主要从肾经尿液迅速排泄，犬的半衰期为 0.5～0.6h。

【应用】 用于败血症、肺炎、乳腺炎、烧伤创面感染等。

【注意】 ①本品与氨苄西林或庆大霉素合用可增强对细菌的抗菌活性。大环内酯类、四环素类和酰胺醇类等快效抑菌剂对青霉素类的杀菌活性有干扰作用，不宜合用。重金属离子（尤其是铜、锌、汞）、醇类、酸、碘、氧化剂、还原剂、羟基化合物、呈酸性的葡萄糖注射液或盐酸四环素注射液等可破坏青霉素的活性，属配伍禁忌；②主要的不良反应是过敏反应，但发生率较低。局部反应表现为注射部位水肿、疼痛，全身反应为荨麻疹、皮疹，严重者可引起休克或死亡。大剂量注射可能出现高血钠症。对肾功能减退或心功能不全患病动物会产生不良后果；③本品水溶液不稳定，易水解，水解率随温度升高而加速，因此注射液应在临用前配制；必需保存时，应置冰箱中（2~8℃），可保存 7d，在室温只能保存 24h；④无须制定休药期。密闭，在干燥处保存。

【用法】 一次肌内注射，犬、猫 15~20mg/kg 体重，2~3 次/天，连用 2~3 天。

【规格】 按 $C_{19}H_{19}N_3O_5S$ 计算，①0.5g；②1.0g；③2.0g。

苄星青霉素

【概述】 白色结晶性粉末。主要成分为苄星青霉素（青霉素的二苄基乙二胺盐）。属于兽用处方药。

【作用】 本品为长效青霉素，属杀菌性抗生素，抗菌活性强，其抗菌作用机理主要是抑制细菌细胞壁黏肽的合成。生长期的敏感菌分裂旺盛，细胞壁处于生物合成期，在青霉素的作用下，黏肽的合成受阻不能形成细胞壁，在渗透压作用下导致细胞膜破裂而死亡。非生长繁殖期的细菌，此时不需合成细胞壁，则青霉素不起杀菌作用，故临床上应避免将青霉素这类“繁殖期杀菌剂”与抑制细菌生长繁殖的“快效抑菌剂”（如氟苯尼考、四环素类、红霉素等）合用。后者使细菌处于生长抑制状态，导致青霉素不能发挥作用。青霉素为窄谱抗生素，主要对多种革兰阳性菌和少数革兰阴性球菌有作用。主要敏感菌有葡萄球菌、链球菌、猪丹毒杆菌、棒状杆菌、破伤风梭菌、放线菌、炭疽杆菌、螺旋体等。对分枝杆菌、支原体、衣原体、立克次体、诺卡菌、真菌和病毒均不敏感。

本品吸收和排泄缓慢，血中浓度较低。对急性重度感染不宜单独使用，须注射青霉素钠（钾）显效后，再用本品维持药效。

【应用】 本品为长效青霉素，用于革兰阳性细菌感染。

【注意】 ①本品与氨基糖苷类合用，可提高后者在菌体内的浓度，故呈现协同作用。本品血药浓度较低，急性感染时应与青霉素钠合用；②大环内酯类、四环素类和酰胺醇类等快效抑菌剂对苄星青霉素的杀菌活性有干扰作用，不宜合用；③重金属离子（尤其是铜、锌、汞）、醇类、酸、碘、氧化剂、还原剂、羟基化合物、呈酸性的葡萄糖注射液或盐酸四环素注射液等可破坏其的活性，属配伍禁忌；④本品与一些药物溶液（如盐酸氯丙嗪、盐酸林可霉素、酒石酸去甲肾上腺素、盐酸土霉素、盐酸四环素、B 族维生素及维生素 C）不宜混合，否则可产生混浊、絮状物或沉淀；⑤主要不良反应是过敏反应，大多数动物均可发生，但发生率较低。局部反应表现为注射部位水肿、疼痛，全身反应为荨麻疹、皮疹，严重者偶见休克或死亡；⑥注射液应在临用前配制。应注意与其他药物的相互作用和配伍禁忌，以免影响其药效；⑦无须制定休药期。密封，在干燥处保存。

【用法】 一次肌内或静脉注射，犬、猫 4 万~5 万 IU/kg 体重。必要时 3~4 天重复一次。

【规格】 注射用：①30 万 IU；②60 万 IU；③120 万 IU。

阿莫西林

【概述】 白色或类白色的混悬油溶液。主要成分为阿莫西林。属于兽用处方药。

【作用】 本品为青霉素类抗生素。阿莫西林通过抑制细菌细胞壁的合成而发挥杀菌作用，可使细菌迅速成为球状体而溶解、破裂。对各种链球菌属、不产青霉素酶葡萄球菌等需氧革兰阳性球菌、不产青霉素酶的大肠埃希菌、沙门菌属等需氧革兰阴性菌具有良好的抗菌活性。

【应用】 用于对青霉素敏感的革兰阳性球菌和革兰阴性菌感染，适用于以下疾病的

治疗：消化道疾病（如细菌性肠炎）；呼吸道感染（如生长期间的细菌性肺炎）；泌尿生殖道感染（如子宫炎、膀胱炎）；皮肤和软组织感染（如伤口、脓肿感染等）。

【注意】 ①使用该产品在少数情况下会引起局部组织反应；②青霉素类产品易水解，故抽取时应使用干燥针头和注射器，避免水滴污染瓶中剩余药品；③开封后应在 28d 内用完。应保持橡皮塞完好（避免过分穿刺）；④用后请洗手，不要让小孩接触到；⑤遮光，密闭，在阴凉处保存。

【用法】 一次肌内或皮下注射，犬、猫 15mg/kg 体重。必要时 48h 后重复一次。用前充分摇匀，犬、猫注射用小于 20 号针头，如注射量超过 20mL，需分两个部位注射。

【规格】 注射液：①100mL：15g（1500 万 IU）；②250mL：37.5g（3750 万 IU）。

阿莫西林克拉维酸钾

【概述】 片剂为淡粉红色至粉红色片；注射液为类白色至浅黄色的混悬液体。主要成分为阿莫西林、克拉维酸钾。属于兽用处方药。

【作用】 阿莫西林属 β-内酰胺类抗生素，具有广谱抗菌作用，通过抑制细菌壁黏肽的合成发挥杀菌作用。大多数革兰阳性菌如葡萄球菌、链球菌、棒状杆菌、破伤风梭菌、炭疽杆菌等对阿莫西林敏感。对革兰阴性菌如大肠杆菌、变形杆菌、沙门菌、嗜血杆菌、布氏杆菌和巴氏杆菌等有较强的作用，但这些细菌易产生耐药。克拉维酸钾是 β-内酰胺酶抑制剂，能竞争性与 β-内酰胺酶不可逆结合，使酶失去水解 β-内酰胺类抗生素的活性。

本品经口服后吸收良好，阿莫西林和克拉维酸钾均 1~2h 可达到最高血药浓度，在机体内分布范围较广，对全身性感染的效果较好。

【应用】 用于治疗犬革兰阳性和革兰阴性敏感细菌的感染，如脓皮病等皮肤感染。

【注意】 ①本品含有半合成青霉素（阿莫西林），有产生过敏反应的潜在可能。如发生过敏反应，可使用肾上腺素和/或类固醇治疗；②禁用于对青霉素类药物过敏的动物。禁用于肾脏功能不全、出现少尿无尿症状的动物；③对青霉素类过敏的人员不要接触该品。给药人员皮肤出现红疹时要尽快就医，若嘴唇、眼睑和脸部肿胀、呼吸困难要立即拨打急救电话；④无须制定休药期。密封，在凉暗干燥处保存。

【用法】 一次内服，犬 12.5～25mg/kg 体重，2 次/天，连用 5～7 天。一次肌内或皮下注射，犬、猫，1mL/20kg 体重，1 次/天，连用 3～5 天。

【规格】 片剂：① 50mg（$C_{16}H_{19}N_3O_5S$ 40mg 与 $C_8H_9NO_5$ 10mg）；②250mg（$C_{16}H_{19}N_3O_5S$ 200mg 与 $C_8H_9NO_5$ 50mg）；③ 500mg（$C_{16}H_{19}N_3O_5S$ 400mg 与 $C_8H_9NO_5$ 100mg）。注射液：①10mL：阿莫西林 1.4g、克拉维酸 0.35g；②50mL：阿莫西林 7g、克拉维酸 1.75g；③100mL：阿莫西林 14g、克拉维酸 3.5g。

2. 头孢菌素类

头孢菌素类是一类半合成的广谱抗生素，以冠头孢菌的培养液中提取获得的头孢菌素 C 为原料，在其母核 7-氨基头孢烷酸（7-ACA）上引入不同的基团，形成一系列的半合成头孢菌素。根据发现时间的先后，可分为一、二、三、四代头孢菌素。头孢菌素类具有抗菌谱广、杀菌力强、毒性小、过敏反应较少，对酸和 β-内酰胺酶比青霉素类稳定等优点。

头孢菌素的抗菌谱与广谱青霉素相似，对革兰阳性菌、阴性菌及螺旋体有效。第一代头孢菌素对革兰阳性菌（包括耐药金葡菌）的作用强于第二、三、四代，对革兰阴性菌的作用则较差，对绿脓杆菌无效。第二代头孢菌素对革兰氏阳性菌的作用与第一代相似或有所减弱，但对革兰阴性菌的作用则比第一代增强；部分药物对厌氧菌有效，但对绿脓杆菌无效。第三代头孢菌素对革兰阴性菌的作用比第二代更强，尤其对绿脓杆菌、肠杆菌属有较强的杀菌作用，但对革兰阳性菌的作用比第一、二代弱。第四代头孢菌素除具有第三代对革兰阴性菌有较强的抗菌谱外，对 β-内酰胺酶高度稳定，血浆消除半衰期较长，无肾毒性。

硫酸头孢喹肟

【概述】 类白色至淡黄色结晶性粉末。主要成分为硫酸头孢喹肟。属于兽用处方药。

【作用】 本品是头孢菌素类抗生素。通过抑制细胞壁的合成达到杀菌效果，具有广谱的抗菌活性，对青霉素酶与 β-内酰胺酶稳定。体外抑菌试验表明，本品可抑制常见的革兰阳性和阴性细菌，包括大肠埃希杆菌、枸橼酸杆菌、克雷伯菌、巴氏杆菌、变形杆菌、沙门菌、黏质沙雷菌、化脓放线菌、芽孢杆菌属的细菌、棒状杆菌、金黄色葡萄球菌、链球菌、类杆菌、梭状芽孢杆菌、梭杆菌属的细菌、普雷沃菌、放线杆菌。有文献记载可用于治疗由葡萄球菌、链球菌、大肠杆菌、巴氏杆菌、沙门菌、链球菌等引起的犬脓皮症、呼吸道、消化道等细菌性疾病。

本品口服不吸收。犬每千克体重皮下给予头孢喹肟 5mg，在 0.5h 内，血药浓度达到峰值，C_{max} 为 8.81μg/mL，$t_{1/2}$ 为 1.31h，生物利用度达 113.31%，以原形通过尿排出。

【应用】 用于治疗由葡萄球菌、链球菌、大肠杆菌等引起的犬脓皮症等细菌性疾病。

【注意】 ①对 β-内酰胺类抗生素过敏的动物禁用。对青霉素和头孢菌素类抗生素过敏者勿接触本品；②现用现配。本品在溶解时会产生气泡，操作时应加以注意。按规定的用法用量使用，尚未见不良反应；③无须制定休药期。遮光，密封，在 2~8℃保存。

【用法】 一次皮下注射，犬 5mg/kg 体重，1~2 次/天，连用 7 天。

【规格】 按 $C_{23}H_{24}N_6O_5S_2$ 计算，注射用：①50mg；②0.1g。

头孢氨苄

【概述】 片剂为带棕色斑点的类白色长方形片；注射液为微细颗粒的混悬油溶液，静置后微细颗粒下沉，振摇后呈均匀的乳白色至淡黄色的混悬液。主要成分为头孢氨苄。属于兽用处方药。

【作用】 本品主要通过抑制细菌细胞壁，使细胞内容物膨胀至破裂溶解，从而达到杀菌作用。本品为广谱抗生素。对革兰阳性菌和革兰阴性菌均有抗菌作用，如葡萄球菌（包括抗青霉素菌株）、链球菌、大肠杆菌、克雷白杆菌和沙门菌等。犬口服后吸收迅速，生物利用率达 90%。本品在组织体液中分布良好。给药后 24h，血浆中仍能检测到头孢氨苄。头孢氨苄的消除主要以尿的形式排出（85%），尿液峰浓度比血浆峰浓度高。

【应用】 用于治疗对头孢氨苄敏感的大肠杆菌和变形杆菌引起的轻度尿路感染，由葡萄球菌属、巴氏杆菌属引起的皮肤及皮下感染。

【注意】 ①犬和猫偶有呕吐或腹泻；②不要用于已知对头孢菌素或其他 β-内酰胺族过敏的宠物。可能会产生过敏反应；③远离食品和饮水。请放置在儿童不能达到的地方。已用或未用完的产品需要安全抛弃；④密封保存。

【用法】 一次内服，犬、猫 15mg/kg 体重，1~2 次/天。一次肌内注射，0.1mL/kg 体重。

【规格】 片剂：①75mg；②300mg；③600mg。注射液：100mL：1g。

头孢维星钠

【概述】 注射用为类白色至黄色冻干块状物，每瓶加注射用水 10mL 溶解后，为淡黄色至棕红色的澄明溶液。主要成分为头孢维星钠。

【作用】 本品是一种半合成的第三代头孢菌素类广谱抗菌药，与其他 β-内酰胺类抗菌药一样，通过与细菌细胞壁上的青霉素结合蛋白结合而抑制细菌细胞壁的合成，导致细菌死亡。对革兰阴性菌有较广的抗菌活性，其对 β-内酰胺酶有更强的抵抗力。

本品在犬和猫皮下注射给药后吸收迅速而完全，蛋白结合率高，分别达到98.5%和99.8%。

【应用】 用于治疗犬由葡萄球菌和链球菌敏感菌株引起的皮肤感染（如继发性浅表脓皮病、脓肿和创伤），由大肠杆菌或变形杆菌引起的尿道感染；治疗猫由多杀性巴氏杆菌和葡萄球菌敏感菌株引起的皮肤感染（如创伤和脓肿），由大肠杆菌引起的尿道感染。

【注意】 ①个别犬或猫在给药后可能出现过敏反应、昏睡、食欲不振、呕吐和腹泻。已知对β-内酰胺类药物过敏的犬、猫禁用。如发生过敏性反应，应根据临床表现，采取注射肾上腺素和其他应急措施，包括输氧、静脉输液、静注抗组胺药、皮质类激素以及气道管理；②置于儿童接触不到的地方。操作人员应避免皮肤和黏膜直接接触药物，在人体意外接触到该药时，可能发生过敏反应，应及时向医生咨询；③本品在体外实验中显示，可以导致卡洛芬、呋塞米、多西环素以及酮康唑的自由态药物浓度上升，这些或者其他具有高度蛋白质结合能力的药物（如非甾体类抗炎药、异丙酚、强心药、抗惊厥药以及行为治疗药）的同时使用可能会与头孢维星结合并导致不良反应。本品在小于4月龄的犬和猫以及处于繁殖或哺乳期的动物中使用的安全性尚未测定。对注射部位的长期影响也未测定；④无须制定休药期。在2~8℃条件下遮光保存；配制后的溶液在原包装中遮光、冷藏保存，可保存28d。

【用法】 一次皮下注射，犬、猫8mg/kg体重（以头孢维星计，用注射用水10mL溶解，0.1mL/kg体重）。最多可维持14天。如果对犬的治疗效果不彻底，可以进行第二次皮下注射，最多不应超过2次。

【规格】 注射用：800mg（用注射用水10mL溶解后，溶液的浓度为80mg/mL）。

3. 大环内酯类

大环内酯类是一族由12~16个碳骨架的大内酯环及配糖体组成的抗生素。主要对多数革兰阳性菌、部分革兰阴性菌、厌氧菌、衣原体和支原体等有抑制作用，尤其对支原体作用强。

红霉素

【概述】 片剂为白色或类白色片，主要成分为红霉素；注射用为白色或类白色的结晶或粉末或疏松块状物，主要成分为乳糖酸红霉素。属于兽用处方药。

【作用】 本品对革兰阳性菌的作用与青霉素相似，但其抗菌谱较青霉素广，敏感的革兰阳性菌有金黄色葡萄球菌（包括耐青霉素金黄色葡萄球菌）、肺炎球菌、链球菌、炭疽杆菌、李斯特菌、腐败梭菌、气肿疽梭菌等。敏感的革兰阴性菌有流感嗜血杆菌、脑膜炎双球菌、布鲁菌、巴氏杆菌等。此外，红霉素对弯曲杆菌、支原体、衣原体、立克次体及钩端螺旋体也有良好作用。红霉素在碱性溶液中的抗菌活性较强，当 pH 从 5. 5 上升到 8. 5 时，抗菌活性逐渐增加。当 pH 小于 4 时，作用很弱。细菌极易通过染色体突变对红霉素产生高水平耐药，且这种耐药形式偶见在治疗过程中，由细菌质粒介导红霉素耐药也较普遍，主要通过甲基化药物靶位造成。红霉素与其他大环内酯类及林可霉素的交叉耐药性也较常见。

本品吸收后广泛分布于全身各组织和体液，但很少进入脑脊液。血浆蛋白结合率为 73%~81%。能穿过胎盘进入胎儿循环，其血清浓度为母体的 5%~20%。乳中的浓度达到血浓度的 50%。本品小部分在肝代谢为无活性的 *N*-甲基红霉素，主要以原形从胆汁排泄，只有 2%~5%剂量以原形从尿排出。其半衰期犬和猫为 1~1. 5h。

【应用】 用于耐青霉素葡萄球菌感染，也用于其他革兰阳性菌及支原体感染。

【注意】 ①本品与其他大环内酯类、林可胺类和酰胺醇类因作用靶点相同，不宜同时使用。红霉素是微粒体酶抑制剂，有抑制细胞色素氧化酶系统的作用，与某些药物合用时可能抑制其代谢；②与 β-内酰胺类合用表现为拮抗作用。与青霉素合用对马红球菌有协同抑制作用；③酯化红霉素可能具有肝毒性，表现为胆汁淤积，也偶见呕吐和腹泻，尤其是高剂量给药时。本品内服后易被胃酸破坏，常出现剂量依赖性胃肠道紊乱（呕吐、腹泻、肠疼痛和厌食等)，可能由对平滑肌的刺激作用引起，可应用肠溶片；④本品局部刺激性较强，不宜作肌内注射。静脉注射的浓度过高或速度过快时，易发生局部疼痛和血栓性静脉炎，故静脉注射速度应缓慢。静脉注射后偶见血栓性静脉炎及静脉周围炎，乳房给药后偶见炎症反应；⑤本品忌与酸性物质配伍。在 pH 过低的溶液中很快失效，注射溶液的 pH 应维持在 5. 5 以上；⑥无须制定休药期。密闭，在干燥处保存。

【用法】 一次内服，犬、猫 10~20mg/kg 体重，2 次/天，连用 3~5 天。一次静脉注射，犬、猫 5~10mg/kg 体重，2 次/天，连用 2~3 天，临用前，先用灭菌注射用水溶解（不可用氯化钠注射液)，然后用 5%葡萄糖注射液稀释，浓度不超过 0. 1%。

【规格】 片剂：①50mg（5 万 IU)；②0. 125g（12. 5 万 IU)；③0. 25g（25 万 IU)。注射用：①0. 25g（25 万 IU)；②0. 3g（30 万 IU)。

泰乐菌素

【概述】 无色至黄色澄明液体。主要成分为泰乐菌素。

【作用】 本品是一种大环内酯类抗菌素，通过与病原微生物核蛋白体的 50S 亚基结合，抑制由移位酶催化的移位反应，阻碍敏感微生物的肽链增长，影响菌体蛋白质的合成而呈抑菌作用。对支原体、革兰阳性菌和部分革兰阴性菌有杀灭作用。肌内注射后，可迅速被吸收并扩散至组织、器官和体液。注射 30min 后可达到最大血药浓度。本品还可以通过血脑屏障、血眼屏障和胎盘屏障以及性腺。单次注射后可维持 24h 的有效血药浓度。其主要排泄方式为随尿液和胆汁（随粪便）排出。

【应用】 用于治疗犬猫支原体、巴氏杆菌等感染所致的肺炎、支气管炎。

【注意】 ①本品对光敏感；②使用后可能出现红肿、痒、呼吸加快、肛周轻度水肿和脱肛等过敏反应，停药后会迅即消失。遮光，密闭，8～15℃保存。

【用法】 一次肌内注射，犬、猫 10mg/kg 体重（本品 0.2mL），1 次/天，连用 3～5 天。

【规格】 注射液：50mL：2.5g（250 万 IU）。

4. 林可胺类

林可胺类抗生素是一类具有高脂溶性的碱性化合物，能够从肠道很好吸收，在动物体内分布广泛。其对革兰阳性菌和支原体有较强的抗菌活性，对厌氧菌也有一定的作用。

盐酸林可霉素

【概述】 片剂为白色或类白色片；注射液为无色至微黄色或微黄绿色的澄明液体。主要成分为盐酸林可霉素。属于兽用处方药。

【作用】 本品属于林可胺类抗菌药，属抑菌剂，敏感菌包括金黄葡萄球菌（包括耐青霉素菌株）、链球菌、肺炎球菌、炭疽杆菌、某些支原体、钩端螺旋体和厌氧菌（如梭杆菌、破伤风梭菌、产气荚膜梭菌及大多数放线菌等）。主要作用于细菌核糖体的 50S 亚基，通过抑制肽链的延长影响蛋白质的合成而发挥抗菌作用。

宠物内服吸收迅速但不完全。大多数动物内服 1h 达峰浓度。广泛分布到各种体液、组织（包括骨骼），其中以肝、肾的浓度最高，组织药物浓度比血清高数倍。可进入胎盘，但不易透过血脑屏障，炎症时药物在脑脊液中也达不到有效浓度。可分布到乳，乳中浓度与血浆相同。部分药物在肝脏代谢，药物原形及其代谢物经胆汁、尿液和乳汁排出。粪中排出可延迟数日，故对肠道敏感微生物有抑制作用。

肌内注射后吸收迅速，血浆蛋白结合率为 57%～72%。体内分布较广。在大多数组织、胸水、腹水、关节液中都可达有效水平，在骨组织中浓度尤高，但不能透过血脑屏障进入脑脊液。可透过胎盘和分布进入乳汁。主要在肝内代谢，经胆汁和粪便排泄，少量从尿中排泄。

【应用】 用于革兰阳性菌感染。

【注意】 ①本品与庆大霉素等合用时对葡萄球菌、链球菌等革兰阳性菌有协同作用；②具有神经肌肉阻断作用。与氨基糖苷类和多肽类抗生素合用，可能增强对神经-肌肉接头的阻滞作用。与红霉素合用，有拮抗作用，因作用部位相同，且红霉素对细菌核糖体 50S 亚基的亲和力比本品强；③不宜与抑制肠道蠕动和含白陶土的止泻药合用。与卡那霉素、新生霉素等存在配伍禁忌；④肌内注射给药可能会引起一过性腹泻或排软便。虽然极少见，如出现应采取必要的措施以防脱水；⑤无须制定休药期。密闭保存。

【用法】　一次内服，犬、猫 15~25mg/kg 体重，1~2 次/天，连用 3~5 天。一次肌内注射，犬、猫 10mg/kg 体重，2 次/天，连用 3~5 天。

【规格】　按 $C_{18}H_{34}N_2O_6S$ 计算，片剂：①0.25g；②0.5g。注射液：①2mL：0.12g；②2mL：0.2g；③2mL：0.3g；④2mL：0.6g；⑤5mL：0.3g；⑥5mL：0.5g；⑦10mL：0.3g；⑧10mL：0.6g；⑨10mL：1g；⑩10mL：1.5g；⑪10mL：3g；⑫100mL：30g。

（三）主要作用于革兰阴性菌的抗生素

氨基糖苷类药物的化学结构含有氨基糖分子和非糖部分的糖原结合而成的苷，故称为氨基糖苷类抗生素。具有以下共同特征：①均为较强的有机碱，能与酸形成盐，常用制剂为硫酸盐，易溶于水，性质稳定，在碱性环境中抗菌作用增强；②内服难吸收，几乎完全从粪便排出，可作为肠道感染和肠道消毒用药，对全身感染需注射给药；③抗菌谱较广，对需氧革兰阴性菌作用较强，对革兰氏阳性菌较弱，大部分以原形经肾小球滤过排泄，尿药浓度高，适用于泌尿道感染，在碱性尿液中抗菌作用增强；④不良反应主要是损害第八对脑神经、肾毒性及对神经肌肉的阻断等作用。

硫酸庆大霉素

【概述】　无色至微黄色或微黄绿色的澄明液体。主要成分为硫酸庆大霉素。属于兽用处方药。

【作用】　本品属氨基糖苷类抗菌药，对多种革兰阴性菌（如大肠杆菌、克雷伯菌、变形杆菌、铜绿假单胞菌、巴氏杆菌、沙门菌等）和金黄色葡萄球菌（包括产 β-内酰胺酶菌株）均有抗菌作用。多数链球菌（化脓链球菌、肺炎球菌、粪链球菌等）、厌氧菌（类杆菌属或梭状芽孢杆菌属）、结核杆菌、立克次体和真菌对本品耐药。

肌内注射后吸收迅速而完全。在 0.5~1h 内达血药峰浓度。皮下或肌内注射的生物利用度超过 90%。主要通过肾小球滤过排泄，排泄量占给药量 40%~80%。肌注后的半衰期，犬和猫 0.5~1.5h。

【应用】　用于革兰阴性和阳性细菌感染。

【注意】　①本品与四环素、红霉素等合用可能出现拮抗作用。可与 β-内酰胺类抗生素联合治疗严重感染，但在体外混合存在配伍禁忌。本品与青霉素联合，对链球菌具协同作用；②与头孢菌素、右旋糖酐、强效利尿药（如呋塞米等）、红霉素等合用，可增强本品的耳毒性。耳毒性，常引起耳前庭损害，这种损害可随连续给药的药物积累而加重，并呈剂量依赖性。与头孢菌素合用使肾毒性增强，导致可逆性肾毒性；③骨骼肌松弛药（如氯化琥珀胆碱等）或具有此种作用的药物可加强本品的神经肌肉阻滞作用。大剂量偶见神经肌肉传导阻断。犬、猫外科手术全身麻醉后，合用青霉素预防感染时，可能出现意外死亡；④偶见过敏反应。猫较敏感，偶见恶心、呕吐、流涎及共济失调等；⑤有呼吸抑制作用，不宜静脉推注；⑥无须制定休药期。密闭，在凉暗处保存。

【用法】 一次肌内注射，犬、猫 3~5mg/kg 体重，2 次/天，连用 2~3 天。

【规格】 注射液：①2mL：0.08g（8 万 IU）；②5mL：0.2g（20 万 IU）；③10mL：0.2g（20 万 IU）；④10mL：0.4g（40 万 IU）。

硫酸卡那霉素

【概述】 注射液为无色至淡黄色或淡黄绿色的澄明液体；注射用为白色或类白色的粉末。主要成分为硫酸卡那霉素。属于兽用处方药。

【作用】 本品属氨基糖苷类抗生素，其作用机制是干扰细菌蛋白质合成过程，致使合成异常的蛋白质、阻碍已合成的蛋白质释放。另外还可使细菌细胞膜通透性增加，导致一些重要生理物质的外漏，最终引起细菌死亡。对大多数革兰阴性杆菌如大肠杆菌、变形杆菌、沙门菌和多杀性巴氏杆菌等有强大抗菌作用，对金黄色葡萄球菌和结核杆菌也较敏感。铜绿假单胞菌、革兰阳性菌（金黄色葡萄球菌除外）、立克次体、厌氧菌和真菌等对本品耐药。与链霉素相似，敏感菌对卡那霉素易产生耐药。与新霉素存在交叉耐药性，与链霉素存在单向交叉耐药性。大肠杆菌及其他革兰阴性菌常出现获得性耐药。

肌内注射吸收迅速，0.5~1.5h 达血药峰浓度，广泛分布于胸水、腹水和实质器官中，但很少渗入唾液、支气管分泌物和正常脑脊液中。脑膜炎时脑脊液中的药物浓度可提高约一倍左右。在胆汁和粪便中浓度很低。主要通过肾小球滤过排泄，注射剂量 40%~80%以原形从尿中排出。

【应用】 用于治疗败血症及泌尿道、呼吸道感染。

【注意】 ①与青霉素类或头孢菌素类合用有协同作用。治疗泌尿道感染时，同时内服碳酸氢钠可增强药效；②在碱性环境中抗菌作用增强，与碱性药物（如碳酸氢钠、氨茶碱等）合用可增强抗菌效力，但毒性也相应增强。当 pH 超过 8.4 时，抗菌作用反而减弱；③Ca^{2+}、Mg^{2+}、Na^{+}、NH_4^{+} 和 K^{+}等阳离子可抑制本品的抗菌活性；④卡那霉素与链霉素一样有肾毒性和不可逆的耳毒性，而且其耳毒性比链霉素、庆大霉素更强。与头孢菌素、右旋糖酐、强效利尿药（如呋塞米等）、红霉素等合用，可增强本品的耳毒性。患宠出现脱水或者肾功能损害时慎用。与其他氨基糖苷类有交叉过敏现象，对氨基糖苷类过敏的患宠禁用；⑤骨骼肌松弛药（如氯化琥珀胆碱等）或具有此种作用的药物可加强本类药物的神经肌肉阻滞作用。神经肌肉阻断作用常由剂量过大导致。急性中毒时可用新斯的明等抗胆碱酯酶药、钙制剂（葡萄糖酸钙）拮抗其肌肉传导阻滞作用；⑥犬、猫外科手术全身麻醉后，与青霉素合用预防感染时，常出现中毒和意外死亡。猫对本品敏感，常量即可造成恶心、呕吐、流涎及共济失调。导盲犬、牧羊犬和为听觉缺陷者服务的犬慎用；⑦无须制定休药期。密闭，在干燥处保存。

【用法】 一次肌内注射，犬、猫 1~1.5IU/kg 体重，2 次/天，连用 3~5 天。

【规格】 按 $C_{18}H_{36}N_4O_{11}$ 计算，注射液：①2mL：0.5g（50 万 IU）；②5mL：0.5g（50 万 IU）；③10mL：0.5g（50 万 IU）；④10mL：1g（100 万 IU）；⑤100mL：10g（1000 万 IU）。注射用：①0.5g（50 万 IU）；②1g（100 万 IU）；③2g（200 万 IU）。

硫酸新霉素

【概述】 滴眼液为无色至微黄色的澄明液体；片剂为白色片。主要成分为硫酸新霉素。属于兽用处方药。

【作用】 本品属于氨基糖苷类抗菌药，抗菌谱与卡那霉素相似。对大多数革兰阴性杆菌如大肠杆菌、变形杆菌、沙门菌和多杀性巴氏杆菌等有强大抗菌作用，对金黄色葡萄球菌也较敏感。铜绿假单胞菌、革兰阳性菌（金黄色葡萄球菌除外）、立克次体、厌氧菌和真菌等对本品耐药。

本品内服与局部应用很少被吸收，内服后只有总量的 3%从尿液排出，大部分不经变化从粪便排出。肠黏膜发炎或有溃疡时可使吸收增加。注射给药很快吸收，其体内过程与卡那霉素相似。

【应用】 用于治疗犬、猫敏感的革兰阴性菌所致的胃肠道感染及结膜炎、角膜炎等。

【注意】 ①本品与大环内酯类抗生素合用，可治疗革兰阳性菌所致的乳腺炎；②本品在碱性环境中抗菌作用增强，与碱性药物（如碳酸氢钠、氨茶碱等）合用可增强抗菌效力，但毒性也相应增强。当 pH 超过 8.4 时，抗菌作用反而减弱。Ca^{2+}、Mg^{2+}、Na^{+}、NH^{4+}和 K^{+}等阳离子可抑制本品的抗菌活性；③与青霉素类或头孢菌素类合用有协同作用；④与头孢菌素、右旋糖酐、强效利尿药（如呋塞米等）、红霉素等合用，可增强本品的耳毒性；⑤骨骼肌松弛药（如氯化琥珀胆碱等）或具有此种作用的药物可加强本品的神经肌肉阻滞作用；⑥本品在氨基糖苷类中的毒性最大，但内服给药或局部给药很少出现毒性反应。本品内服可影响维生素 A、维生素 B_{12} 或洋地黄类药物的吸收；⑦无须制定休药期。滴眼液遮光，密闭，在阴凉处保存。片剂密封，在干燥处保存。

【用法】 滴眼，2~3 次/天。一次内服，犬、猫 10~20mg/kg 体重，2 次/天，连用 3~5 天。

【规格】 滴眼液：8mL：40mg（4 万 IU）。片剂：①0.1g（10 万 IU）；②0.25g（25 万 IU）。

盐酸大观霉素

【概述】 注射液为无色至淡黄色的澄明液体。主要成分为盐酸大观霉素。属于兽用非处方药。

【作用】 本品对多种革兰阴性杆菌如大肠杆菌、沙门菌、志贺菌、变形杆菌等有中度抑制作用，A 型链球菌、肺炎球菌、表皮葡萄球菌和某些支原体对大观霉素也敏感，草绿色链球菌和金黄色葡萄球菌多不敏感。

【应用】 用于治疗犬的革兰阴性菌及支原体感染。

【注意】 ①本品对氨基糖苷类过敏的患病动物禁用；②本品具有肾毒性、耳毒性及神经肌肉阻断作用。剂量过大易引起神经肌肉阻断等急性毒性作用，并引起肾脏、听神经损害；③无须制定休药期。遮光，密闭保存。

【用法】 一次肌内注射，犬 0.2~0.3mL/kg 体重，2 次/天，连用 3 天。

【规格】 按 $C_{14}H_{24}N_2O_7$ 计算，注射液：①2mL：0.1g（10 万 IU）；②5mL：0.25g（25 万 IU）；③10mL：0.5g（50 万 IU）。

（四）广谱抗生素

1. 四环素类

四环素类抗生素为广谱抗生素，具有共同的基本母核，仅取代基有所不同，广泛用于多种细菌及立克次体、衣原体、支原体、原虫等感染。对结核杆菌、铜绿假单胞菌、伤寒杆菌、真菌、病毒均无效。

土霉素

【概述】 淡黄色片。主要成分为土霉素。属于兽用非处方药。

【作用】 本品属广谱抗生素，对葡萄球菌、溶血性链球菌、炭疽杆菌、破伤风梭菌和梭状芽孢杆菌等革兰氏阳性菌作用较强，但不如 β-内酰胺类。对大肠杆菌、沙门菌、布鲁菌和巴氏杆菌等革兰阴性菌较敏感，但不如氨基糖苷类和酰胺醇类抗生素。土霉素对立克次体、衣原体、支原体、螺旋体、放线菌和某些原虫也有抑制作用。

本品内服吸收不规则且不完全，空腹易吸收，生物利用度 60%~80%，主要在小肠上段被吸收。胃肠道内的镁、铝、铁、锌、锰等多价金属离子与土霉素形成难溶的螯合物而使药物吸收减少。内服后 2~4h 血药浓度达峰值。吸收后在体内分布广泛，易渗入胸、腹腔和乳汁，也能通过胎盘屏障进入胎儿循环，但在脑脊液的浓度低。其主要以原形由肾小球滤过排泄。

【应用】 用于敏感的革兰阳性菌、革兰阴性菌和支原体等感染。

【注意】 ①本品与泰乐菌素等大环内酯类合用呈协同作用；与黏菌素合用，由于增强细菌对本类药物的吸收而呈协同作用；②本类药物均能与二价、三价阳离子等形成复合物，因而当它们与钙、镁、铝等抗酸药、含铁的药物或牛奶等食物同服时会减少其吸收，造成血药浓度降低。避免与乳制品和含钙量较高的食物同服；③与碳酸氢钠同服时使土霉素胃内溶解度降低，吸收率下降，肾小管重吸收减少，排泄加快。局部刺激性，特别是空腹给药对消化道有一定刺激性。肠道菌群紊乱。影响牙齿和骨骼发育。对肝脏和肾脏有一定损害作用。偶尔可见致死性的肾中毒；④肝、肾功能严重不良的患病动物禁用本品。怀孕动物、哺乳动物和幼龄动物禁用。长期服用可诱发二重感染。与利尿药合用可使血尿素氮升高；⑤无须制定休药期。遮光，密封，在干燥处保存。

【用法】 一次内服，犬 15~50mg/kg 体重，2~3 次/天，连用 3~5 天。

【规格】 按 $C_{22}H_{24}N_2O$ 计算，片剂：①50mg；②0.125g；③0.25g。

盐酸多西环素

【概述】 淡黄色片。主要成分为盐酸多西环素。属于兽用处方药。

【作用】 本品属四环素类广谱抗生素，具有广谱抑菌作用，敏感菌包括肺炎球菌、链球菌、部分葡萄球菌、炭疽杆菌、破伤风杆菌、棒状杆菌等革兰阳性菌以及大肠杆菌、巴氏杆菌、沙门菌、布鲁菌和嗜血杆菌、克雷伯菌和鼻疽杆菌等革兰阴性菌。对立克次体、支原体、螺旋体等也有一定程度的抑制作用。

内服吸收迅速，受食物影响较小，生物利用度高。有效血药浓度维持时间长，对组织渗透力强，分布广泛，易进入细胞内。在犬的稳态表观分布容积约为 1.5L/kg 体重。蛋白结合率高，犬为 75%~86%。部分在肠内以螯合的形式灭活，犬有 75%用药量以此种方式消除。肾排泄仅约 25%，胆汁排泄少于 5%。犬的半衰期为 10~12h。

【应用】 用于革兰阳性菌、阴性菌和支原体等的感染。

【注意】 ①本品与碳酸氢钠同服，可升高胃内 pH，使本品的吸收减少及活性降低。内服后偶见呕吐，黏附于食道会引起食道炎。肠道菌群紊乱，长期应用偶见维生素缺乏症，重者造成二重感染；偶见耐药沙门菌或不明病原菌的继发感染，偶见严重腹泻。过量应用会导致胃肠功能紊乱，如厌食、呕吐或腹泻。避免与乳制品和含钙量较高的食物同服；②本品能与二价、三价阳离子等形成复合物，因而当它们与钙、镁、铝等抗酸药、含铁的药物或牛奶等食物同服时会减少其吸收，造成血药浓度降低；③与强利尿药如呋塞米等同用可使肾功能损害加重。肝、肾功能严重不良的患病动物禁用本品；④可干扰青霉素类对细菌繁殖期的杀菌作用，宜避免同用；⑤无须制定休药期。遮光，密封保存。

【用法】 一次内服，犬、猫 5~10mg/kg 体重，1 次/天，连用 3~5 天。

【规格】 按 $C_{22}H_{24}N_2O_8$ 计算，片剂：①10mg；②25mg；③50mg；④0.1g。

2. 酰胺醇类

酰胺醇类抗生素包括氯霉素、甲砜霉素、氟苯尼考等。由于氯霉素可引起人和动物的可逆性血细胞减少及不可逆的再生障碍性贫血。目前，世界各国几乎都禁止氯霉素用于所有食品动物。

氟苯尼考甲硝唑

【概述】 无色至微黄色的澄明油状液体。主要成分为氟苯尼考、甲硝唑。属于兽用非处方药。

【作用】 氟苯尼考对引起犬、猫皮肤病、耳病等多种革兰阳性和阴性菌有较强的抗菌活性。甲硝唑对厌氧菌具有较强的抗菌作用，对滴虫也有效。

【应用】 用于治疗犬、猫细菌性中耳炎、外耳炎。

【注意】 ①对破损皮肤有轻度刺激作用。避免儿童接触；②无须制定休药期。遮光，密闭保存。

【用法】 滴耳：一次 3~4 滴，2 次/天，连用 5~7 天。

【规格】 20mL 滴耳液：氟苯尼考 500mg、甲硝唑 60mg。

（五）抗真菌抗生素

真菌种类很多，根据感染部位的不同，可分为两类：一为浅表真菌感染，如皮肤、四肢、耳部等，引起多种癣病；二为深部真菌感染，主要侵犯机体的深部组织及内脏器官，如念珠菌病等。

复方酮康唑

【概述】 类白色的黏稠液体。主要成分为甲硝唑、酮康唑、薄荷脑。属于兽用非处方药。

【作用】 甲硝唑对大多数厌氧菌、滴虫有效。对需氧菌或兼性厌氧菌无效。酮康唑为合成的咪唑类抗真菌药，对皮肤癣菌有抑制作用。

【应用】 用于治疗犬、猫癣菌、厌氧菌等引起的皮肤病。

【注意】 ①本品有肝脏毒性和胚胎毒性；②本品请勿接触眼睛。犬妊娠期禁用。肝功能不全动物慎用；③无须制定休药期。遮光，密闭保存。

【用法】 外用：涂搽于患处，犬、猫 3~5 次/天，连用 5~7 天。

【规格】 15g 软膏：含酮康唑 0. 15g、甲硝唑 0. 3g、薄荷脑 0. 15g。

复方克霉唑

【概述】 白色至灰白色软膏。主要成分为克霉唑、倍他米松戊酸酯、硫酸庆大霉素。

【作用】 克霉唑为抗真菌药物，通过抑制病原体的分裂和生长，用于治疗各种酵母菌病原体引起的皮肤感染。倍他米松戊酸酯为合成肾上腺皮质激素类药物，有高度的糖皮质激素活性和轻度的盐皮质激素活性，具有抗炎作用。硫酸庆大霉素为氨基糖苷类抗生素，通过抑制细菌蛋白质的合成发挥其杀菌作用，具有广谱的抗菌作用。

克霉唑-倍他米松戊酸酯-硫酸庆大霉素：三者合用具有协同作用，具有抗真菌、抗炎症和抗细菌作用，可有效治疗因细菌和真菌等引起的外耳炎，同时可以减轻耳部不适、红斑、外分泌物、怪味等。

【应用】 用于治疗犬由真菌（皮屑芽孢菌）感染和对庆大霉素敏感的细菌感染引起的急性和慢性外耳炎。

【注意】 ①本品长期使用含硫酸庆大霉素类的药物，尤其是肾功能不全时，可能产生可逆性的耳前庭毒性、耳蜗毒性以及肾脏毒性。偶尔会使少量敏感犬（衰老的犬）出现可逆性全聋或部分聋的现象。禁用于食品动物；

②治疗前应彻底清除外耳和耳道并擦干，可使用温和的溶剂去除外来物质、碎屑、累积的分泌物等，外耳治疗区域的多余毛发应予去除。用药后适当的按摩以确保药物分布；③不能应用于中耳膜（鼓膜）穿孔的犬。如果出现过敏反应，终止治疗并使用适当的替代疗法；④如果治疗期间出现听力或耳前庭功能障碍，应立即停止使用，并用对耳无毒性的溶剂彻底冲洗耳道。按推荐剂量使用，不得超过 7 天；⑤置于儿童接触不到的地方；⑥2～25℃，密闭保存。

【用法】 外用：体重小于 15kg，每次 4 滴；体重大于或等于 15kg，每次 8 滴，2 次/天，连用 7 天。

【规格】 7.5g 软膏：含克霉唑 75mg、庆大霉素 22.5mg、倍他米松 7.5mg。

复方制霉菌素

【概述】 浅黄色油膏。主要成分为硫酸新霉素、制霉菌素、曲安奈德、氯菊酯。

【作用】 本品为抗感染、皮质甾类、抗真菌以及抗寄生虫活性成分的组合。其中曲安奈德为合成的糖皮质类固醇类物质，具有抗感染和抗瘙痒的特性；硫酸新霉素为氨基糖苷类抗生素，对革兰阴性需氧菌和葡萄球菌具有杀菌活性；制霉菌素属于抗真菌药物，具有抵抗假丝酵母菌以及马拉色菌的活性。氯菊酯属于合成的拟除虫菊酯类化合物，为杀螨剂和杀虫剂，通过作用于钠离子通道而阻断昆虫体内的神经冲动传导。

【应用】 用于治疗犬和猫因细菌、酵母菌和寄生虫引起的耳部感染（外耳炎）。

【注意】 ①本品不得长期大剂量使用。妊娠和哺乳期的动物应慎用；②为防止动物舔食意外摄取，尤其是猫，不要将软膏粘到动物皮毛上；③使用本品后要清洗手，一旦接触到眼睛或皮肤，应立即用大量的水进行清洗。一旦意外摄取本品，应立即求医并将产品的外包装说明书告知医生。对本品任何一种成分过敏的人员应避免接触本品。置于儿童接触不到、看不到的地方；④开盖后保存期为 28 天；⑤密闭保存。

【用法】 外用：清洗外耳后，耳部每天用约 0.3g 的药膏（约一粒豌豆大小），轻轻按摩耳底部，清洗掉多余的药品。每隔一天用药一次，直至痊愈。推荐的给药周期为 21 天（耳螨的再繁殖周期）

【规格】 ①10g 软膏：含氯菊酯 100mg、硫酸新霉素 3.5 万 IU、制霉菌素 100 万 IU、曲安奈德 10mg；②30g 软膏：含氯菊酯 300mg、硫酸新霉素 10.5 万 IU、制霉菌素 300 万 IU、曲安奈德 30mg。

复方咪康唑滴耳液

【概述】 白色混悬液。主要成分为氢化可的松醋丙酯、硝酸咪康唑和硫酸庆大霉素。

【作用】　氢化可的松醋丙酯属于糖皮质类固醇二酯类药物，具有潜在的内在糖皮质激素活性。二酯类具有更强的亲脂性，它对皮肤的穿透力增强，因而低剂量就可以发挥局部作用。二酯类在皮肤结构内转运，水解失活，释放出氢化可的松。与氢化可的松代谢途径相同，主要经尿液和粪便排泄。硝酸咪康唑为广谱抗真菌药，选择性地抑制麦角固醇的合成（麦角固醇是酵母和真菌包括厚皮马拉瑟菌在内的细胞膜的重要成分），改变细胞膜的通透性，阻止营养物摄取，导致菌体死亡。硝酸咪康唑具有明显的抗真菌活性和潜在的抗革兰阳性菌效力。硫酸庆大霉素为氨基糖苷类杀菌抗生素，作用细菌的核糖体抑制蛋白质合成，使细菌细胞膜通透性增强，导致细胞内重要物质外漏引起死亡。硫酸庆大霉素的有效抗菌谱包括革兰阳性菌和革兰阴性菌，如从犬耳部分离出来的中间葡萄球菌、链球菌、铜绿假单胞菌、变形杆菌、大肠杆菌等。

【应用】　用于治疗对庆大霉素敏感的细菌和对硝酸咪康唑敏感的真菌如皮屑芽孢菌等引起的犬外耳道炎和反复发作的犬外耳道炎。

【注意】　①本品对赋形剂、皮质类固醇和唑类抗真菌类及氨基糖苷类敏感的动物禁用。耳膜穿孔者禁用。患有蠕形螨病的犬禁用。皮肤溃疡处禁用。怀孕期和哺乳期的犬未进行安全性研究；②不可同时使用相同成分的其他产品，或其他已知有耳毒性的药物，以免引起耳毒性；③使用本品时不慎与皮肤接触，用水彻底清洗即可。不慎入眼，大量清水冲洗；④使用本品后耳朵有轻微发红，偶有丘疹发生。可能会引起老龄狗暂时性听力障碍。如发生过敏，应停止使用，并适当治疗；⑤密闭保存。

【用法】　外用：清洗外耳后，耳部每天用约 0.3g 的药膏（约一粒豌豆大小），轻轻按摩耳底部，清洗掉多余的药品。每隔一天用药一次，直至痊愈。推荐的给药周期为 21 天（耳螨的再繁殖周期）。

【规格】　10mL 滴耳液：含氢化可的松醋丙酯 11.1mg、硝酸咪康唑 151mg、硫酸庆大霉素（以庆大霉素计）15050IU。

任务三　化学合成抗菌药

【案例分析】

猫，1 岁，雄性，3.2kg，近一月一直挠两只耳朵，并将耳朵在地上来回蹭。经临床检查发现两耳均有褐色分泌物，取出分泌物时耳朵有恶臭味，将分泌物通过镜检发现有耳螨。诊断为耳螨病。请问该选择何种药物？如何使用？

【任务目标】

1. 掌握常用磺胺类药物的药理作用、临床应用、使用注意事项和用法用量。

2. 掌握常用抗菌增效剂药物的药理作用、临床应用、使用注意事项和用法用量。

3. 掌握常用喹诺酮类药物的药理作用、临床应用、使用注意事项和用法用量。

4. 掌握常用硝基咪唑类药物的药理作用、临床应用、使用注意事项和用法用量。

5. 掌握常用其他化学合成抗菌药物的药理作用、临床应用、使用注意事项和用法用量。

【知识准备】

抗菌药物除抗生素外，还有许多人工合成的抗菌药，目前应用比较广泛的合成抗菌药有磺胺类、氟喹诺酮类等药物。

（一）磺胺类

磺胺类药物是20世纪30年代发现的能有效防治全身性细菌性感染的第一类化疗药物。目前大部分被抗生素及喹诺酮类等药物取代，但由于磺胺类药物对某些感染性疾病具有抗菌谱较广、使用方便、性质稳定、价格低廉等优点，故在抗感染的药物中仍占一定地位。特别是甲氧苄啶和二甲氧苄啶等抗菌增效剂的发现，使磺胺药与抗菌增效剂联合使用后，抗菌谱扩大、抗菌活性大大增强，可从抑菌作用变为杀菌作用。因此，磺胺类药物至今仍为宠物抗感染治疗中的重要药物之一。

1. 概述

（1）构效关系　磺胺类药物的基本化学结构是对氨基苯磺酰胺（简称磺胺），如图2-1所示。

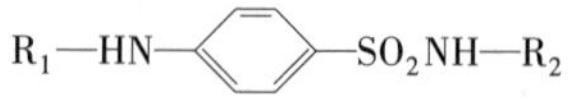

图2-1　磺胺类药物的基本化学结构

图2-1中，R代表不同的基团，由于所引入的基团不同，因此就合成了一系列的磺胺类药物。它们的抑菌作用与化学结构之间的关系是：①在其结构中以其他基团取代氨基上的氢所得的衍生物，必须保持对位和游离的氨基才有活性；②对位上的氨基一个氢原子（R_1）被其他基团取代，其抑菌作用大大减弱。此化合物必须在肠道内被水解为游离氨基才能起作用，例如酞磺胺噻唑；③磺酰胺基中的一个氢原子（R_2），被杂环取代所得的衍生物抗菌活性更强，如磺胺嘧啶等。

（2）分类　磺胺类药物根据内服后的吸收情况可分为肠道易吸收、肠道难吸收及外用等三类。肠道易吸收的磺胺药，例如磺胺噻唑（ST）、磺胺嘧啶（SD）、磺胺二甲嘧啶（SM2）、磺胺间甲氧嘧啶（SMM）、氨苯磺胺（SN）等适用于全身感染。肠道难吸收的磺胺药，例如磺胺脒（SG）、琥磺噻唑（SST）、酞磺胺噻唑（PST）等适用于肠道感染。外用的磺胺药，例如磺胺醋酰钠（SA-Na）、磺胺嘧啶银（SD-Ag）等适用于局部创伤和烧伤感染。

（3）药动学

①吸收：内服易吸收的磺胺，其生物利用度大小因药物和动物种类而有差异。

②分布：吸收后分布于全身各组织和体液中。以血液、肝、肾含量较高，神经、肌肉及脂肪中的含量较低，可进入乳腺、胎盘、胸膜、腹膜及滑膜腔。吸收后，一部分与血浆蛋白结合，但结合疏松，可逐渐释出游离型药物。

③代谢：主要在肝脏代谢，引起多种结构上的变化。其中最常见的方式是对位氨基的乙酰化。磺胺乙酰化后失去抗菌活性，但保持原有磺胺的毒性。

④排泄：内服难吸收的磺胺药主要随粪便排出；肠道易吸收的磺胺药主要通过肾脏排出。少量由乳汁、消化液及其他分泌液排出。经肾排出的部分以原形，部分以乙酰化物和葡萄糖苷酸结合物的形式排出。排泄的快慢主要决定于通过肾小管时被重吸收的程度。

（4）抗菌谱及作用　抗菌谱较广。对大多数革兰阳性菌和部分革兰阴性菌有效，甚至对衣原体和某些菌，如大肠杆菌等有效；一般敏感菌有：葡萄球菌、变形杆菌、巴氏杆菌、产气荚膜杆菌、肺炎杆菌、炭疽杆菌、铜绿假单胞菌等。个别磺胺药还能选择性地抑制某些原虫，如SQ、SM2可用于治疗球虫感染。

（5）作用机理　磺胺药是抑菌药，主要通过干扰敏感菌的叶酸代谢而抑制其生长繁殖。对磺胺药敏感的细菌在生长繁殖过程中，不能直接从生长环境中利用外源叶酸，而是利用对氨基苯甲酸（PABA）及二氢蝶啶，在二氢叶酸合成酶的催化下合成二氢叶酸，再经二氢叶酸还原酶还原为四氢叶酸。四氢叶酸是一碳基团转移酶的辅酶，参与嘌呤、嘧啶、氨基酸的合成。磺胺类的化学结构与对氨基苯甲酸的结构极为相似，能与对氨基苯甲酸竞争二氢叶酸合成酶，抑制二氢叶酸的合成，进而影响了核酸合成，结果细菌生长繁殖被阻止。

根据上述作用机理，应用时须注意：①首次量应加倍（负荷量），使血药浓度迅速达到有效抑菌浓度；②在脓液和坏死组织中，含有大量的对氨基苯甲酸，可减弱磺胺类的局部作用，故局部应用时要清创排脓；③局部应用普鲁卡因时，普鲁卡因在体内可水解生成对氨基苯甲酸，也可减弱磺胺类的疗效。

（6）耐药性　细菌对磺胺类易产生耐药性，尤以葡萄球菌最易产生，大肠杆菌、链球菌等次之。各磺胺药之间可产生程度不同的交叉耐药性，但与其他抗菌药之间无交叉耐药现象。

（7）不良反应及预防措施

①急性中毒：多见于静注速度过快或剂量过大。表现为神经症状，如共济失调、痉挛性麻痹、呕吐、昏迷、食欲降低和腹泻等，严重者迅速死亡。

②慢性中毒：常见于剂量较大或连续用药超过1周以上。主要症状为：损

害泌尿系统，出现结晶尿、血尿和蛋白尿等。

（8）应用原则　选药原则必须对具体病例做具体分析，要针对不同疾病选用不同的药物。根据磺胺药的抗菌原理，由于磺胺类药物必须显著地高于对氨苯甲酸的浓度，才能有效，所以首次应用突击量，一般是维持量的倍量。以后每隔一定时间再给予维持量，待症状消失后，还应以维持量的 1/3～1/2 继续投与 2～3d，以达彻底治疗。

2. 临床常用药物

（1）全身感染用磺胺药

磺胺间甲氧嘧啶钠

【概述】　无色至淡黄色澄明液体。主要成分为磺胺间甲氧嘧啶钠。属于兽用非处方药。

【作用】　本品属于广谱抗菌药物，是体内外抗菌活性最强的磺胺药，对大多数革兰阳性菌和阴性菌都有较强抑制作用，细菌对此药产生耐药性较慢。对革兰阳性菌和阴性菌如化脓性链球菌、沙门菌和肺炎杆菌等均有良好的抗菌作用。磺胺药在结构上类似对氨基苯甲酸，可与氨基苯甲酸竞争细菌体内的二氢叶酸合成酶，阻碍二氢叶酸的合成，最终影响核酸的合成，抑制细菌的生长繁殖。磺胺药的作用可被氨基苯甲酸及其衍生物（普鲁卡因、丁卡因）所拮抗。此外，脓液以及组织分解产物也可提供细菌生长的必需物质，与磺胺药产生拮抗作用。

【应用】　用于敏感菌感染，也可用于弓形虫等感染。

【注意】　①本品与苄氨嘧啶类（抗菌增效剂）合用，可产生协同作用；②某些含对氨基苯甲酰基的药物如普鲁卡因、丁卡因等在体内可生成对氨基苯甲酸，酵母片中也含有细菌代谢所需要的对氨基苯甲酸，合用可降低本药作用。与噻嗪类或速尿等利尿剂同用，可加重肾毒性。若出现过敏反应或其他严重不良反应时，立即停药，并给予对症治疗；③磺胺或其代谢物可在尿液中产生沉淀，在高剂量给药或低剂量长期给药时更易产生结晶，引起结晶尿、血尿或肾小管堵塞，故应同时应用碳酸氢钠，并给患畜大量饮水；④本品遇酸类可析出结晶，故不宜用 5%葡萄糖液稀释。磺胺注射液为强碱性溶液，对组织有强刺激性；⑤无须制定休药期。遮光，密闭保存。

【用法】　一次静脉注射，犬 0.05g/kg 体重，1～2 次/天，连用 2～3 天。

【规格】　注射液：①5mL：0.5g；②5mL：0.75g；③10mL：0.5g；④10mL：1g；⑤10mL：1.5g；⑥10mL：3g；⑦20mL：2g；⑧50mL：5g；⑨100mL：10g。

（2）肠道感染用磺胺药

酞磺胺噻唑

【概述】　白色片。主要成分为酞磺胺噻唑。属于兽用非处方药。

【作用】　本品内服后不易吸收，并在肠内逐渐释放出磺胺噻唑，通过抑制敏感菌的二氢叶酸合成酶，使二氢叶酸合成受阻，进而呈现抑菌作用。

【应用】　用于肠道细菌性感染。

【注意】　①本品与二氨基嘧啶类（抗菌增效剂）合用，可产生协同作用。与噻嗪类或呋塞咪等利尿剂同用，可加重肾毒性；②某些含对氨基苯甲酰基的药物如普鲁卡因、丁卡因等在体内可生成对氨基苯甲酸，酵母片中含有细菌代谢所需要的对氨基苯甲酸，可降低本药作用，因此不宜合用；③本品不宜长期服用，注意观察胃肠道功能。长期服用可能影响胃肠道菌群，引起消化道功能紊乱。新生动物的肠内吸收率高于幼龄动物；④无须制定休药期。密封保存。

【用法】　一次内服：犬、猫 0.1~0.15g/kg，2 次/天，连用 3~5 天。

【规格】　片剂：①0.5g；②1g。

（3）外用磺胺药

磺胺嘧啶银

【概述】　白色或类白色的结晶性粉末，遇光或遇热易变质。主要成分为*N*-2-嘧啶基-4-氨基苯磺酰胺银盐。属于兽用非处方药。

【作用】　本品属广谱抑菌剂，对大多数革兰阳性菌和部分革兰阴性菌有效。对铜绿假单胞菌抗菌活性强，对真菌等也有抑菌效果，本品具有收敛作用，局部应用可使创面干燥、结痂，促进创面愈合。

本品的抗菌作用机制是通过抑制叶酸的合成而抑制细菌的生长繁殖。本品有与对氨基苯甲酸相似的化学结构，能与对氨基苯甲酸竞争二氢叶酸合成酶，从而阻碍敏感菌叶酸的合成而发挥抑菌作用。高等动物能直接利用外源性叶酸，故其代谢不受磺胺类药物干扰。

【应用】　局部用于烧伤创面。

【注意】　①局部应用本品前，要清创排脓，因为在脓液和坏死组织中含有大量的对氨基苯甲酸，可减弱磺胺嘧啶的作用；②局部应用时有一过性疼痛，无其他不良反应；③无须制定休药期。遮光，密封，在阴凉处保存。

【用法】　外用：撒布于创面或配成 2%混悬液湿敷。

灭菌结晶磺胺

【概述】　白色结晶性颗粒，遇光渐变色。主要成分为磺胺。属于兽用非处方药。

【作用】　本品属于合成类抗菌药，对革兰阳性菌和阴性菌（如化脓性链球菌、沙门菌和肺炎杆菌等）均有良好的抗菌作用。对磺胺药敏感的细菌不能利用周围环境中的叶酸，只能利用对氨基苯甲酸和二氢蝶啶，在细菌二氢叶酸合成酶的作用下合成四氢叶酸，活化性四氢叶酸在嘌呤、胸腺嘧啶核苷的合成中起了重要的传递一碳基因的作用。磺胺药在结构上类似对氨基苯甲酸，可与对氨基苯甲酸竞争细菌体内的二氢叶酸合成酶，妨碍了二氢叶酸的合成和减少四氢叶酸的量，最终影响核酸的合成，抑制细菌的生长繁殖。磺胺药的作用可被对氨基苯甲酸及其衍生物（普鲁卡因、丁卡因）所拮抗，此外脓液以及组织分解产物也可提供细菌生长的必需物质，与磺胺药产生拮抗作用。本品抗菌作用较磺胺嘧啶稍弱，但对球虫和弓形虫有良好的抑制作用。

【应用】 用于感染性创伤。

【注意】 ①磺胺与二氨基嘧啶类（抗菌增效剂）合用，可产生协同作用。某些含对氨基苯甲酰基的药物（如普鲁卡因、丁卡因等）在体内可生成对氨基苯甲酸，酵母片中含有细菌代谢所需要的对氨基苯甲酸，可降低本药作用，因此不宜合用；②按规定的用法与用量使用，尚未见不良反应；③无须制定休药期。遮光，密闭保存。

【用法】 外用：创伤处理后均匀散布。

【规格】 5g。

（二）抗菌增效剂

抗菌增效剂是一类广谱抗菌药物，曾称为磺胺增效剂，由于它能增强多种抗生素的疗效，故现称抗菌增效剂。目前国内常用的有甲氧苄啶（TMP）、二甲氧苄啶（DVD）等。

1. 概述

抗菌谱与磺胺类药物相似，能增强磺胺类药物及多种抗生素的疗效，其增效机理是磺胺类药物抑制二氢叶酸合成酶，抗菌增效剂抑制二氢叶酸还原酶，两者合用可使细菌的叶酸代谢受到双重阻断作用，从而妨碍菌体核酸合成。两者合用可使其抗菌效力增强几倍乃至几十倍，由抑菌作用变为杀菌作用，从而扩大磺胺药的抗菌范围。抗菌增效剂与四环素、青霉素、庆大霉素、卡那霉素等合用也有增效作用。

2. 临床常用药物

联磺甲氧苄啶

【概述】 黄色至黄棕色的澄明液体。主要成分为磺胺间甲氧嘧啶、磺胺甲噁唑和甲氧苄啶。属于兽用非处方药。

【作用】 磺胺间甲氧嘧啶和磺胺甲噁唑均为磺胺类药物，其作用机理是通过抑制细菌体内叶酸代谢而发挥抑菌作用。甲氧苄啶为抗菌增效剂，与磺胺类药联合使用，可使细菌的叶酸代谢受到双重阻断，从而增强磺胺类药的抗菌效果。本品抗菌谱广，对革兰阳性菌和阴性菌均有效。对球虫、弓形虫也有一定作用。

【应用】 用于敏感菌感染。

【注意】 ①按规定的用法与用量使用，尚未见不良反应；②本品遇水可析出结晶。长期或大剂量应用易引起结晶尿，应同时应用碳酸氢钠，并给患宠大量饮水。若出现过敏反应或其他严重不良反应时，立即停药，并给予对症治疗；③遮光，密闭，阴凉处保存。

【用法】 一次肌内注射：0.1mL/kg 体重，1 次/天，连用 4 天。

【规格】 注射液：①5mL：磺胺间甲氧嘧啶 0.5g、磺胺甲噁唑 0.5g、甲氧苄啶 0.2g；②10mL：磺胺间甲氧嘧啶 1g、磺胺甲噁唑 1g、甲氧苄啶 0.4g。

复方磺胺甲噁唑

【概述】 无色至微黄色澄明液体。主要成分为磺胺甲噁唑和甲氧苄啶。属于兽用非处方药。

【作用】 本品通过竞争二氢叶酸合成酶抑制二氢叶酸的合成，最终使核酸合成受阻，导致细菌生长繁殖被阻止；甲氧苄啶通过抑制二氢叶酸还原酶，使二氢叶酸不能还原成四氢叶酸，从而妨碍菌体核酸合成。磺胺甲噁唑和甲氧苄啶合用，可双重阻断叶酸的代谢，产生协调抗菌作用。

【应用】 用于敏感菌引起的呼吸道、消化道、泌尿道的感染。

【注意】 ①本品长期或大量使用可损害肾脏和神经系统，影响增重，并可能发生磺胺药中毒；②连续用药不宜超过 1 周；③在凉暗处保存。

【用法】 一次肌内注射：0.2~0.25mL/kg 体重，2 次/天。

【规格】 注射液：①5mL：磺胺甲噁唑 0.5g、甲氧苄啶 0.1g；②10mL：磺胺甲噁唑 1.0g、甲氧苄啶 0.2g。

磺胺对甲氧嘧啶二甲氧苄啶

【概述】 白色片。主要成分为磺胺对甲氧嘧啶、二甲氧苄啶。属于兽用处方药。

【作用】 二甲氧苄啶属于增效剂，与磺胺对甲氧嘧啶合用能双重阻断细菌的叶酸代谢，增强抗菌效力，甚至呈现杀菌作用。对革兰阳性菌和革兰阴性菌（如化脓性链球菌、沙门菌和肺炎杆菌等）均有良好的抗菌作用。

本品内服后，磺胺对甲氧嘧啶吸收迅速，乙酰化率低，不易引起结晶尿，但不同动物体内有效浓度维持时间不同；二甲氧苄啶不易吸收，主要发挥局部抗菌作用。

【应用】 用于肠道细菌感染等，也可用于其他细菌性疾病。

【注意】 ①磺胺对甲氧嘧啶或其代谢物可在尿液中产生沉淀，在高剂量和长期给药时更易产生结晶，引起结晶尿、血尿或肾小管堵塞。应用磺胺药物期间，注意患宠大量饮水，以防结晶尿的发生，必要时亦可加服碳酸氢钠等碱性药物；②犬的主要不良反应包括：干性角膜结膜炎、呕吐、食欲不振、腹泻、发热、荨麻疹、多发关节炎等，长期治疗还可能引起甲状腺机能减退。猫多表现为食欲不振、白细胞减少和贫血；③肾功能受损时，排泄缓慢，应慎用；④本品可引起肠道菌群失调，长期用药可引起 B 族维生素和维生素 K 的合成、吸收减少，宜补充相应的维生素；⑤注意交叉过敏反应。在患宠出现过敏反应时，立即停药并给予对症治疗；⑥遮光，密闭，在干燥处保存。

【用法】 一次内服，0.8~1 片/kg 体重，1 次/12 小时，连用 3~5 天。

【规格】 片剂：30mg：磺胺对甲氧嘧啶 25mg、二甲氧苄啶 5mg。

(三) 喹诺酮类

喹诺酮类是指一类具有4-喹诺酮环结构的药物。这类药物具有抗菌谱广、杀菌力强、吸收快和体内分布广泛、抗菌作用独特、与其他抗菌药无交叉耐药性、使用方便、不良反应小等特点。

1. 概述

(1) 抗菌谱　氟喹诺酮类为广谱杀菌性抗菌药。对革兰阳性菌、阴性菌、霉形体、某些厌氧菌均有效，例如对大肠杆菌、沙门菌、巴氏杆菌、克雷伯菌、变形杆菌、绿脓杆菌、嗜血杆菌、波氏杆菌、丹毒杆菌、金葡菌、链球菌、化脓棒状杆菌、霉形体等均敏感。

(2) 作用机理　能抑制细菌脱氧核糖核酸（DNA）回旋酶，干扰DNA复制而产生杀菌作用。

(3) 耐药性　随着氟喹诺酮类的广泛应用，耐药菌株逐渐增加。细菌产生耐药性的机理主要是由于DNA回旋酶A亚单位多肽编码基因的突变，使药物失去作用靶点；此外，药物尚可引起细菌膜孔道蛋白改变，阻碍药物进入菌体内，还能通过排出系统将药物排出。至于是否存在质粒介导的耐药性，尚无定论。

(4) 不良反应　喹诺酮类应用时仍存在许多不足：①对幼年宠物可引起软骨组织损害，药物可分泌于乳汁，哺乳期需注意；②可引起中枢神经系统不良反应，不宜用于有中枢神经系统病史的患宠，尤其是有癫痫病史的患宠；③可抑制茶碱类、咖啡因和口服抗凝血药在肝脏中代谢，使其浓度升高，引起不良反应；④与制酸药同时应用，可形成络合物而减少其自肠道吸收，应避免合用。

2. 常用药物及应用

烟酸诺氟沙星

【概述】　淡黄色澄明液体。主要成分为烟酸诺氟沙星。属于兽用非处方药。

【作用】　本品具有广谱抗菌作用，对革兰阳性菌、阴性菌均有较强的抗菌作用。诺氟沙星通过抑制细菌DNA旋转酶，干扰细菌DNA的复制、转录和修复重组，致使细菌不能正常生长繁殖而死亡。

【应用】　用于治疗犬由敏感菌及支原体引起的感染性疾病。

【注意】　①肌内注射有一过性刺激性；②有癫痫病史的犬慎用。禁与甲砜霉素、氟苯尼考等有拮抗作用的药物配伍。幼龄宠物慎用；③无须制定休药期。遮光，密闭保存。

【用法】　一次肌内注射，犬8mg/kg体重，2次/天，连用3天。

【规格】　注射液：2mL：40mg。

马波沙星

【概述】　类白色片。主要成分为马波沙星。属于兽用处方药。

【作用】 本品为氟喹诺酮类抗菌药。通过抑制细菌 DNA 拓扑异构酶而发挥作用。其抗菌谱广，对革兰阳性菌（尤其是葡萄球菌和链球菌）、革兰阴性菌（大肠杆菌、沙门菌、变形杆菌、摩氏摩根菌、弗氏柠檬酸杆菌、阴沟肠杆菌、黏质沙雷菌、克雷伯杆菌、志贺菌、巴斯德菌、嗜血杆菌属、莫拉菌属、假单胞菌和犬布鲁菌）和支原体均有效。

按 2mg/kg 体重的剂量内服给药，马波沙星迅速被吸收，1.5h 可达血药峰浓度，生物利用度为 88.94%。马波沙星与血浆蛋白的结合率很低（<10%），广泛分布于整个机体。在大多数组织（肾、肝、皮肤、肺、膀胱和消化道）的浓度均高于血浆中的药物浓度。马波沙星在体内消除缓慢，犬的半衰期为 15h，主要以原形排出，2/3 从尿液排出，1/3 从粪便排出。

【应用】 用于治疗由肺炎链球菌等敏感菌引起的犬呼吸道感染。

【注意】 ①本品与茶碱同时给药时需减少茶碱的使用剂量。同时内服铝、钙、铁、镁等金属阳离子可能会降低马波沙星的生物利用度；②在治疗期间可出现轻度的呕吐、粪便软化、口渴和多动症状，停药后上述症状会消失；③本品适用于 1 岁以上的小型犬、1.5 岁以上的大型犬。癫痫动物慎用。孕犬及哺乳犬慎用；④无须制定休药期。遮光，密封，在干燥处保存。

【用法】 一次内服，犬 2mg/kg 体重，1 次/天，急性呼吸道感染连续用药 7 天，慢性呼吸道感染连续用药 21 天。

【规格】 片剂：①5mg；②20mg。

恩诺沙星

【概述】 片剂为类白色片；注射液为无色至淡黄色的澄明液体。主要成分为恩诺沙星。属于兽用处方药。

【作用】 本品属氟喹诺酮类动物专用的广谱杀菌药。对大肠杆菌、沙门菌、克雷伯杆菌、布鲁菌、巴氏杆菌、胸膜肺炎放线杆菌、丹毒杆菌、变形杆菌、黏质沙雷菌、化脓性棒状杆菌、败血波特菌、金黄色葡萄球菌、支原体、衣原体等均有良好作用，对铜绿假单胞菌和链球菌的作用较弱，对厌氧菌作用微弱。对敏感菌有明显的抗菌后效应。本品的抗菌机制是作用于细菌细胞的 DNA 旋转酶，干扰细菌 DNA 的复制、转录和修复重组，细菌不能正常生长繁殖而死亡。

大多数动物内服本品能很好吸收，犬内服的生物利用度约 80%，内服后 15min 可达峰浓度的 50%，1h 内达峰值。在动物体内广泛分布，能很好进入组织、体液。除脑脊液外，几乎所有组织的药物浓度均高于血浆。肝脏代谢主要是脱去 7-哌嗪环的乙基生成环丙沙星，其次为氧化及葡萄糖醛酸结合。主要通过肾脏（以肾小管分泌和肾小球滤过）排出，15%~50%以原形从尿中排出。内服本品的半衰期犬为 3.7~5.8h，猫为 6h。

【应用】 用于动物细菌性疾病和支原体感染。

【注意】 ①本品与氨基糖苷类或广谱青霉素合用，有协同作用。Ca^{2+}、

Mg^{2+}、Fe^{3+}和 Al^{3+}等重金属离子可与本品发生螯合，影响吸收。与茶碱、咖啡因合用时，可使血浆蛋白结合率降低，血中茶碱、咖啡因的浓度异常升高，甚至出现茶碱中毒症状。本品有抑制肝药酶作用，可使主要在肝脏中代谢的药物的清除率降低，血药浓度升高；②使幼龄动物软骨发生变性，影响骨骼发育并引起跛行及疼痛。消化系统的反应有呕吐、食欲不振、腹泻等。皮肤反应有红斑、瘙痒、荨麻疹及光敏反应等。犬、猫偶见过敏反应、共济失调、癫痫发作；③肌内注射有一过性刺激性。对中枢系统有潜在的兴奋作用，诱导癫痫发作，患癫痫的犬慎用。肾功能不良患病动物慎用，可偶发结晶尿；④本品不适用于 8 周龄前的猫、12 个月内的小型犬和 18 个月内的大型犬。本品耐药菌株呈增多趋势，不应在亚治疗剂量下长期使用；⑤无须制定休药期。遮光，密闭保存。

【用法】 一次内服，犬、猫 2. 5~5mg/kg 体重，2 次/天，连用 3~5 天。一次肌内注射，犬、猫 2. 5~5mg/kg 体重，1~2 次/天，连用 2~3 天。

【规格】 片剂：①2. 5mg；②5mg。注射液：①2mL：50mg；②5mL：50mg；③ 5mL：0. 125g；④ 5mL：0. 25g；⑤ 5mL：0. 5g；⑥ 10mL：50mg；⑦10mL：0. 25g；⑧ 10mL：0. 5g；⑨ 10mL：1g；⑩ 100mL：5g；⑪ 100mL：2. 5g；⑫100mL：10g。

（四）硝基咪唑类

5-硝基咪唑类是指一组具有抗原虫和抗菌活性的药物，同时也具有很强的抗厌氧菌的作用。在兽医临床常用的为甲硝唑、地美硝唑等。

甲硝唑

【概述】 白色或类白色片。主要成分为甲硝唑。属于兽用处方药。

【作用】 本品属于硝基咪唑类抗原虫药。本品内服吸收迅速，在组织中能很快达到高浓度。半衰期约 8h，在肝脏以氧化和葡萄糖醛酸结合的形式代谢，主要经肾排泄，少量出现在唾液和乳汁中。由于甲硝唑对厌氧菌的抑菌作用极强，广泛用于各种厌氧菌所致感染症。

【应用】 用于犬贾第虫病、肠道原虫病，也用于厌氧菌感染。

【注意】 ①本品毒性较小，其代谢物常使尿液呈红棕色。当剂量过大，易出现舌炎、胃炎、恶心、呕吐、白细胞减少甚至神经症状，但均能耐过。按规定的用法用量使用，尚未见不良反应；②由于本品能透过胎盘屏障及乳腺屏障，哺乳及妊娠早期动物以不用为宜；③无须制定休药期。遮光，密闭保存。

【用法】 一次内服，犬 25mg/kg 体重。

【规格】 片剂：0. 2g。

（五）其他类抗菌药

乌洛托品

【概述】 无色澄明液体。主要成分为乌洛托品。属于兽用非处方药。

【作用】 本品在酸性溶液中可分解释放出甲醛和氨，呈杀菌作用。静脉注射给药后大部分以原形随尿排出。在酸性尿中缓慢分解释放出甲醛，并在尿道中呈现杀菌作用。

【应用】 用于尿路感染。

【注意】 ①应用尿道碱化剂（如碳酸氢钠、噻嗪类利尿药、含有钙和镁的抗酸药）可降低乌洛托品的作用，酸化剂可加速甲醛释放，增强杀菌效果；②对胃肠道有刺激作用；长期应用可出现排尿困难。宜加服氯化铵，使尿呈酸性；③无须制定休药期。遮光，密闭保存。

【用法】 一次静脉注射，犬 0.5~2g。

【规格】 注射液：①5mL：2g；②10mL：4g；③20mL：8g；④50mL：20g。

复方达克罗宁滴耳液

【概述】 黄绿色澄明液体。主要成分为盐酸达克罗宁、盐酸小檗碱。属于兽用非处方药。

【作用】 达克罗宁能阻断各种神经冲动或刺激的传导，抑制触觉、压觉和痛觉，可改善局部循环，对皮肤有止痛止痒作用。盐酸小檗碱对细菌、真菌有抑杀作用。本品穿透力强，可通过皮肤及黏膜吸收，具有止痒和抗炎的作用，也可改善耳内环境，从而更好发挥治疗耳病的作用。

【应用】 用于治疗犬由细菌、真菌等引起的各种耳道炎症。

【注意】 ①按规定的用法用量使用，尚未见不良反应；②使用前需清理耳道；③对本品过敏患者禁用。对全身性皮肤病可作为辅助用药。勿喷入眼睛；④无须制定休药期。遮光、密闭、阴凉处保存。

【用法】 外用：提起耳尖，挤压本品 2~4 次，使药液充满耳道。轻轻揉按垂直耳道数次，以能听到液体声响为佳，然后用柔软纸张轻轻吸取上浮的液体及污物。对残留药也不必介意，动物自行摇头甩出即可。1 次/天，至少连用 7 天。

【规格】 滴耳液，100mL：盐酸达克罗宁 0.5g、盐酸小檗碱 0.01g。

消疮散

【概述】 淡黄色至淡黄棕色的粉末，气香，味甘。主要成分为金银花、皂角刺（炒）、白芷、天花粉、当归等。属于兽用非处方药。

【功能】 清热解毒，消肿排脓，活血止痛。

【主治】 用于疮痈肿毒初起，红肿热痛，属于阳证未溃者。

【注意】 ①按规定的用法用量使用，尚未见不良反应。疮已破溃或阴疮不用；②密闭，防潮。

【用法】 一次内服，犬、猫 5~15g。

生肌散

【概述】 淡灰红色的粉末，气香，味苦、涩。主要成分为血竭、赤石脂、醋乳香、龙骨（煅）、冰片等。属于兽用非处方药。

【功能】 生肌敛疮。

【主治】 用于疮疡。

【注意】 ①按规定的用法用量使用，尚未见不良反应；②密闭，防潮。

【用法】 外用适量，撒布患处。

防腐生肌散

【概述】 淡暗红色的粉末，气香，味辛、涩、微苦。主要成分为枯矾、陈石灰、血竭、乳香、没药等。属于兽用非处方药。

【功能】 防腐生肌，收敛止血。

【主治】 用于痈疽溃烂、疮疡流脓、外伤出血。

【注意】 ①按规定的用法用量使用，尚未见不良反应；②密闭，防潮。

【用法】 外用适量，撒布创面。

鱼石脂软膏

【概述】 棕黑色软膏，有特臭。主要成分为植物油（豆油、桐油、玉米油等）经硫化、磺化，再与氨水反应后制得的混合物。属于兽用非处方药。

【作用】 本品有较弱的抑菌作用和温和的刺激作用。外用具有局部消炎和刺激肉芽生长作用。

【应用】 外用消炎。

【注意】 ①按规定的用法用量使用，尚未见不良反应；②密闭保存。

【用法】 涂敷患处。

【规格】 乳膏：10%。

氧化锌软膏

【概述】 类白色至淡黄色软膏。主要成分为氧化锌。属于兽用非处方药。

【作用】 本品具有收敛和抗菌作用，常用于皮炎、湿疹和溃疡等的治疗。

【应用】 用于皮炎和湿疹等。

【注意】 ①按规定的用法用量使用，尚未见不良反应；②无须制定休药期。密闭保存。

【用法】 外用：适量，患处涂敷。

【规格】 乳膏：①20g：3g；②500g：75g。

任务四 抗病毒药

【案例分析】

崔某饲养一只拉布拉多犬，2 岁，36kg，3 天前淋雨后食欲下降，39.5℃，流脓性鼻液，咳嗽，眼屎较多，支气管啰音，经犬副流感病毒快速诊断试剂盒检测为阳性。确定该犬为副流感病毒感染，请问该选择何种药物？如何使用？

【任务目标】

1. 掌握常用抗病毒药的药理作用及临床应用。

2. 掌握常用抗病毒药使用的注意事项和用法用量。

【知识准备】

病毒是最小的病原微生物，无完整的细胞结构，由 DNA 或 RNA 组成核心，外包蛋白外壳（分别称 DNA 或 RNA 病毒），需寄生于宿主细胞内，并利用宿主细胞的代谢系统生存、增生。目前应用的抗病毒药主要通过干扰病毒吸附于细胞、阻止病毒进入宿主细胞、抑制病毒核酸复制、抑制病毒蛋白质合成、诱导宿主细胞产生抗病毒蛋白等多途径发挥效应。目前常用的抗病毒药有金刚烷胺、吗啉胍、利巴韦林与干扰素等。许多中草药，如穿心莲、板蓝根、大青叶等也可用于某些病毒感染性疾病的防治。

黄芪多糖

【概述】 浅黄色或黄色的粉末；有较强吸湿性，味微甜。主要成分为黄芪。属于兽用非处方药。

【功能】 益气固本，增强机体抵抗力。

【主治】 提高抗犬瘟热病毒抗体和抗细小病毒抗体的效价。

【注意】 ①按规定的用法用量使用，尚未见不良反应；②密闭，置干燥处。

【用法】 内服：犬 0.1~0.2g/kg 体重，疫苗免疫当天给药，连用 6 天。

【规格】 每 1g 含黄芪多糖应不得少于 450mg。

穿心莲

【概述】 黄色至黄棕色的澄明液体。主要成分为穿心莲。属于兽用非处方药。

【功能】 清热解毒。

【主治】 肠炎，肺炎。

【注意】 ①本品应用后会引起过敏性休克、药疹、过敏性心肌损伤等。脾胃虚寒慎用；②密封，避光。

【用法】 一次肌内注射，犬、猫 1~3mL。

【规格】 注射液：①2mL（2mL 相当于原生药 2g）；②5mL（5mL 相当于原生药 5g）；③10mL（10mL 相当于原生药 10g）；④100mL（100mL 相当于原生药 100g）。

板蓝根

【概述】 棕黄色至棕色的澄明液体。主要成分为板蓝根。属于兽用非处方药。

【功能】 清热解毒。

【主治】 肺炎，发热性疾病。

【注意】 ①本品不可与碱性药物合用。如有少量沉淀，需加热溶解后使用，不影响疗效；②按规定的剂量使用，尚未见不良反应；③避光保存。

【用法】 一次肌内注射，犬、猫 0.5~1mL。

【规格】 注射液：①10mL（相当于原生药 5g）；②20mL（相当于原生药 10g）。

任务五 抗微生物药物的合理应用

【案例分析】

黄某携带饲养一周的八哥犬来就诊，5 月，3.7kg。雄性。主诉：该犬 5 天前晚上洗澡后未吹干，早上眼屎增多，食欲不好，经小区动物诊所治疗不见好转，故前来求治。临床检查：体温 41.4℃，脉搏 136 次/min，呼吸 28 次/min，咳嗽，支气管听到干、湿啰音。X 光片可见较粗纹理的支气管阴影。经诊断为支气管炎，请选择两种以上的药物进行联合用药，如何使用？

【任务目标】

掌握常用抗微生物药物合理使用的原则及使用方法。

【知识准备】

抗微生物药是目前兽医临床使用最广泛和最重要的药物。但目前不合理使用，尤其是滥用的现象较为严重，不仅造成药品的浪费，而且导致患宠不良反应增多、细菌耐药性的产生和兽药残留等，给兽医工作、公共卫生及人民健康带来不良的后果。因此，为了充分发挥抗菌药的疗效，降低药物对患宠的毒副反应，减少细菌耐药性的产生，必须切实合理使用抗微生物药物。

（一）正确诊断、准确选药

只有明确病原，掌握不同抗菌药物的抗菌谱，才能选择对病原菌敏感的药物。细菌的分离鉴定和药敏试验是合理选择抗菌药的重要手段。要尽可能避免对无指征或指征不明显而使用抗菌药，如各种病毒性感染不宜用抗菌药，对真菌性感染也不宜选用一般的抗菌药，因为目前多数抗菌药对病毒和真菌无作用。宠物活菌（疫苗）接种期间（一周内）停用抗菌药。

（二）制定合适的给药方案

抗菌药在机体内要发挥杀灭或抑制病原菌的作用，必须在靶组织或器官内达到有效的浓度，并能维持一定的时间。因此，必须有合适的剂量、间隔时间及疗程；同时，血中有效浓度维持时间受药物在体内的吸收、分布、代谢和排泄的影响。因此，应在考虑各药的药物动力学、药效学特征的基础上，结合患宠的病情、体况，制定合适的给药方案，包括药物品种、给药途径、剂量、间隔时间及疗程等。此外，兽医临床药理学提倡按药物动力学参数制定给药方案，特别是对使用毒性较大、用药时间较长的药物，最好能通过血药浓度监测，作为用药的参考，以保证药物的疗效，减少不良反应的发生。

（三）防止产生耐药性

随着抗菌药物的广泛应用，细菌耐药性的问题也日益严重，其中以金黄色葡萄球菌、大肠杆菌、绿脓杆菌、痢疾杆菌及结核杆菌最易产生耐药性。为了防止耐药菌株的产生，应注意以下几点：①严格掌握适应证，不滥用抗菌药物。可以不用的尽量不用，禁止将兽医临床治疗用的或人畜共用的抗菌药作为动物促生长剂使用。用单一抗菌药物有效的就不采用联合用药；②严格掌握用药指征，剂量要够，疗程要恰当；③尽可能避免局部用药，并杜绝不必要的预防应用；④病因不明者，不要轻易使用抗菌药；⑤发现耐药菌株感染，应改用对病原菌敏感的药物或采取联合用药；⑥尽量减少长期用药，局部地区不要长期固定使用某一类或某几种药物，要有计划地分期、分批交替使用不同类或不同作用机理的抗菌药。

（四）正确地联合应用

联合应用抗菌药物的目的是扩大抗菌谱、增强疗效、减少用量、降低或避免毒副作用，减少或延缓耐药菌株的产生。临床中根据抗菌药物的抗菌机理和性质，将其分为四大类：Ⅰ类为繁殖期或速效杀菌剂，如青霉素类、头孢菌素类；Ⅱ类为静止期或慢效杀菌剂，如氨基糖苷类、多黏菌素类（对静止期或繁殖期细菌均有杀菌活性）；Ⅲ类为速效抑菌剂，如四环素类、氯霉素类、大环内酯类；Ⅳ类为慢效抑菌剂，如磺胺类等。Ⅰ类与Ⅱ类合用一般可获得增强作用，如青霉素 G 和链霉素合用。Ⅰ类与Ⅲ类合用出现拮抗作用，如四环素+青霉素 G 合用出现拮抗。Ⅰ类与Ⅳ类合用，可能无明显影响，但在治疗脑膜炎时，合用可提高疗效，如青霉素 G 与 SD 合用。其他类合用多出现相加或无关作用。还应注意，作用机理相同的同一类药物的疗效并不增强，而可能相互增加毒性，如氨基糖苷类之间合用能增加对第八对脑神经的毒性；氯霉素、大环内酯类、林可霉素类，因作用机理相似，均竞争细菌同一靶位，而出现拮抗作用。此外，联合用药时应注意药物之间的理化性质、药物动力学和药效学之间的相互作用与配伍禁忌。

（五）采取综合治疗措施

机体的免疫力是协同抗菌药的重要因素，外因通过内因而起作用，在治疗中过分强调抗菌药的功效而忽视机体内在因素，往往是导致治疗失败的重要原因之一。因此，在使用抗菌药物的同时，根据病宠的种属、年龄、生理、病理状况，采取综合治疗措施，增强抗病能力，如纠正机体酸碱平衡失调，补充能量、扩充血容量等辅助治疗，促进疾病康复。

【项目练习】

（一）选择题

1. 细菌对磺胺类易产生耐药性，下列（　　）细菌对磺胺药最易产生耐药性。

A. 钩端螺旋体　B. 葡萄球菌　C. 链球菌　D. 巴氏杆菌

E. 芽孢杆菌

2. 下列哪种磺胺类药物属于肠道难吸收的药物是（　）

A. 磺胺脒　B. 磺胺噻唑　C. 磺胺嘧啶　D. 磺胺甲噁唑

E. 磺胺喹噁啉

3. 肠道易吸收的磺胺药物磺胺噻唑的英文代号是（　）

A. SM、SG　B. ST　C. SD　D. SMZ

E. SQ

4. 能增强磺胺药和多种抗生素抗菌活性的一类药物，称为抗菌增效剂。属于动物专用品种的磺胺增效剂是（　）

A. 甲氧苄啶　B. 磺胺二甲嘧啶

C. 磺胺间甲氧嘧啶　D. 磺胺对甲氧嘧啶

E. 二甲氧苄啶

5. 广谱抗菌药喹诺酮主要对动物的哪个系统的致病菌作用较强是（　）

A. 肠道致病菌　B. 呼吸道致病菌

C. 循环系统致病菌　D. 生殖系统致病菌

E. 神经系统致病菌

6. 耐β-内酰胺酶青霉素。对青霉素耐药的菌株有效，尤其对耐药金黄色葡萄球菌有很强的杀菌作用，被称为“抗葡萄球菌青霉素”的是（　）

A. 阿莫西林　B. 苯唑西林　C. 氯唑西林　D. 苄星青霉素

E. 氨苄西林

7. 属于第四代头孢菌素类的药物是（　）

A. 头孢氨苄　B. 苯唑西林　C. 头孢噻呋　D. 头孢喹肟

E. 氨苄西林

8. 常用来作为解剖尸体或生物标本固定液和防腐剂的药品是（　）

A. 甲酚　B. 新洁尔灭　C. 利凡诺　D. 酒精

E. 福尔马林

9.（　）俗称为酒精

A. 甲醛　B. 苯酚　C. 甲酚　D. 乙醇

E. 碘

10. 下列哪种抗生素长期使用会损害前庭神经和听神经，引起药物性耳聋是（　）

A. 红霉素　B. 土霉素　C. 链霉素　D. 青霉素

E. 泰乐菌素

11. 治疗耐青霉素金黄色葡萄球菌引起的奶牛乳房炎时，用于乳房注入的药物应是（　）

A. 泰万菌素　B. 苯唑西林　C. 黏菌素　D. 氨苄青霉素

E. 灰黄霉素

12. 犬，8 月龄，患大肠杆菌病，兽医采用肌内注射复方磺胺嘧啶钠注射液，剂量为每千克体重 20mg 磺胺嘧啶钠和 4mg 甲氧苄啶的用药方案，该联合用药最有可能发生的相互作用是（　　）

A. 配伍禁忌　B. 协同作用　C. 相加作用　D. 拮抗作用

E. 无关作用

13. 给犬内服磺胺类药物时，同时使用 $NaHCO_3$ 的目的是（　　）

A. 增加抗菌作用　B. 加快药物的吸收

C. 加快药物的代谢　D. 防止结晶尿的形成

E. 防止药物排泄过快

14. 消疮散常用于治疗（　　）

A. 湿疹　B. 皮炎　C. 疮疡　D. 痈疽溃烂

E. 疮痈肿毒

15. 青霉素类抗生素的抗菌作用机理是抑制细菌（　　）

A. 叶酸的合成　B. 蛋白质的合成

C. 细胞壁的合成　D. 细胞膜的合成

E. DNA 回旋酶的合成

16. 氨基糖苷类抗生素主要用于（　　）引起的疾病。

A. 革兰阳性菌　B. 病毒　C. 革兰阴性菌　D. 真菌

E. 支原体

17. 抢救青霉素过敏性休克的首选药物是（　　）

A. 去甲肾上腺素　B. 肾上腺素

C. 多巴胺　D. 肾上腺皮质激素

E. 抗组胺药

18. 治疗结核病的首选药物是（　　）

A. 卡那霉素　B. 强力霉素　C. 土霉素　D. 链霉素

E. 四环素

19. 能引起二重感染的药物是（　　）

A. 土霉素　B. 环丙沙星　C. 青霉素　D. 妥布霉素

E. 庆大霉素

20. 喹诺酮类药物的抗菌机制是（　　）

A. 影响 RNA 的合成　B. 抑制细胞壁

C. 抑制蛋白质的合成　D. 影响叶酸代谢

E. 抑制脱氧核糖核酸回旋酶

（二）简答题

1. 举例说明防腐药的作用机理是什么？你熟知哪些防腐药？

2. 举例说明抗生素的作用机理是什么？你熟知哪些抗生素药？

3. 举例说明合成药的作用机理是什么？你熟知哪些合成药？
4. 举例说明抗病毒药的作用机理是什么？你熟知哪些抗病毒药？
5. 简述抗生素药物合理使用的原则。

项目三
抗寄生虫药物

寄生虫病是目前危害人类和宠物最严重的疾病之一，且很多寄生虫都属于人宠共患病。开展寄生虫病的防治既可以保护人类和宠物的健康，又可以促进经济的可持续发展战略。抗寄生虫药物是指用来驱除和杀灭动物体内外寄生虫的药物。

任务一　抗蠕虫药

【案例分析】

一犬，25kg，消化不良，下痢消瘦，贫血，粪便检查可见多量虫卵，形似电灯泡，一端有盖，另一端有一小突起，内含毛蚴。经诊断为中华支睾吸虫感染。请问该选择何种药物？如何使用？

【任务目标】

1. 掌握抗蠕虫药的分类。
2. 掌握常用抗蠕虫药的药理作用、临床应用、使用注意事项和用法用量。

【知识准备】

抗蠕虫药物指对寄生在动物体内的蠕虫具有驱除、杀灭或抑制其活性的药物。根据动物体内寄生蠕虫的品种不同，将抗蠕虫药相应分为抗线虫药、抗绦虫药、抗吸虫药和抗血吸虫药。这种分类也不是绝对的，有的药物兼有多种作用，比如说阿苯达唑对线虫、吸虫、绦虫都具有驱除作用。

阿苯达唑

【概述】　粉制剂为白色或类白色粉末，颗粒制剂为类白色颗粒，片剂为白色片。主要成分为阿苯达唑。属于兽用非处方药。

【作用】　本品具有广谱驱虫作用，驱虫谱包括线虫、绦虫和吸虫，对血吸虫无效。其作用机理主要是通过与敏感虫体的微管蛋白结合，阻止其与 α-微管蛋白进行多聚化组装成微管，进而影响虫体细胞的有丝分裂、蛋白装配及能量代谢等细胞繁殖过程。

本品内服吸收好，进入体内的阿苯达唑很快代谢为亚砜（为驱虫作用的主要活性代谢物）和砜。给药后 20h，代谢物阿苯达唑亚砜和阿苯达唑砜达到血药峰浓度。

【应用】 用于线虫病、绦虫病和吸虫病。

【注意】 ①犬以 50mg/kg 体重每天 2 次用药，会逐渐产生厌食症；②动物妊娠早期使用阿苯达唑，可能伴有致畸和胚胎毒性的作用。动物妊娠后前 45d 内慎用；③无须制定休药期。密闭保存。

【用法】 一次内服，犬 25~50mg/kg 体重。

【规格】 粉制剂：①2.5%；②10%。颗粒制剂：10%。片剂：①25mg；②50mg；③0.1g；④0.2g；⑤0.3g；⑥0.5g。

芬苯达唑

【概述】 粉制剂为白色或类白色粉末，片剂为白色或类白色片，颗粒制剂为白色颗粒。主要成分为芬苯达唑。属于兽用非处方药。

【作用】 本品为苯并咪唑类抗蠕虫药，其作用机理为与线虫的微管蛋白质结合发挥驱虫作用，抗虫谱不如阿苯达唑广，作用略强。按 50mg/kg 体重日量连用 3d，对犬、猫的钩虫、蛔虫、毛首线虫有高效。按 50mg/kg 体重日量连用 5d，对猫肺线虫（奥妙猫圆线虫）有高效；连用 3d，对猫胃虫（盘头线虫）有高效。能抑制多数胃肠线虫的产卵。

内服给药后，只有少量被吸收。犬和猫一次给药无效，必须治 3d。单胃动物稍快。犬内服后血药达峰时间为 24h，吸收后的芬苯达唑代谢成为亚砜（具有活性的奥芬达唑）和砜。

【应用】 用于线虫病和绦虫病。

【注意】 ①按规定的用法与用量使用，一般不会产生不良反应。用于怀孕动物认为是安全的。由于死亡的寄生虫释放抗原，可继发产生过敏性反应，特别是在高剂量下时。犬或猫内服时偶见呕吐，曾有一例报道，犬服药后出现各类白细胞减少；②单剂量对于犬、猫往往无效，必须治疗 3d。偶见致畸胎和胚胎毒性的作用，妊娠前期忌用；③无需制定休药期。遮光，密封，在干燥处保存。

【用法】 一次内服，犬、猫 25~50mg/kg 体重。

【规格】 粉制剂：5%。片剂：①25mg；②50mg；③0.1g。颗粒制剂：①3%；②10%。

奥芬达唑

【概述】 颗粒制剂为类白色颗粒，片剂为白色或类白色片。主要成分为奥芬达唑。属于兽用非处方药。

【作用】 本品为芬苯达唑体内代谢物芬苯达唑亚砜，具有广谱驱虫作用，驱虫谱包括线虫、绦虫和吸虫，对血吸虫无效。其作用机理是通过与敏感虫体的微管蛋白结合，阻止其与α-微管蛋白进行多聚化组装成微管，进而影响虫体细胞的有丝分裂、蛋白装配及能量代谢等细胞繁殖过程。抗虫谱不如阿苯达唑广，作用略强。

与其他大多数苯并咪唑类药物不同，奥芬达唑较易从胃肠道吸收。吸收后的奥芬达唑被代谢成芬苯达唑砜，仍具有抗虫活性。

【应用】 用于犬的线虫病和绦虫病。

【注意】 ①犬大剂量应用时可能产生食欲不振。偶见犬的再生障碍性贫血。有胚胎毒性和致畸作用；②敏感虫体对本品能产生耐药，甚至与其他苯并咪唑类产生交叉耐药现象。妊娠早期动物慎用；③无须制定休药期。遮光，密封，在干燥处保存。

【用法】 一次内服，犬 10mg/kg 体重。

【规格】 粉制剂：10%。片剂：①50mg；②0. 1g。

伊维菌素双羟萘酸噻嘧啶咀嚼片

【概述】 浅褐色扁圆片。主要成分为伊维菌素、双羟萘酸噻嘧啶。

【作用】 本品为抗线虫药。伊维菌素对寄生在动物体表的节肢动物和体内的线虫具有良好的驱杀作用。伊维菌素可促进寄生虫的突触前神经元释放γ-氨基丁酸（GABA），使γ-氨基丁酸介导的氯离子通道开放。氯离子流能降低细胞膜的阻抗，引起突触后细胞静止电位轻微去极化，从而干扰神经肌肉间的信号传递，使虫体松弛麻痹，导致虫体死亡或被排出体外。噻嘧啶作用机理是对敏感虫体产生一种去极化型的神经肌肉阻断作用，使虫体麻痹，通过胃肠道蠕动将虫体排出体外。噻嘧啶的双羟耐酸盐在水中的溶解度很低，极少从肠道吸收，使其能到达肠道的后段，发挥驱虫活性。

【应用】 用于驱除犬心丝虫幼虫来预防犬心丝虫病，治疗和控制犬蛔虫（犬弓首蛔虫、狮弓蛔虫）病和钩虫（犬钩口线虫、狭头钩口线虫、巴西钩口线虫）病。

【注意】 ①本品用于6周龄以上的犬。在使用本品治疗前，应检查所有犬的心丝虫感染情况。在感染后一个月内（30d）给药，可清除犬心丝虫幼虫。本品对犬心丝虫成虫无效，对感染犬首次使用本品之前，应除去犬体内的犬心丝虫成虫和微丝蚴；②当犬体内存在微丝蚴时，使用本品，可能出现轻微的超敏性反应，特别是犬出现临时腹泻，可能与体内存在濒死或已死的微丝蚴有关。某些犬特别是牧羊犬对伊维菌素敏感，在用本品时，可能导致动物发生多种反应，如：瞳孔散大、精神沉郁、共济失调、震颤、流涎、局部麻痹、兴奋、恍惚昏睡以及死亡；③应在服药后观察 8h，一旦出现不适症，需采取对症治疗；④25℃以下遮光保存。

【用法】 一次内服，体重<5. 5kg 的犬，给药 0. 5g；体重在 5. 5~11kg 的

犬，给药 1. 0g；体重在 12～22kg 的犬，给药 1. 0g；体重在 23～45kg 的犬，给药 4. 0g。

【规格】　咀嚼片：①0. 5g：伊维菌素 34μg+双羟萘酸噻嘧啶 81. 5mg；②1. 0g：伊维菌素 68μg+双羟萘酸噻嘧啶 163mg；③2. 0g：伊维菌素 136μg+双羟萘酸噻嘧啶 326mg；④4. 0g：伊维菌素 272μg+双羟萘酸噻嘧啶 652mg。

阿维菌素透皮剂

【概述】　无色至微黄色略黏稠的透明液体。主要成分为阿维菌素 B_1。属于兽用非处方药。

【作用】　本品属于抗线虫药，对蛔虫、兰氏类圆线虫、毛首线虫、食道口线虫、后圆线虫、有齿冠尾线虫成虫及未成熟虫体驱除率达 94%～100%。对肠道内旋毛虫（肌肉内旋毛虫无效）也极有效。对吸虫和绦虫无效。

【应用】　可驱除线虫病、螨病和寄生性昆虫病。

【注意】　①本品与乙胺嗪同时使用，可能产生严重的或致死性脑病；②按规定的用法与用量使用，尚未见不良反应；③本品毒性较强，应慎用。对虾、鱼和水生生物有剧毒，残存药物的包装切勿污染水源；④本品性状不稳定，特别对光线敏感，可迅速氧化灭活，应注意贮存和使用条件。遮光，密闭，在凉暗处保存。

【用法】　涂擦：两耳耳根内部涂敷。

【规格】　按阿维菌素 B_1 计算：0. 5%。

赛拉菌素

【概述】　无色至淡黄色液体。主要成分为赛拉菌素。

【作用】　本品为阿维菌素类抗寄生虫药。通过干扰虫体谷氨酸控制的氯离子通道使虫体发生快速、致死性和非痉挛性的神经肌肉麻痹，对体内（线虫）和体外（节肢昆虫）寄生虫有杀灭活性。在犬、猫皮肤上使用本品后，药物经皮肤吸收进入血液，一部分药物在动物梳理被毛时经口进入消化道和血液。药物动力学研究表明，局部外用后血浆中的赛拉菌素表现出持久的吸收。试验数据表明皮肤（特别是皮脂腺）是本品蓄积处，这保证在较长的时间内皮毛上有可杀灭寄生虫的药物浓度，用药后 30d 收集的动物皮肤碎屑仍可杀灭蚤卵及其幼虫。药物安全性研究以 10 倍推荐剂量给幼犬外用本品，没有观察到副作用；以 3 倍推荐剂量给心丝虫病犬外用本品，也没有观察到副作用。猫的安全性研究表明，以 10 倍推荐剂量给猫外用本品，没有观察到副作用；以 4 倍推荐剂量给心丝虫病猫外用本品，也没有观察到副作用。临床研究表明，本品可安全用于经常使用如疫苗、驱虫药、抗寄生虫药、抗生素、类固醇、颈圈、洗发香波和药浴等兽用产品的动物身上。

【应用】　用于治疗犬、猫的蛔虫、钩虫、疥螨、蚤和虱的感染；以及预防犬、猫心丝虫病。

【注意】　①本品仅限用于宠物，适用于6周龄和6周龄以上的犬、猫。为了获得最好的用药效果，请勿在宠物毛发尚湿的时候使用本品，但在用药2h后给宠物洗澡不会降低本品的药效；②临床研究表明，有不到0.5%的猫在用药部位或周围出现一过性的炎性或非炎性的脱毛，这可能是由于动物自己梳理造成的。另外有些临床试验犬、猫表现出可能与治疗无关的呕吐、流涎或腹泻；③本品易燃，要远离热源、火源。禁止用于人，勿让儿童触及。可能对皮肤和眼睛有刺激性，用后洗手。皮肤接触到药物后应立即用肥皂和清水冲洗；如溅入眼内，用大量水冲洗；如不慎食入，应立即求助医生；④遮光，密闭，在30℃以下保存。

【用法】　一次外用，犬、猫6mg/kg体重。用力向下按压管盖，刺透药管的密封处，移走管盖，给动物用药。将动物颈背后肩胛骨前部的毛发分开，暴露皮肤；使药管的尖端直接接触动物皮肤，挤压药管将整管药液挤到一处皮肤上，不需按摩用药部位，勿将药液用于破损皮肤。体重≤2.5kg的犬、猫使用15mg；体重2.6~7.5kg的猫使用45mg；体重2.6~5.0kg的犬使用30mg；体重5.1~10.0kg的犬使用60mg；体重10.1~20.0kg的犬使用120mg；体重20.1~40.0kg的犬使用240mg。

【规格】　滴剂：①0.25mL：15mg；②0.75mL：45mg；③0.25mL：30mg；④0.5mL：60mg；⑤1.0mL：120mg；⑥2.0mL：240mg；⑦3.0mL：360mg。

多拉菌素

【概述】　无色或微黄色澄明油状液体。主要成分为多拉菌素。属于兽用处方药。

【作用】　本品是由基因重组的阿维链霉素新菌株发酵而得，是广谱抗寄生虫药。对体内外寄生虫特别是某些线虫（圆虫）和节肢动物具有良好的驱杀作用，但对绦虫、吸虫及原生动物无效。其作用机制主要是增加虫体的抑制性递质γ-氨基丁酸的释放，从而阻断神经信号的传递，使肌肉细胞失去收缩能力，而导致虫体死亡。哺乳动物的外周神经递质为乙酰胆碱，不会受到多拉菌素的影响。多拉菌素不易透过血脑屏障，对中枢神经系统损害极小，对宠物比较安全。

【应用】　用于治疗犬、猫的线虫病、虱、螨等外寄生虫病。

【注意】　①本品按规定的用法与用量使用，尚未见不良反应；②本品置于儿童接触不到的地方。使用本品时操作人员不应进食或吸烟，操作后要洗手；③在阳光照射下本品迅速分解灭活，应避光保存；④其残留药物对鱼类及水生生物有毒，应注意保护水资源。

【用法】　一次肌内注射，犬、猫1mL/33kg体重。

【规格】　注射液：①50mL：0.5mg；②100mL：1g。

盐酸左旋咪唑

【概述】 粉制剂为白色或类白色粉末；片剂为白色片；注射液为无色的澄明液体。主要成分为盐酸左旋咪唑。属于兽用非处方药。

【作用】 本品是一种广谱抗线虫药，对犬的大多数线虫具有活性。其驱虫作用机理是兴奋蠕虫的副交感和交感神经节，表现为烟碱样作用，引起虫体兴奋、麻痹，使虫体排出；高浓度时，左旋咪唑通过阻断延胡索酸还原和琥珀酸氧化作用，干扰线虫的糖代谢，最终对蠕虫起麻痹作用，使活虫体排出。左旋咪唑对犬的大多数胃肠道线虫具有良好驱杀活性。对多数胃肠道线虫成虫具有良好的活性，但对尚未发育成熟虫体作用差，对类圆线虫、毛首线虫和鞭虫作用差或不确切。

本品除了具有驱虫活性外，还能明显提高免疫反应。它可恢复外周 T 淋巴细胞的细胞介导免疫功能，兴奋单核细胞的吞噬作用，对免疫功能受损的动物作用更明显。本品内服可从胃肠道吸收，吸收后可分布全身，大部分在肝和肾中被代谢，代谢物主要在尿中排泄，小于 6%以原形排泄，少量在粪便中排泄。血浆半衰期：犬为 1.8~4h。

【应用】 用于犬、猫的胃肠道线虫、肺线虫病。

【注意】 ①本品过量犬偶见副交感神经兴奋症状，流涎、兴奋或颤抖；偶见胃肠功能紊乱如呕吐、腹泻，神经毒性反应如喘气、摇头、焦虑或其他行为变化，粒细胞缺乏症，肺水肿，免疫介导性皮疹等。猫偶见流涎、兴奋、瞳孔散大和呕吐等；②泌乳期动物禁用。禁用于静脉注射。极度衰弱或严重肝肾损伤患病动物应慎用。本品中毒时可用阿托品解毒和其他对症治疗；③粉制剂密闭，在阴凉干燥处保存；片剂密封保存；注射液遮光，密闭保存。

【用法】 一次皮下、肌内注射或内服，犬、猫 10mg/kg 体重。

【规格】 粉制剂：①5%；②10%。片剂：①25mg；②50mg。注射液：①2mL：0.1g；②5mL：0.25g；③10mL：0.5g。

枸橼酸乙胺嗪

【概述】 白色片。主要成分为枸橼酸乙胺嗪。属于兽用非处方药。

【作用】 本品在体内对犬恶丝虫有较高的活性。目前有关本品抗丝虫和抗线虫的作用机理还不完全清楚，但可确定的是，它以类烟碱的形式作用于寄生虫的神经系统，使虫体麻痹瘫痪。

本品内服给药后易从消化道吸收，并在给药后 3h 达峰值血浆浓度，之后血浆药物可检出时间约达 48h。药物在体内组织中广泛分布，并在肝脏中经*N*-脱烷基作用和 *N*-氧化作用代谢。本品以原形或以 *N*-氧化代谢物形式经尿排出。24h 内排出给药量的 70%，其中有 10%~25%以原形排泄。经尿排出及随后的血浆半衰期取决于尿液 pH。

【应用】 用于犬心丝虫病。

【注意】 ①本品与其他具有烟碱样作用的药物如噻嘧啶、甲噻嘧啶、左旋咪唑等合用，可使彼此的毒性加强；②按推荐剂量使用时，很少发生不良反应，有些犬偶见腹泻或呕吐。喂食后服用，可减轻胃肠道不良反应；③微丝蚴阳性犬使用枸橼酸乙胺嗪，偶见类似低血容量休克样反应，在数小时内引起犬过敏死亡，故不能使用；④无须制定休药期。密封，在干燥处保存。

【用法】　一次内服，犬、猫 50mg/kg 体重。

【规格】　片剂：①50mg；②100mg。

枸橼酸哌嗪

【概述】　白色片。主要成分为枸橼酸哌嗪。属于兽用非处方药。

【作用】　哌嗪对敏感线虫产生箭毒样作用，其作用机制是通过使神经肌肉接头处的神经细胞膜超级化，阻断神经冲动传递，致使寄生虫的肌肉松弛麻痹、固定不动，继而使寄生虫从其寄生部位驱除，致虫体死亡。另外，哌嗪还可抑制虫体琥珀酸的合成，干扰虫体能量代谢。哌嗪对寄生于犬、猫体内的某些特定线虫有效，哌嗪单剂量用药对弓首蛔虫和狮首线虫有效，幼犬在 2、4、6、8 周龄时用哌嗪驱除产前弓首蛔虫感染均能获得高效（超过 90%）。

哌嗪易经胃肠道吸收，然后被广泛代谢（60%~70%）。未代谢的母体化合物在给药后 24h 内经尿液排出。用药后 30min 即可在尿中检出哌嗪。

【应用】　用于动物蛔虫病。

【注意】　①本品与噻嘧啶或甲噻嘧啶产生拮抗作用，不应同时使用。泻药不宜与哌嗪同用，因为哌嗪在发挥作用前就会被排出。与氯丙嗪合用有可能会诱发癫痫发作；②按推荐剂量使用时，罕见不良反应，但在犬偶见腹泻、呕吐和共济失调。犬、猫宜喂食后服用，可减轻胃肠道不良反应；③微丝蚴阳性犬使用枸橼酸乙胺嗪，偶见类似低血容量休克样反应，在数小时内引起犬过敏死亡，故不能使用；④无须制定休药期。遮光，密封保存。

【用法】　一次内服，犬 0.1g/kg 体重。

【规格】　片剂：①0.25g；②0.5g。

磷酸哌嗪

【概述】　白色片。主要成分为磷酸哌嗪。属于兽用非处方药。

【作用】　哌嗪对敏感线虫产生箭毒样作用，使虫体麻痹，从而通过粪便排出体外。其作用机理为，通过阻断神经肌肉接头处乙酰胆碱的作用，诱导弛缓性麻痹。另外，哌嗪还可抑制蛔虫琥珀酸的合成，干扰虫体能量代谢。成熟的虫体对哌嗪较敏感，幼虫和腔驻留幼虫可被部分驱除，然而，宿主组织中的幼虫则不敏感。对犬弓蛔虫、猫弓蛔虫、狮弓蛔虫具有 52%~100% 的作用。因为幼虫继续发育，食肉动物在 2 周内，应重复进行治疗。对于并发胃肠炎的动物以及怀孕期的动物，可安全使用。

哌嗪及其盐很容易从胃肠道近端吸收，大部分在组织中代谢，其余（30%~40%）从尿中排泄。给药后 30min 即可从尿中检测到哌嗪，1~8h 为排泄高峰期，24h 内几乎排完。

【应用】 用于犬、猫弓首蛔虫等。

【注意】 ①本品与噻嘧啶或甲噻嘧啶产生拮抗作用，不应同时使用。因泻药会加速磷酸哌嗪从胃肠道排出，使其达不到最大效应，所以不能同时使用。本品与氯丙嗪合用可诱发癫痫发作；②按规定的用法与用量使用，罕见不良反应。但在犬或猫偶见腹泻、呕吐和共济失调；③哌嗪对未成熟虫体作用不强，通常应间隔一段时间后重复给药，犬、猫 2~3 周；④应用本药时，不能合用泻剂、吩噻嗪类（如氢氯噻嗪）、噻嘧啶、甲噻嘧啶、氯丙嗪等，也不能和亚硝酸盐合用；⑤慢性肝、肾疾病以及胃肠蠕动减弱的患病动物慎用；⑥无需制定休药期。密封保存。

【用法】 一次内服，犬、猫 0.07~0.1g/kg 体重。

【规格】 片剂：①0.2g；②0.5g。

米尔贝肟

【概述】 白色或类白色片。主要成分为米尔贝肟。

【作用】 本品是广谱抗寄生虫药，对体内、外寄生虫，特别是线虫和节肢动物均有良好驱杀作用。药物与靶虫细胞上的特异性高亲和力的位点结合，影响了细胞膜对 Cl^- 的通透性，继而引起线虫的神经细胞及节肢动物的肌细胞抑制性神经递质 γ-氨基丁酸的释放量增加，打开谷氨酸控制的 Cl^- 通道，增强神经膜对 Cl^- 的通透性，从而阻断神经信号的传递，最终神经麻痹，使肌肉细胞失去收缩能力，而导致虫体死亡。

本品内服后在犬体内缓慢吸收入血，犬按 0.25mg/kg 体重口服给予米尔贝肟，在给药后约 4h 血浆达到最大药物浓度 74.1ng/mL，吸收半衰期为 1.1h，消除半衰期为 11.7h，48h 内血中 90%以上的药物分布到组织和体液中，之后缓慢下降从体内消除。

【应用】 用于预防犬心丝虫，驱除蛔虫、钩虫和鞭虫。

【注意】 ①犬服用本品前，需进行血液测试，检查是否已感染心丝虫。感染心丝虫的犬，服用本品前先驱除心丝虫及幼虫。已感染心丝虫的犬服用本品有可能出现精神倦怠、食欲不振及呕吐等现象；②两个月以下的或体重大于 10kg 或小于 5kg 的犬不适用；③无须制定休药期。遮光，密封，在干燥处保存。

【用法】 仅适用于 5~10kg 犬内服。预防心丝虫：内服，1 片/次，1 次/月，蚊患季节前一个月开始服用本品，直至季节完结后一个月。驱除蛔虫和钩虫：1 片/次，1 次/月，至少连用 2 次。驱除鞭虫：犬 0.5~1mg/kg 体重，1 次/月，至少连用 2 次。

【规格】 片剂：2.5mg。

米尔贝肟吡喹酮

【概述】 浅黄色椭圆形刻痕片（14mg 规格）或砖红色椭圆形刻痕片（56mg 规格）。主要成分为米尔贝肟、吡喹酮。

【作用】 米尔贝肟为大环内酯类广谱抗寄生虫药，对体内、外寄生虫，特别是线虫和节肢动物均有良好驱杀作用。药物与靶虫细胞上的特异性高亲和力的位点结合，影响了细胞膜对 Cl^- 的通透性，继而引起线虫的神经细胞及节肢动物的肌细胞抑制性神经递质 γ-氨基丁酸的释放增加，打开谷氨酸控制的 Cl^- 通道，增强神经膜对 Cl^- 的通透性，从而阻断神经信号的传递，最终神经麻痹，使肌肉细胞失去收缩能力，而导致虫体死亡。

吡喹酮对血吸虫、绦虫、囊虫、华支睾吸虫、肺吸虫、姜片虫均有效。对虫体可起两种主要药理作用：①虫体肌肉发生强直性收缩而产生痉挛性麻痹：血吸虫接触低浓度吡喹酮后仅 20s 虫体张力即增高，药浓度达 1mg/L 以上时，虫体瞬间即强烈挛缩。虫体肌肉收缩可能与吡喹酮增加虫体细胞膜的通透性，使细胞内钙离子流失有关；②虫体皮层损害与宿主免疫功能参与：吡喹酮对虫体皮层有迅速而明显的损伤作用，引起合胞体外皮肿胀，出现空泡，形成大疱，突出体表，最终表皮糜烂溃破，分泌体几乎全部消失，环肌与纵肌亦迅速先后溶解。在宿主体内，服药后 15min 即可见虫体外皮空泡变性。皮层破坏后，影响虫体吸收与排泄功能，更重要的是其体表抗原暴露，从而易遭受宿主的免疫攻击，大量嗜酸粒细胞附着皮损处并侵入，促使虫体死亡。此外，吡喹酮还能引起继发性变化，使虫体表膜去极化，皮层碱性磷酸酶活性明显降低，致使葡萄糖的摄取受抑制，内源性糖原耗竭。吡喹酮还可抑制虫体核酸与蛋白质的合成。

【应用】 用于驱除猫蛔虫、钩虫、绦虫。

【注意】 ①猫服用本品后，尤其是小猫，可能会出现罕见的不良反应：系统性症状（如昏睡）、神经性症状（如运动失调、肌肉震颤）和胃肠道症状（如呕吐、腹泻）等；②不推荐用于 6 周龄以内或体重小于 0.5kg 的猫。猫服用本品前，需由兽医检查是否已感染心丝虫。避免用于患有肝、肾损坏的猫；③无须制定休药期。遮光，密封，25℃以下保存。

【用法】 一次内服，猫 2mg/kg 体重。1 次/3 月。

【规格】 片剂：①14mg（米尔贝肟 4mg、吡喹酮 10mg）；②56mg（米尔贝 16mg、吡喹酮 40mg）。

氯硝柳胺

【概述】 淡黄色片。主要成分为氯硝柳胺。属于兽用非处方药。

【作用】 本品是一种杀绦虫药，对犬、猫的犬复孔绦虫、豆状带绦虫、泡状带绦虫和带状带绦虫有效，对犬细粒棘球绦虫作用差。还具有杀灭丁螺及血吸虫尾蚴、毛蚴作用。本品的作用机理是由于其抑制绦虫对葡萄糖的吸收，对绦虫线粒体中氧化磷酸化过程的解偶联，阻断三羧酸循环，导致乳酸蓄积，从而杀死绦虫。氯硝柳胺的驱虫作用也可能与其过度刺激线粒体内的三磷酸腺苷酶（ATP 酶）的活力有关。绦虫受损程度与药物作用时间相关。

本品内服从胃肠道吸收极少，在肠中保持高浓度。少量吸收后代谢成无活性的氨基氯硝柳胺代谢物，主要从粪便排泄。

【应用】 用于动物绦虫病。

【注意】 ①犬、猫对本品较敏感，2 倍治疗量可使犬、猫出现暂时性下痢，4 倍治疗量可使犬肝脏出现病灶性营养不良，肾小球出现渗出物；②动物在给药前，应禁食 12h。本品可与左旋咪唑合用；普鲁卡因合用；③无须制定休药期。遮光，密封保存。

【用法】 一次内服，犬、猫 80~100mg/kg 体重。

【规格】 片剂：0.5g。

复方氯硝柳胺

【概述】 淡黄色片。主要成分为氯硝柳胺、盐酸左旋咪唑。属于兽用非处方药。

【作用】 氯硝柳胺是一种杀绦虫药。对犬的犬复孔绦虫、豆状带绦虫、泡状带绦虫和带状带绦虫有效，对犬细粒棘球绦虫作用差。其作用机理是抑制绦虫对葡萄糖的吸收，以及对绦虫线粒体中氧化磷酸化过程的解偶联，阻断三羧酸循环，导致乳酸蓄积，从而杀死绦虫。氯硝柳胺内服从胃肠道吸收极少，在肠中保持高浓度。少量吸收后代谢成无活性的氨基氯硝柳胺代谢物，主要从粪便排泄。

盐酸左旋咪唑对犬的大多数线虫具有活性。其驱虫作用机理是兴奋敏感蠕虫的副交感和交感神经节，总的表现为烟碱样作用；高浓度时，左旋咪唑通过阻断延胡索酸还原和琥珀酸氧化作用，干扰线虫的糖代谢，最终对蠕虫起麻痹作用，使活虫体排出。

【应用】 用于驱杀犬体内的绦虫和蛔虫。

【注意】 ①犬可出现胃肠功能紊乱如呕吐、腹泻等；②犬对本品较为敏感，不可过量服用；③无须制定休药期。遮光，在凉暗处保存。

【用法】 一次内服，犬 100mg/kg 体重。空腹或与少许食物同服。

【规格】 片剂：210mg（氯硝柳胺 200mg+盐酸左旋咪唑 10mg）。

硝唑沙奈干混悬

【概述】 淡黄色粉末，气微，味苦，加水混匀后成均匀淡黄色混悬液。主要成分为硝唑沙奈。

【作用】 本品对绦虫、线虫和鞭虫等胃肠道寄生虫感染有效，同时也是一种抑制真菌药物和灭螺剂。大量临床试验研究表明，硝唑沙奈还可用于治疗多种寄生虫感染，如阴道毛滴虫、溶组织内阿米巴、犬复孔绦虫和豌豆形带绦虫等。

口服给药后，硝唑沙奈在体内迅速水解为活性代谢产物替唑尼特，而替唑尼特通过各种途径转化为其他代谢产物。

【应用】 用于豆状绦虫、犬复孔绦虫等绦虫引起的犬绦虫病。

【注意】 ①犬可出现胃肠道副反应，如呕吐、厌食、稀便等；②无须制定休药期。遮光，在阴凉干燥处保存。

【用法】 一次内服，取本品 1 袋加水 50mL，搅拌均匀，制成混悬液，犬 2mL/kg 体重（相当于 100mg/kg 代谢体重）。

【规格】 干混悬剂：2.5g。

复方非班太尔

【概述】 浅褐色至褐色片。主要成分为非班太尔、吡喹酮、双羟萘酸噻嘧啶。

【作用】 吡喹酮为广谱抗吸虫和绦虫药，与虫体接触后，能被虫体迅速吸收，首先使虫体痉挛，然后使合胞体外皮迅速形成空泡，并逐渐扩大，最后表皮糜烂至溶解。虫体皮层破坏后，不仅影响虫体吸收和排泄功能，而且导致虫体体表抗原暴露，从而容易遭受宿主免疫攻击，促使虫体死亡。同时还有继发性作用，使虫体表膜去极化，皮层碱性磷酸酶活性降低，以致葡萄糖摄入受阻，内源性糖原耗竭。而且还可抑制虫体的核酸与蛋白质合成。

双羟萘酸噻嘧啶为广谱驱线虫药，通过抑制虫体胆碱酯酶，使虫体肌肉强烈收缩，并导致痉挛性麻痹。

非班太尔为苯并咪唑类前体广谱驱线虫药，在动物的胃肠道内转变成芬苯达唑（及其亚砜）和奥芬达唑而发挥有效的驱虫效应。

本品中非班太尔和双羟萘酸噻嘧啶组方具有协同作用，使本品的抗线虫谱更广，吡喹酮与非班太尔和双羟萘酸噻嘧啶组方具有相加作用，将本品驱虫谱再扩宽至绦虫。

【应用】 用于治疗犬的线虫和绦虫感染，如犬弓首蛔虫、犬狮蛔虫、犬窄头钩虫、犬钩口线虫、毛首线虫、棘球绦虫、带绦虫、复孔绦虫等。

【注意】 ①本品按推荐剂量使用，未见不良反应。超剂量使用时，犬偶见呕吐；②本品仅用于 3kg 以上的宠物犬。妊娠母犬可用，须严格按照推荐剂量使用。勿与哌嗪类药物同时使用；③勿让儿童接触本品。工作人员投药后应洗手。药片使用后的剩余部分勿留用；④密封，25℃以下保存。

【用法】 一次内服，每 10kg 体重 1 片（相当于 1kg 体重非班太尔 15mg、吡喹酮 5mg、双羟萘酸噻嘧啶 14.4mg）。用于控制犬弓首蛔虫时，哺乳的母犬应在产后 2 周投药，且每 2 周给药 1 次至断奶。幼犬也应在 2 周龄时给药，且每 2 周给药 1 次至 12 周龄，随后每 3 个月给药 1 次。建议在给母犬投药的同时也给幼犬投药。对于线虫感染严重的犬，应在首次投药 2 周后再重复给药 1 次。

【规格】 0.7765g/片（含非班太尔 0.15g、双羟萘酸噻嘧啶 0.144g、吡喹酮 0.05g）。

吡喹酮

【概述】 粉剂为白色至浅黄色的颗粒状粉末；片剂为白色片；硅胶棒为乳白色圆柱状硅胶棒，具有弹性，内容物为白色或类白色粉末。主要成分为吡喹酮。属于兽用非处方药。

【作用】 本品具有广谱抗血吸虫和抗绦虫作用。对各种绦虫的成虫具有极高的活性，对幼虫也具有良好的活性；对血吸虫有很好的驱杀作用。吡喹酮偶见绦虫肌肉系统挛缩，使之不能固着于肠道内而被驱出；可作用于绦虫的皮层造成损害，形成空泡，影响虫体的吸收、排泄和离子渗透功能，并使虫体皮层抗原暴露，有利于宿主免疫系统对虫体的识别和攻击，导致虫体组织溶解以及影响虫体糖代谢等作用，导致虫体死亡。

本品内服后迅速且几乎完全吸收，但有显著的首过效应。犬用药后，在0.5~2h达到血药峰浓度。肌内和皮下注射较内服的血药浓度维持更长时间。吡喹酮分布于全身各种组织，其中以肝、肾最高，并可穿过血脑屏障进入中枢神经系统。这种广泛分布的特点有利于驱除宿主各种器官（肌肉、脑、内脏和腹腔）中的幼虫。进入体内的吡喹酮迅速由肝代谢为无活性的单羟化或多羟化代谢物，主要在尿中排泄。内服给药的半衰期分别为：犬、兔3~3.5h。只有极少的原形药从尿或粪便中排泄。

【应用】 粉剂、片剂用于动物血吸虫病、绦虫病和囊尾蚴病。硅胶棒用于预防和控制以犬为终宿主的绦虫感染（包括棘球绦虫、多头绦虫和泡状带绦虫等）。

【注意】 ①犬、猫用药后偶见厌食、呕吐或腹泻等不良反应，但发生率少于5%，猫的不良反应很少见。不推荐单独用于4周龄以内幼犬和6周龄以内的猫；②吡喹酮与非班太尔配伍的产品可用于各种年龄的犬猫，还可以安全用于怀孕的犬猫；③硅胶棒本品埋植后未发现犬局部或全身异常反应。本品必须由经过培训的人员进行埋植。埋植中要保证严格的无菌操作。有皮肤及全身疾病的犬禁用；④无须制定休药期。遮光，密闭保存。

【用法】 一次内服，犬、猫2.5~5mg/kg体重。硅胶棒在犬上腹部体侧选择2cm×2cm左右皮肤，剪毛，消毒，局部麻醉下切一1cm左右切口，用专用植入器紧贴皮下进入后，将药棒呈扇形植入犬皮下，创口缝合即可。使用剂量每1kg体重100~200mg。一般使用可按犬体重在10kg以下者，埋2支，10kg以上者埋4支，20kg以上者埋5支。不推荐用于4周龄以内的幼犬。埋植1次后驱虫作用可维持2年。

【规格】 粉制剂：50%。片剂：①0.1g；②0.2g；③0.5g。硅胶棒：0.5g。

任务二 杀虫药

【案例分析】

一斗牛犬，近期出现剧痒、皮肤损伤、脱毛、结痂、增厚，严重者出现皮肤皲裂及其全身消瘦等症状，后在病健交界处的皮肤采集病料，显微镜下诊断为感染疥螨病。请问该选择何种药物？如何使用？

【任务目标】

掌握常用杀虫药的药理作用、临床应用、使用注意事项和用法用量。

【知识准备】

杀虫药物指对寄生在宠物体外的寄生虫具有杀灭作用的药物。常见的体外寄生虫有螨、蜱、虱、蚤、蝇、蚊、库蠓等节肢动物，它们不仅可以引起宠物感染体外寄生虫病，还可传播许多传染病及人宠共患病，因此应用杀虫药来防治动物体外寄生虫病对保护动物和人的健康、降低体外寄生虫病造成的经济损失具有重要意义。我国目前应用杀虫药主要是有机磷类、拟菊酯类和双甲脒等其他类。

（一）有机磷类

本类药物为传统杀虫药，广泛应用于宠物体外寄生虫病，具有杀虫谱广、杀虫作用强、残效期短和易降解、对环境污染小等特点，大多数兼有触毒、胃毒和内吸毒。本类药物主要是通过抑制虫体胆碱酯酶的活力，使胆碱酯酶失去水解乙酰胆碱的活力，导致乙酰胆碱在虫体内蓄积，造成虫体神经系统过度兴奋，最终引起虫体肢体震颤、痉挛、麻痹而死亡。

敌敌畏项圈

【概述】　多种颜色的塑料带，稍有芳香味。主要成分为敌敌畏。属于兽用非处方药。

【作用】　本品挥发释放出的敌敌畏对犬和猫的多种体外寄生虫具有触杀和胃毒等作用。

【应用】　用于驱杀犬、猫的蚤、虱、螨等体表寄生虫。

【注意】　①本品仅限宠物外用，病弱及妊娠或哺乳期慎用；②使用时调节适当大小，扣好，多余部分剪去或固定，按规定的用法与用量使用，尚未见不良反应；③勿让犬猫舔项圈，洗浴时取下；④禁止儿童接触项圈；⑤无须制定休药期。密封，在阴凉干燥处保存。

【用法】　外用：将项圈系在犬、猫颈部。每只犬、猫 1 条，使用期 2 个月。

【规格】　①13g：0.6g（猫用）；②25g：2.25g（犬用）。

二嗪农项圈

【概述】　淡黄、深棕两色相间塑料带（有搭扣），有特臭。主要成分为二嗪农。属于兽用非处方药。

【作用】　本品为有机磷类杀虫药。对各种螨、跳蚤、虱、蜱均有良好的杀灭效果。

【应用】　用于驱杀犬、猫体表蚤和虱。

【注意】　①按推荐的用法与用量使用，无不良反应。禁止与其他有机磷化合物和胆碱酯酶抑制剂同时使用。须长期佩戴此项圈，洗澡时无须取下项圈；②如发生皮肤过敏现象，应立即取下项圈；③应置于儿童不能触及的地方，并远离食品；④操作结束后应洗手，不能将药品抛弃于池塘或河流等水源中；⑤无须制定休药期。密闭，在阴凉干燥处保存。

【用法】 外用：将项圈套于犬、猫颈部，以能插入一指头之空隙为其松紧度，剪去多余的部分。犬、猫，每只一次 1 条，使用期 4 个月。

【规格】 15%。

甲基吡啶磷可湿性粉

【概述】 类白色至浅黄色粉末，有异臭。主要成分为甲基吡啶磷。属于兽用非处方药。

【作用】 本品属于有机磷杀虫剂，主要以胃毒为主，兼有触杀作用。可杀灭苍蝇、蟑螂、蚂蚁及部分昆虫的成虫。持效期长达 10 周以上。因为这类昆虫成虫具有不停地舔食的生活习性，因此，通过胃毒起作用的药物效果更好。杀虫广谱，适用于公共卫生杀虫及控制草地、牧场、养殖场等地的蚊蝇，尤其对苍蝇和蟑螂有特效。宠物食入甲基吡啶磷后几乎全部吸收，但绝大多数从粪尿中排泄。

【应用】 用于控制犬舍内蝇等昆虫。

【注意】 ①本品按规定的用法与用量，使用尚未见不良反应。使用时应避免与皮肤和黏膜接触；②本品及其废弃物应注意不能污染河流、池塘及下水道；③远离儿童和动物；④宠物吸入中毒时需将其转移到新鲜空气环境中。当皮肤接触或溅入眼中时需立即用大量水清洗。误食时需大量饮水并服用大量活性炭；⑤药物加水稀释后应当日用完。混悬液停放 30min 后，宜重新搅拌均匀后应用；⑥无须制定休药期。遮光。在干燥处保存。

【用法】 涂布，甲基吡啶磷可湿性粉-10：取本品 250g 充分混合于 200mL 温水中调成糊状，每 $200m^2$ 涂 30 点；甲基吡啶磷可湿性粉-50：取本品 50g 和糖 200g 加适量温水调成糊状，每 $200m^2$ 涂 30 点。

【规格】 甲基吡啶磷可湿性粉-10，100g：（甲基吡啶磷可湿性粉-50）20g+（9-二十三碳烯）0. 05g。甲基吡啶磷可湿性粉-50：50%。

蝇毒磷

【概述】 黄褐色澄清液体。主要成分为蝇毒磷。属于兽用非处方药。

【作用】 本品为有机磷类杀虫药，可抑制虫体胆碱酯酶的活性，对各种螨类、蝇、虱、蜱均有良好的杀灭作用。

【应用】 可驱除蝇蛆、蜱、螨、蚤、蝇等体外寄生虫。

【注意】 ①本品与其他有机磷类、胆碱酯酶抑制剂有协同作用，同时应用时毒性增强；②过量使用可产生胆碱能神经兴奋的症状；③遮光，密封保存。

【用法】 外用，按 1：（2~5）稀释，配成 0. 02%~0. 05%的乳剂。

【规格】 0. 1%。

马拉硫磷

【概述】 浅黄色澄清液体。主要成分为马拉硫磷。属于兽用非处方药。

【作用】 本品属于有机磷类杀虫剂，主要以触杀、胃毒和熏蒸杀灭虫害，无内吸杀虫作用。具有广谱、低毒、使用安全等特点。对蚊、蝇、虱、蜱、螨和臭虫等都具有杀灭作用。外用可经皮肤吸收，脂肪组织中发布较多，主要经肝脏代谢，大部分由尿排出。

【应用】 用于杀灭体外寄生虫。

【注意】 ①本品与其他有机磷类、胆碱酯酶抑制剂有协同作用，同时应用时毒性增强；②过量使用可产生胆碱能神经兴奋的症状；③本品不能和碱性物质或氧化物质接触。对眼睛、皮肤有刺激性，宠物中毒时可用阿托品进行解救。宠物体表用马拉硫磷数小时内应避开日光照射和风吹，必要时间隔 2～3 周重复用药一次。1 月龄以内宠物禁用；④遮光、密封，在阴凉干燥处保存。

【用法】 药浴或喷雾，按 1：（67～100）稀释，配成 0.2%～0.3% 水溶液。

【规格】 20%。

（二）拟菊酯类

拟除菊酯是根据除虫菊酯的化学结构人工合成的一类杀虫药，具有高效、杀虫谱广、低毒、低残留等特点。本类药物主要是作用于昆虫神经系统，通过特异性受体或溶解于膜内而改变神经突触膜对离子的通透性，选择性作用于膜上的钠通道，延迟离子通道的关闭，使 Na^+ 持续内流，引起其过度兴奋、痉挛，最终麻痹而死亡。

二氯苯醚菊酯吡虫啉滴剂

【概述】 淡黄色至淡棕色液体。主要成分为二氯苯醚菊酯、吡虫啉。属于兽用非处方药。

【作用】 二氯苯醚菊酯属 I 型菊酯类杀虫剂、杀螨剂和驱虫剂，主要影响脊椎动物和无脊椎动物的电压依赖性钠通道，延迟和延长该通道激活与失活，导致寄生虫高度兴奋，直至死亡。吡虫啉为新一代氯代烟碱杀虫剂，对昆虫的中枢神经系统突触后烟碱型乙酰胆碱受体具较高亲和性，可抑制乙酰胆碱活性，导致寄生虫麻痹和死亡。对成年蚤和各个阶段幼蚤有效，对环境中幼蚤也有杀灭作用。二者联合使用，具有协同作用。本品还可抑制蜱、蚋、蚊子吸血，减少血媒性传染病的发生和传播。

本品为局部使用，犬局部使用后，能迅速扩散到体表，治疗后 4 周内动物体表和毛发均能检测到活性药物。

【应用】 预防和治疗犬体表蚤、蜱、虱的寄生，抵抗蚋和蚊子的叮咬，并可用作辅助治疗因蚤引起的过敏性皮炎。

【注意】 ①本品仅用于宠物犬（勿用于猫），七周龄以下的幼犬请勿使用。怀孕及哺乳期的母犬亦可使用本品。避免犬只因舔身体而误食本品。使用本品的犬在洗浴、游泳和淋雨后仍能保持药效。正确使用，极少引发犬只副作用；可能会引起一过性皮肤过敏；②人如果误食本品，请勿立即诱吐，应立即就医。皮肤或头发不慎接触本品，应立即脱掉被污染的衣物，并用流水冲洗皮肤和头发。本品若不慎溅入眼睛，应立即用大量流水冲洗。使用本品后，应清洗双手；③本品对水生动物有长期持续性的毒性，勿将本品投入水中。本品对土壤形态有影响，未用完的本品或用完的包材应用纸包好后放入垃圾桶内，勿随便丢弃；④本品吸入有害，勿吸入蒸气。本品易燃，勿在高温或明火处使用或贮藏本品，请勿冷冻，密封，室温保存。无须制定休药期。

【用法】　皮肤外用：分开犬毛至看到皮肤，将滴管前段抵住皮肤，适当挤出药液到皮肤上，最后用毛覆盖用药部位。犬体重≤4kg 时，取 0.4mL/支规格的药滴于犬背部肩胛骨之间；体重 4~10kg 时，取 1.0mL/支规格的药滴于犬背部肩胛骨之间；体重 10~25kg 时，取 2.5mL/支规格的药滴于犬背部肩胛骨中间、后背臀部中间和前两点连线中间分两点，分四点给药；体重 25~50kg 时，取 4.0mL/支规格的药滴于犬背部肩胛骨中间后背臀部中间和前两点连线中间分两点，分四点给药；体重≥50kg 时，取 4.0mL/支规格的药 2 支滴于犬背部肩胛骨中间、后背臀部中间和前两点连线中间分两点，分四点给药。预防或治疗期间，每月使用 1 次，可维持至少 1 个月有效。

【规格】　①0.4mL：二氯苯醚菊酯 200mg+吡虫啉 40mg；②1.0mL：二氯苯醚菊酯 500mg+吡虫啉 100mg；③2.5mL：二氯苯醚菊酯 1250mg+吡虫啉 250mg；④4.0mL：二氯苯醚菊酯 2000mg+吡虫啉 400mg。

（三）其他类

双甲脒

【概述】　微黄色澄清液体。主要成分为双甲脒。属于兽用非处方药。

【作用】　本品为广谱杀虫药，对各种螨、蜱、蝇、虱等均有效，主要为接触毒，兼有胃毒和内吸毒作用。其杀虫作用在某种程度上与其抑制单胺氧化酶有关，而后者是参与蜱、螨等虫体神经系统胺类神经递质的代谢酶。因双甲脒的作用，吸血节肢昆虫过度兴奋，以致不能吸附动物体表而掉落。本品产生杀虫作用较慢，一般在用药后 24h 才能使虱、蜱从体表脱落，48h 可使螨从患部皮肤自行脱落。一次用药可维持药效 6~8 周，保护畜体不再受体外寄生虫的侵袭。此外，对大蜂螨和小蜂螨也有较强的杀虫作用。

【应用】　用于杀螨、灭蜱、虱等体外寄生虫。

【注意】　①本品对皮肤有刺激性，使用时防止药液沾污皮肤和眼睛；②无须制定休药期。遮光，密封保存。

【用法】　药浴、喷洒、涂擦：配成 0.025%~0.05%溶液。

【规格】　溶液：12.5%。

烯啶虫胺

【概述】　白色至淡黄色片。主要成分为烯啶虫胺。属于兽用非处方药。

【作用】 本品是一种新烟碱类药，可结合并抑制昆虫的特异性烟碱乙酰胆碱受体，干扰神经递质传递而导致成年跳蚤死亡。它不抑制乙酰胆碱酯酶。给犬、猫用药15~30min后，即可观察到对跳蚤的驱杀效果，6h内可以观测到95%~100%的杀灭效果。

烯啶虫胺经犬、猫胃肠道迅速且几乎完全被吸收。喂食不影响吸收，喂食可稍微推迟药物到达血药浓度峰值的时间，但不影响其他药理作用和药效。药物在靶动物体内0.5~2h达到血药浓度峰值，作用后很快排出体外。在犬的半衰期为4h，在猫的半衰期为8h。犬在1d内（猫在2d内）90%以上药物经尿液排泄，主要以原形药方式排出。

【应用】 用于杀灭寄生于犬、猫体表的跳蚤。

【注意】 ①喂药后1h内，宠物会有比平时较频繁的抓挠动作，这是由于跳蚤对药品产生反应而导致的。极少数的猫会有非常短暂的高度兴奋表现。通过检查被毛下面的皮肤或是用细的金属梳子梳理被毛，就可以发现跳蚤。宠物频繁抓挠或过分地梳理被毛也是跳蚤寄生的征兆；②本品可用于动物的怀孕期和哺乳期。不要用于小于4周龄或体重低于1kg的犬猫；③置于儿童接触不到和看不见的地方；④废弃药品不应通过污水或家庭垃圾处理；⑤无须制定休药期。遮光、密封，在25℃以下保存。

【用法】 一次内服给药，可同食物一起喂食，也可单独喂服。当有跳蚤寄生时，猫和体重1~11kg的犬，给药11.4mg；体重在11.1~57kg的犬，给药57mg；体重超过57kg的犬，给药114mg。若跳蚤寄生严重，则每天用药或每隔1d重复用药1次，直到跳蚤得到控制。如果跳蚤重新出现，应再次用药。

【规格】 片剂：①11.4mg；②57mg。

非泼罗尼

【概述】 喷雾剂为无色或几乎无色的澄清液体；滴剂为淡黄色的澄清液体。主要成分为非泼罗尼。属于兽用非处方药。

【作用】 本品与昆虫神经中枢细胞上γ-氨基丁酸受体结合，阻塞神经细胞的氯离子通道，从而干扰虫体中枢神经的正常功能，导致昆虫和螨的中枢神经系统过度兴奋而死亡。

本品为高亲脂性药物，药物黏附在犬的肩胛骨间的皮肤上，由皮肤表面的油脂扩散，给药24h内分布至全身表面并储存于皮脂腺中，之后经由皮肤正常的皮脂分泌而持续释放至皮肤表面及毛发上。经皮肤吸收进入血液的量很少，但分布较为广泛，主要贮存在脂肪组织。进入全身系统的非泼罗尼主要代谢为其磺酰物，与未代谢的非泼罗尼通过尿液和粪便排出体外。

【应用】 用于驱杀犬、猫跳蚤等体外寄生虫。

【注意】 ①犬、猫不慎舔舐用药部位，会因制剂中赋形剂（酒精）的作用出现短暂的流涎。此外，极少数患犬会在用药部位出现一过性皮肤过敏症状（脱屑、掉毛、瘙痒和红疹现象），极罕见敏感体质的犬使用后出现过敏、抑郁等神经症状或者呕吐和呼吸异常。发生如上情况应立即停止给药。使用前及使用后48h内不要用洗毛精给动物洗澡；②本品易燃，勿在热源和明火附近储存和使用，动物使用该药后30min内勿靠近明火。发烧、患有系统性疾病及处于恢复期的犬、猫禁用，对杀虫剂和酒精过敏的犬、猫及人避免接触本品；③人吞服和吸入本品有害，给药过程中请勿吸烟、进食及饮水，给药后请清洗双手及接触到药物的皮肤。非泼罗尼可能会对水生动物产生毒性作用，禁止将用剩的药和容器丢弃到池塘、排水管道和水沟；④本品可导致皮肤和眼睛的轻微刺激，药物不慎溅到眼睛，立即用清水多次冲洗；⑤无须制定休药期。遮光、密封保存。

【用法】 外用喷雾，喷量为0.5mL/喷次。根据犬毛发的长度和浓密度给药，短毛犬和长毛犬的给药剂量分别为3mL/kg体重和6mL/kg体重，毛发中等浓密的犬为3~6mL/kg体重剂量范围内给药，相当于每1kg体重使用本品6~12喷次，感染严重的犬可加倍剂量使用，每月一次。或遵医嘱。操作方法：将动物置于通风良好的房间或室外，操作人员佩戴防水的一次性手套，待动物处于相对安静状态时，垂直持本品在距离动物10~20cm处向其全身逆毛喷雾，给药部位包括犬左右两侧的前上肢、胸部、腹部、后肢至后脚掌；背部给药从颈部向后喷洒至腰部至尾巴；狗的腹面部位从下颌底部至胸部、肚子以及四肢的内侧面；眼部及头部给药时，先将药物喷在手套上，避开眼睛和嘴，轻轻涂抹在毛发上，直至毛发全部润湿。喷洒结束后揉搓被毛，确保全身被毛层全部湿润，药物覆盖全部的皮肤和被毛，自然风干，切勿用毛巾擦干。犬洗浴两日后使用本品，使用后24h内避免洗澡可以达到最好的疗效。

滴剂，滴于犬、猫舔不到的皮肤处。每只猫使用0.5mL；体重10kg以下的犬使用0.67mL；体重10~20kg的犬使用1.34mL；体重20~40kg的犬使用2.68mL；体重40kg以上的犬使用5.36mL。

【规格】 喷雾剂：100mL：0.25g。滴剂：①0.5mL：50mg（猫用）；②0.67mL：67mg（犬用）；③1.34mL：134mg（犬用）；④2.68mL：268mg（犬用）；⑤5.36mL：536mg（犬用）。

非泼罗尼甲氧普烯双甲脒滴剂

【概述】 由A、B两种溶液组成。A溶液为淡黄色澄清液体，B溶液为无色至淡黄色澄清液体。主要成分为非泼罗尼、甲氧普烯、双甲脒。属于兽用非处方药。

【作用】 非泼罗尼是一种对多种害虫具有防治效果的广谱杀虫药。与昆虫中枢神经细胞膜上的γ-氨基丁酸受体结合，关闭神经细胞的氯离子通道，从而干扰中枢神经系统的正常功能，进而导致昆虫死亡。主要通过胃毒和触杀起作用，也具有一定的内吸作用。

甲氧普烯是昆虫的生长调节剂，与昆虫保幼激素分子结构相似，对未成熟阶段昆虫的发育有抑制作用。这种药物与保幼激素的作用机制相类似，可导致昆虫发育受阻和发育阶段的跳蚤死亡。甲氧普烯对动物体上的卵的作用机制主要包括：通过直接渗透作用穿过卵壁进入新生跳蚤卵或者通过跳蚤成虫角质上皮的吸收而进入卵内；甲氧普烯对跳蚤幼虫和蛹的发育也有很强的抑制作用。

双甲脒是一种广谱杀虫药，对各种螨、蜱、蝇、虱等均有效，主要为接触毒性，兼有胃毒和内吸毒作用。双甲脒的杀虫作用在某种程度上与其抑制单胺氧化酶有关，而后者是参与蜱、螨等虫体神经系统胺类神经递质的代谢酶。因双甲脒的作用，吸血节肢昆虫过度兴奋，以致不能吸附动物体表而掉落。

【应用】 用于快速驱杀犬体表的蜱、跳蚤（成虫及幼虫）、虱子、疥螨，可以预防蜱和跳蚤作为媒介的传染性疾病。

【注意】 ①某些皮肤敏感犬，使用本品后在给药部位可能会形成皮肤刺激性皮炎，犬如果舔舐用药部位，可能会出现流涎、呕吐、嗜睡等症状。如果持续出现上述情况，请停止使用本品并咨询兽医。必要时可用拮抗药如阿替美唑治疗。如果出现严重不良反应，应立即停止用药；②用于 8 周龄以上健康犬，勿用于患病犬；禁用于猫、兔。滴于犬不易舔舐的颈背部。勿超剂量给药，重复用药间隔最短应超过 2 周；③使用本品时，使用者勿进食、喝水等。用药后及时用皂水洗手；④本品应存放于儿童触及不到之处，用完空管应妥善处理；⑤无须制定休药期。密封，常温保存。

【用法】 外用。分开犬颈背部毛发，沿犬背部分两点将双腔滴管中 A 溶液、B 溶液同时涂于颈背部皮肤。体重 2~10kg 的犬使用 1.07mL；体重 10~20kg 的犬使用 2.14mL；体重 20~40kg 的犬使用 4.28mL；体重 40~60kg 的犬使用 6.42mL。

【规格】 滴剂：A 溶液每 1mL 中含非泼罗尼 100mg、甲氧普烯 90mg；B 溶液每 1mL 中含双甲脒 200mg。①A 溶液 0.67mL、B 溶液 0.4mL；②A 溶液 1.34mL、B 溶液 0.8mL；③A 溶液 2.68mL、溶液 1.6mL；④A 溶液 4.02mL、B 溶液 2.4mL。

吡虫啉莫昔克丁滴剂

【概述】 黄色至棕黄色液体。主要成分为吡虫啉、莫昔克丁。

【作用】 吡虫啉为新一代氯代烟碱杀虫剂，对昆虫的中枢神经系统突触后烟碱型乙酰胆碱受体具较高亲和性，可抑制乙酰胆碱活性，导致寄生虫麻痹和死亡。对成年蚤和各个阶段幼蚤有效，对环境中幼蚤也有杀灭作用。莫昔克丁的作用机理与阿维菌素和伊维菌素相似，对体内外寄生虫尤其是线虫和节肢动物具有良好的驱杀作用，其驱虫作用机理在于促进神经递质 γ-氨基丁酸的释放，增加其与突触后受体的结合力，氯离子通道开放。莫昔克丁对谷氨酸介导的氯离子通道也具有选择性和高亲和力，从而干扰神经肌肉间的信号传递，使虫体松弛麻痹，导致虫体死亡。线虫的抑制性中间神经元和兴奋性运动神经元是其作用部位，而节肢动物的作用部位是神经肌肉接头。二者联合使用，具有协同作用。

首次给药后，吡虫啉在当天迅速分布到犬、猫体表，并在给药期间始终在体表留存。给药后犬 4～9d、猫 1～2d，莫昔克丁在猫体内的血药浓度达到最高，1 个月内分布到全身并缓慢代谢排出。

【应用】 用于预防和治疗犬、猫的体内、外寄生虫感染。预防和治疗跳蚤感染（犬、猫栉首蚤），治疗虱子感染（犬啮毛虱）、耳螨感染（耳痒螨）、犬疥螨病（疥螨）和蠕形螨病（犬蠕形螨），治疗血管圆线虫和胃肠道线虫感染（犬、猫弓首蛔虫、犬钩口线虫、狭头钩虫和管形钩口线虫的成虫，未成熟成虫和 L4 期幼虫；狮弓蛔虫和狐毛首线虫的成虫）。并可用作辅助治疗因跳蚤引起的过敏性皮炎。

【注意】 ①在个别情况下，本产品可能会引起局部过敏反应，引起短暂的瘙痒、毛发粘连、红斑或呕吐。这些症状不需处理即可消失。给药后，如果宠物舔食了给药部位，可能偶尔会出现一过性的神经症状，如兴奋、震颤、眼科症状（瞳孔放大、瞳孔反射和眼球震颤）、呼吸异常、流涎和呕吐等症状；偶尔会出现短暂的行为改变，如不愿运动、兴奋和食欲不振等；②7 周龄下的幼犬、9 周龄下的小猫勿用。对本品过敏的犬、猫勿用。1kg 以下的、怀孕及哺乳期内犬、猫应慎用。病犬、猫和体质虚弱的犬、猫应慎用；③本品含有莫昔克丁（大环内酯类），因此将本品用于柯利犬、古英国牧羊犬和相关品种时，需特别注意防止这些犬经口舔舐本品；④使用本品过程中，勿让药管内的药物接触被给药宠物或其他宠物的眼睛和口腔。防止用完药的宠物互相舔毛。药物未干之前，勿触摸或修剪毛发；⑤在给药期间，犬、猫偶尔 1 次或 2 次接触水，不会明显影响药物的疗效。但频繁使用香波洗澡或浸泡在水中可能会影响药物的疗效；⑥避免儿童接触本品。贮藏请勿超过 30℃，勿超过标示效期使用。对本品过敏的人员请勿给药；⑦给药时，使用人员应避免本品接触皮肤、眼睛和口腔，勿进食、喝水或抽烟；给药后，应洗净双手。如不慎溅到皮肤，立即用肥皂和水清洗；如不慎溅入眼睛，立即用清水冲洗。如症状无好转，请持说明书就医。目前，无针对本品的特效解救药；如误食，口服活性炭可有助于解毒；⑧本品中的溶剂有可能会污染皮革、织物、塑料和油漆表面等材料，在给药部位干燥以前，防止这些材料接触给药部位。勿使本品进入地表水。未使用完的药物及包材，应按当地要求进行无害化处理；⑨无须制定休药期，密封，常温保存。

【用法】 外用，滴于犬背两肩胛骨之间到臀部的皮肤上，猫头后颈部皮肤给药，可分 3～4 处。一次量，犬，0. 1mL/kg 体重，含 10mg 吡虫啉、2. 5mg 莫昔克丁，相当于本品 0. 1mL。猫，0. 1mL/kg 体重，含 10mg 吡虫啉、1mg 莫昔克丁。预防或治疗期间，建议每月给药一次。防止舔舐。体重≤4kg 的猫使用 0. 4mL；体重 4～8kg 的猫使用 0. 8mL；体重≤4kg 的犬使用 0. 4mL；体重 4～10kg 的犬使用 1. 0mL；体重 10～25kg 的犬使用 2. 5mL；体重 25～40kg 的犬使用 4. 0mL。

【规格】　滴剂：①0.4mL（猫用）：吡虫啉 40mg、莫昔克丁 4mg；②0.8mL（猫用）：吡虫啉 80mg、莫昔克丁 8mg；③0.4mL（犬用）：吡虫啉 40mg、莫昔克丁 10mg；④1.0mL（犬用）：吡虫啉 100mg、莫昔克丁 25mg；⑤2.5mL（犬用）：吡虫啉 250mg、莫昔克丁 62.5mg；⑥4.0mL（犬用）：吡虫啉 400mg、莫昔克丁 100mg。

【项目练习】

（一）选择题

1. 对蛔虫和绦虫均有驱除作用的药物是（　　）
A. 哌嗪　B. 噻嘧啶　C. 氯硝柳胺　D. 阿苯达唑
E. 伊维菌素
2. 对寄生于宠物胃肠道内线虫无驱除作用的药物是（　　）
A. 莫能菌素　B. 阿苯达唑　C. 伊维菌素　D. 左咪唑
E. 别丁
3. （　　）无杀虫作用
A. 伊维菌素　B. 敌百虫　C. 溴氰菊酯　D. 双甲脒
E. 氨丙啉
4. 下列有机磷类杀虫药（　　）可污染水源
A. 敌敌畏　B. 蝇毒磷　C. 二嗪农　D. 马拉硫磷
E. 敌百虫
5. 下列关于非泼罗尼使用错误的是（　　）
A. 使用前及使用后 48h 内不要用洗毛精给动物洗澡
B. 犬、猫不慎舔舐用药部位
C. 可用于出生一周的犬
D. 对水生动物产生毒性作用
E. 犬使用后可能会出现过敏、抑郁等神经症状或者呕吐和呼吸异常
6. 对外寄生虫无杀灭作用的药物是（　　）
A. 阿维菌素　B. 敌百虫　C. 溴氰菊酯　D. 苏拉明
E. 伊维菌素
7. 双甲脒属（　　）药
A. 抗线虫　B. 杀虫　C. 抗绦虫　D. 抗吸虫
E. 抗球虫
8. 可用于驱除心丝虫的药物是（　　）
A. 氯硝柳胺　B. 硝唑沙奈　C. 氯硝柳胺　D. 磷酸哌嗪
E. 米尔贝肟
9. 伊维菌素具有（　　）作用
A. 驱除动物体内线虫　B. 抗菌
C. 驱除动物体内绦虫　D. 抗球虫

E. 抗球虫

10. 下列不可用于驱除线虫和绦虫的药物是（　　）

A. 伊维菌素　B. 阿苯达唑　C. 双甲脒　D. 芬苯达唑

E. 奥芬达唑

（二）简答题

1. 简述伊维菌素的驱虫机理与应用。

2. 简述阿苯达唑驱虫作用机理、驱虫谱及应用。

项目四
作用于外周神经系统的药物

外周神经系统包括脑神经和脊髓神经，发出大量神经纤维分布到动物全身各组织、器官中。外周神经系统可分为传入神经纤维和传出神经纤维两大类，其药物也分为传出神经系统药物与传入神经系统药物两类。传出神经系统药物根据其对突触传递过程可分为拟胆碱药、抗胆碱药、拟肾上腺素药和抗肾上腺素药四类。传入神经又称为感觉神经，作用于此部位的药物包括局部麻醉药、皮肤黏膜保护药和刺激药三类。

任务一　作用于传出神经的药物

【学习引导】

一病犬起初兴奋不安，肌肉痉挛，轻则震颤，重则抽搐，四肢肌肉阵挛时，病犬频频踏步，横卧时则做游泳动作。瞳孔缩小，严重时成线状。大量流涎，流泪，腹痛、肠音高朗、不断拉稀水，甚至排便失禁，怀疑为有机磷中毒。请问该选择何种药物？如何使用？

【任务目标】

掌握常用作用于传出神经的药物的药理作用、临床应用、使用注意事项和用法用量。

【知识准备】

作用于传出神经药物的基本作用是直接作用于受体或通过影响递质的释放、储存和转化产生兴奋或抑制效应。

（一）概述

1. 传出神经分类

（1）按解剖学分类　传出神经可分为植物性神经和运动神经两大类。前者主要支配心脏、平滑肌和腺体等效应器的活动，后者支配骨骼肌的运动。植物性神经有节前纤维和节后纤维之分。

（2）按递质分类　传出神经末梢释放的递质主要有乙酰胆碱（Ach）和去甲肾上腺素（NE）。它们通过作用突触后膜上相应的受体，影响下一级神经元或效应器细胞的活动，完成神经冲动的传递。根据递质的不同，传出神经可分为胆碱能神经和肾上腺素能神经。

①胆碱能神经：包括运动神经、植物性神经节前纤维、副交感神经节后纤维和极少数平滑肌交感神经节后纤维。它们兴奋时释放的递质是乙酰胆碱。

②肾上腺素能神经：大部分交感神经节后纤维都属此类，它们兴奋时释放的递质是去甲肾上腺。

2. 传出神经的受体

传出神经的生理机能是通过递质与受体结合而产生效应的。它能选择性地与某些递质或药物结合，产生一定的生理或药理效应。受体可分为两大类，胆碱受体和肾上腺素受体。

（1）胆碱受体　指能与乙酰胆碱结合的受体。这种受体又可分为以下两种。

①毒蕈碱型胆碱受体：简称 M 胆碱受体或 M 受体。对毒蕈碱作用比较敏感，主要分布于副交感神经节后纤维和一小部分释放乙酰胆碱的交感神经节后纤维所支配的效应器细胞膜上。

②烟碱型胆碱受体：简称 N 胆碱受体或 N 受体。对烟碱的作用比较敏感，主要分布于植物神经节细胞膜和骨骼肌细胞膜上，一般将植物神经节细胞膜上的受体称为 N_1 受体，骨骼肌细胞膜上的受体称为 N_2 受体。

（2）肾上腺素受体　指能与去甲肾上腺素或肾上腺素结合的受体。此种受体也可分为以下两种。

①α-肾上腺素受体：简称 α 受体。主要分布于皮肤、黏膜、内脏的血管，虹膜辐射肌和腺体细胞等效应器细胞膜上及肾上腺素能神经末梢的突触前膜。

②β -肾上腺素受体：简称 β 受体。主要分布于心脏、血管、支气管等效应器细胞膜上。β 受体又可分为两种，即 β_1 和 β_2 受体。β_1 受体主要分布在心脏，β_2 受体主要分布在血管和支气管。

3. 传出神经递质的作用

传出神经末梢释放的递质与受体结合后产生一定的生理效应，表现如下。

（1）胆碱能神经递质的作用

①M 样作用（毒蕈碱样作用）：是兴奋 M 受体时所呈现的作用。表现为心脏抑制、血管扩张、多数平滑肌收缩、瞳孔缩小、腺体分泌增加等。

②N 样作用（烟碱样作用）：是兴奋 N 受体时所呈现的作用。表现为植物神经节兴奋、肾上腺髓质分泌增加、骨骼肌收缩等。

（2）肾上腺素能神经递质的作用

①M 样作用：是兴奋 M 受体所呈现的作用，表现为血管收缩、血压升高等。

②N 样作用：是兴奋 N 受体所呈现的作用，表现为心跳加快、心肌收缩力加强、平滑肌松弛、脂肪和糖原分解等。

4. 传出神经的生理功能

除骨骼肌受运动神经支配外，机体器官的功能一般都受交感神经和副交感神经的双重支配。虽然这两种神经的功能大多数是互相拮抗、互相制约的，但在中枢神经系统的调节下，两者的机能处于对立统一的状态，以保证机体更好地适应内外环境的变化和机体活动的需要。

5. 传出神经系统药物的作用与分类

（1）传出神经系统药物的作用　作用于传出神经系统的药物，大多数是通过影响突触传递而产生效应，其基本作用是直接作用于受体或通过影响递质的代谢过程而产生兴奋或抑制效应。

①直接作用于受体：药物直接与效应器细胞膜上的受体结合，产生两种效应：一种是产生与递质相似的作用，有拟胆碱药和拟肾上腺素药；另一种是产生与递质相反的作用，有抗胆碱药和抗肾上腺素药。

②影响递质的代谢过程：药物通过影响递质的释放和转化而产生作用。如新斯的明通过抑制胆碱酯酶的活力，减少乙酰胆碱的破坏而呈现拟胆碱作用；麻黄碱除直接作用于受体而产生效应外，还可通过促进去甲肾上腺素的释放而发挥拟肾上腺素作用。

（2）传出神经系统药物的分类　传出神经系统药物按其作用性质主要分为拟胆碱药、抗胆碱要和拟肾上腺素药等。

（二）常用的药物

1. 拟胆碱药（胆碱受体激动药）

氯化氨甲酰甲胆碱

【概述】　无色的澄明液体。主要成分为氯化氨甲酰甲胆碱。属于兽用处方药。

【作用】　本品能兴奋 M 胆碱受体，对 N 胆碱受体几乎无作用。其特点是对胃肠道和膀胱平滑肌的选择性较高，收缩胃肠道及膀胱平滑肌作用显著，对心血管系统作用很弱。因在体内不易被胆碱酯酶水解，故作用持久。

【应用】　用于胃肠弛缓，也用于膀胱积尿、胎衣不下和子宫蓄脓等。

【注意】　①本品较大剂量偶见呕吐、腹泻、气喘、呼吸困难；②本品过量中毒时可用阿托品解救；③患有肠道完全阻塞及怀孕动物禁用；④无须制定休药期。遮光，密闭保存。

【用法】　一次皮下注射，犬、猫 0.25~0.5mg/kg 体重。

【规格】　注射液：①1mL：2.5mg；②5mL：12.5mg；③10mL：25mg；④10mL：50mg。

甲硫酸新斯的明

【概述】 无色的澄明液体。主要成分为甲硫酸新斯的明。属于兽用处方药。

【作用】 本品能抑制胆碱酯酶活力，使乙酰胆碱不能水解，提高体内乙酰胆碱的浓度，从而加强和延长乙酰胆碱的作用。新斯的明兴奋胃肠道、膀胱和子宫平滑肌的作用较强，兴奋腺体、虹膜和支气管平滑肌及抑制心血管的作用较弱；对中枢作用不明显。本品对骨骼肌的作用最强，兴奋骨骼肌作用除与其抑制胆碱酯酶作用有关外，还与其能直接兴奋运动终板上的 N 受体，以及促进运动神经末梢释放乙酰胆碱有关。

本品内服难吸收，也不易通过血脑屏障。血浆蛋白结合率为 15%~25%。在体内部分药物被血浆胆碱酯酶水解，以季铵醇和原型从尿中排泄。经肝脏代谢的部分从胆道排出。

【应用】 用于治疗胃肠弛缓、重症肌无力和胎衣不下等。

【注意】 ①本品可延长和加强去极化型肌松药氯化琥珀胆碱的肌肉松弛作用。与非去极化性肌松药有拮抗作用；②本品治疗剂量副作用较小。过量可引起出汗、心动过缓、肌肉震颤或肌麻痹；③机械性肠梗阻、支气管哮喘、肠胃机械性损伤、泌尿道阻塞和腹膜炎的患病动物禁用。中毒时可用阿托品对抗其对 M 受体的兴奋作用；④无须制定休药期。遮光，密闭保存。

【用法】 一次肌内、皮下注射，犬 0.25~1mg。

【规格】 注射液：①1mL：0.5mg；②1mL：1mg；③5mL：5mg；④10mL：10mg。

2. 抗胆碱药（胆碱受体阻断药）

硫酸阿托品

【概述】 片剂为白色片，注射液为无色的澄明液体。主要成分为硫酸阿托品。属于兽用处方药。

【作用】 本品能与乙酰胆碱竞争 M 胆碱受体，从而阻断乙酰胆碱及外源性拟胆碱药的 M 样作用。大剂量也能阻断位于神经节和骨骼肌运动终板部位的 N 胆碱受体。

治疗量的阿托品对过度收缩或痉挛的胃肠平滑肌有极显著的松弛作用，对膀胱逼尿肌次之，对支气管和输尿管平滑肌的作用较弱。另外，还可松弛虹膜括约肌和睫状肌，表现为散瞳、眼内压升高和调节麻痹。唾液腺和汗腺对阿托品极敏感，小剂量能使唾液腺、支气管腺及汗腺分泌减少，较大剂量可减少胃液分泌。治疗量阿托品可短暂减慢心率。较大剂量阿托品可解除迷走神经对心脏的抑制，对抗因迷走神经过度兴奋所致的传导阻滞及心律失常。大剂量可加快心率，促进房室传导，并能扩张外周及内脏血管，解除小动脉痉挛，改善微循环。大剂量阿托品可明显兴奋迷走神经中枢、呼吸中枢、大脑皮层运动区和感觉区。中毒量偶见大脑和脊髓的强烈兴奋。

阿托品肌注易吸收。吸收后迅速分布全身，能透过胎盘屏障和血脑屏障。在肝脏代谢，经肾脏排泄，约30%~50%以原形随尿排出。

【应用】　用于解除消化道平滑肌痉挛、分泌增多和麻醉前给药等，也可用于有机磷和拟胆碱药等中毒。

【注意】　①本品副作用与用药目的有关，其毒性作用往往是使用过大剂量所致。在麻醉前给药或治疗消化道疾病时，易致肠鼓胀和便秘等。所有动物的中毒症状基本类似，即表现为口干、瞳孔扩大、脉搏快而弱、兴奋不安和肌肉震颤等，严重时则出现昏迷、呼吸浅表、运动麻痹等，最终可因惊厥、呼吸抑制及窒息而死亡。中毒解救时宜采用对症性支持疗法，极度兴奋时可试用毒扁豆碱、短效巴比妥类、水合氯醛等药物对抗。禁用吩噻嗪类药物如氯丙嗪治疗；②本品可增强噻嗪类利尿药、拟肾上腺素药物的作用。可加重双甲脒的某些毒性症状，引起肠蠕动的进一步抑制；③肠梗阻、尿潴留等患病动物禁用；④青光眼、晶状体脱位、角膜结膜干燥的患病宠物禁用；⑤无须制定休药期。密封保存。

【用法】　一次内服，每1kg体重，犬、猫0.02~0.04mg/kg体重。一次肌内、皮下或静脉注射，麻醉前给药，犬、猫0.02~0.05mg/kg体重；解除有机磷酸酯类中毒，犬、猫0.1~0.15mg/kg体重。

【规格】　片剂：0.3mg。注射液：①1mL：0.5mg；②2mL：1mg；③1mL：5mg；④5mL：25mg；⑤5mL：50mg；⑥10mL：20mg；⑦10mL：50mg。

颠茄

【概述】　浸膏为灰绿色的粉末；流浸膏为棕色的液体，气微臭；酊剂为棕红色或棕绿色的液体；气微臭。主要成分颠茄草。

【功能】　解痉止痛。

【主治】　用于冷痛。

【注意】　①按规定的用法用量使用，尚未见不良反应；②密闭，置阴凉处保存。

【用法】　一次内服，颠茄浸膏：犬0.02~0.03g；颠茄流浸膏：犬0.05~0.1mL；颠茄酊：犬、猫0.2~1mL。

3. 拟肾上腺素药（肾上腺素受体激动药）

盐酸肾上腺素

【概述】　无色或几乎无色的澄明液体；受日光照射或空气接触易变质。主要成分为肾上腺素加盐酸适量。属于兽用处方药。

【作用】　本品对α与β受体均有很强的兴奋作用，药理作用广泛而复杂。①兴奋心脏：通过激动心脏β_1受体，提高心肌兴奋性，增强心率和心肌收缩力，增强心输出量；②通过激动血管α受体，使皮肤、黏膜血管和肾脏血管强烈收缩；通过激动β_2受体，使冠状血管和骨骼肌血管扩张；③升高血压：对血压的影响与剂量有关，常用剂量下收缩压升高，舒张压不变或下降；

大剂量下收缩压和舒张压均升高；④松弛支气管平滑肌：通过激动支气管平滑肌β_2受体，产生快速而强大的松弛支气管平滑肌的作用。此外，还可以抑制肥大细胞释放致炎和致敏性物质，间接缓解支气管平滑肌痉挛，加之其能收缩支气管黏膜血管，降低了毛细血管通透性，从而有助于缓解过敏性疾病的呼吸困难症状。

本品肌内或皮下注射吸收良好，其中肌内注射比皮下注射吸收快。皮下注射一般在5~10min后出现作用，而肌内注射作用可立即出现，且作用强烈。肾上腺素不能通过血脑屏障，但能通过胎盘屏障或分泌到乳汁中。肾上腺素主要通过神经末梢的摄取和代谢终止其作用。在肝脏和其他组织中则由单胺氧化酶、儿茶酚胺氧位甲基转移酶代谢灭活。

【应用】　用于心脏骤停的急救；缓解严重过敏性疾患的症状；也常与局部麻醉药配伍，以延长局部麻醉持续时间。

【注意】　①本品可诱发兴奋、不安、颤抖、呕吐、高血压（过量）、心律失常等。局部重复注射偶见注射部位组织坏死；②碱性药物，如氨茶碱、磺胺类的钠盐、青霉素钠（钾）等可使本品失效。某些抗组胺药（如苯海拉明）可增强其作用。酚妥拉明可拮抗本品的升压作用。普萘洛尔可增强其升高血压的作用，并拮抗其兴奋心脏和扩张支气管作用。强心苷可使心肌对本品更敏感，合用易出现心律失常。与催产素、麦角新碱等合用，可增强血管收缩，导致高血压或外周组织缺血；③本品如变色即不得使用；④与全麻药如水合氯醛合用时，易发生心室颤动。亦不能与洋地黄、钙剂合用。器质性心脏疾患、甲状腺机能亢进、外伤性及出血性休克等患病动物慎用；⑤无须制定休药期。遮光，密闭，在阴凉处保存。

【用法】　一次皮下注射，犬0.1~0.5mg。一次静脉注射，犬0.1~0.3mg。

【规格】　注射液：①0.5mL：0.5mg；②1mL：1mg；③5mL：5mg。

盐酸右美托咪定

【概述】　无色的澄明液体。主要成分为盐酸右美托咪定。

【作用】　本品是一种高特异的α_2-肾上腺素受体兴奋药。α_2-肾上腺素受体的激活能在多个器官与组织中产生多种反应，其中主要是降低交感神经的活性，产生镇静和止痛作用，这些作用的深度和过程与药物浓度相关。右美托咪定对其他中枢抑制剂（如麻醉剂）具有显著的增效作用，并能够显著降低麻醉剂的剂量。按照推荐剂量的右美托咪定做前驱麻醉可以减少插管法注射用药剂量的30%~60%。本品按照推荐剂量使用，可减少吸入麻醉药物的浓度40%~60%。麻醉药物的剂量可以根据病畜的反应进行滴加。

【应用】　用于犬、猫的镇静剂和止痛剂，便于临床检查、临床治疗、小的手术和小的牙处理。也可用于犬深度麻醉前的前驱麻醉剂。

【注意】　①使用本品后，动物的血压会升高，随后会恢复正常或稍低于正常水平。也能导致呼吸频率减少和体温降低。体温降低的程度和过程与药物剂量相关。可能会引起胃肠蠕动减慢，同时由于抑制胰岛素的释放导致血糖升高，从而引起尿量增加。某些犬采用右美托咪定镇静后可能会出现本能性的肌肉收缩（颤搐）。α_2-肾上腺素受体激动剂可对猫的脑中枢产生刺激作用发生呕吐。本品像所有的 α_2-肾上腺素兴奋药一样存在潜在的过敏反应，还可能出现反常反应（兴奋）；②在使用本品前应对犬猫禁食 12h。为防止镇静状态下由于黑暗反射引起的角膜干燥，可以使用润滑剂；③在使用右美托咪定注射后，动物应先休息 15min；5～15min 产生镇静及止痛作用，注射后 15～30min 达到最佳效果；④注意 μg/kg 剂量是随着体重的增加而减少；⑤禁用于具有下列症状的犬猫，包括心血管病症、呼吸系统病症、肝肾病症或由炎热、寒冷或疲劳引起的条件性休克、重度虚弱或应激；⑥使用本品引发的副反应可采用阿替美唑注射液进行救治。由于其镇静与止痛作用被逆转，恢复之后依然会有痛感，仍需要疼痛护理；⑦在接触已被镇静的动物时要多加小心，任何操作或突然的刺激均可能引起看似深度镇静的动物表现出具有攻击性的自我保护行为；⑧避免儿童接触本品。操作时应该特别小心，避免身体的任何部位直接接触本品。如不慎接触眼睛，立即用清水连续冲洗 15min 以上。如不慎接触皮肤，立即用肥皂水洗净，并脱去被污染的衣物。局部接触、口腔接触或发生误注射均可引起相应反应，包括产生镇静、低血压以及心动过缓等症状，如发生上述情况，应立即寻求医生诊治；⑨无须制定休药期。在 15～30℃ 遮光保存。开启后，28d 内用完。

【用法】 用于犬的镇静和止痛：肌内注射 500μg/m^2 或静脉注射 375μg/m^2。用于犬的前驱麻醉剂：肌内注射 125 或 375μg/m^2。用于猫的镇静和止痛：肌内注射 40μg/kg。

【规格】 注射液：10mL：5mg。

4. 抗肾上腺素药（肾上腺素受体阻断药）

盐酸阿替美唑

【概述】 无色的澄明液体。主要成分为盐酸阿替美唑。

【作用】 本品是一种高效的 α_2-肾上腺素受体阻断剂（拮抗剂），它能选择性地和竞争性地抑制 α_2-肾上腺素受体。阿替美唑能消除（或抑制）α_2-肾上腺素受体兴奋剂右美托咪定注射液或美托咪定注射液引起的镇静与止痛作用。阿替美唑不会逆转其他类别的镇静剂、麻醉剂或止痛剂的作用。

肌内注射后阿替美唑快速吸收；在大约 10min 内达到峰浓度。通常在注射后 5～10min 内有明显开始苏醒的迹象，具体情况取决于右美托咪定或美托咪定引起的镇静作用的深度与持续时间。血清中的消除半衰期小于 3h。阿替美唑主要在肝中氧化，代谢产物主要在尿液中排泄。

【应用】 用于解除犬和猫右美托咪定的镇静和止痛作用，及逆转其他的作用，如心血管作用和呼吸作用。

【注意】 ①使用本品后，偶尔可能出现呕吐、气喘、心动过速、大小便失禁与肌肉颤动。有时，注射阿替美唑的狗会出现激动或挑衅的阶段。阿替美唑的其他不良作用包括过度流涎、腹泻与震颤；②本品能够产生突然的镇静和止痛逆转。在处理由镇静中苏醒的犬时应该考虑到不安或挑衅行为的潜在可能，特别是有神经过敏或恐惧倾向的犬。这时应避免刺激犬。关于阿替美唑与其他药物联合使用的信息不多，因此，多种药物联合使用时要谨慎。应该密切监视动物的持续体温降低、心搏徐缓与呼吸抑制等症状，直到完全恢复。老年、体虚的动物使用麻醉剂时应谨慎；③当阿替美唑逆转右美托咪定或美托咪定镇静有关的临床症状时，生理状况完全转至处理前的状态可能不是立即的或者可能是暂时的，所以应该监测镇静作用的复发；④本品未在怀孕动物上进行评价；因此，该药物不推荐用于怀孕的或泌乳的动物，或用于繁殖的动物；⑤不得用于人。应放置在儿童接触不到的地方。盐酸阿替美唑可以被吸收并且在直接接触皮肤、眼睛或嘴部后可能引起刺激。一旦出现意外的眼睛接触，用水冲洗 15min。一旦出现意外的皮肤接触，用香皂和水冲洗。脱掉污染的衣服。如果出现刺激或其他不良反应（例如，心率提高，震颤，肌肉抽筋），请咨询医生。一旦出现意外的口服或注射，请咨询医生；⑥禁用于出现以下症状的犬：心脏病、呼吸失常、肝或肾疾病、休克、严重虚弱或者处于极度热、冷或疲劳重压的犬。禁用于对该药物已知过敏的犬；⑦禁用于其他镇静剂（如地西泮或阿片类药物等）的作用；⑧注意 μg/kg 剂量随着体重的增加而减少。对于猫，注射盐酸阿替美唑 μg/kg 剂量不得超过前面给予右美托咪定的 8 倍；⑨无须制定休药期。在 15～30℃遮光保存。开启后，28d 内用完。

【用法】　肌内注射：给药剂量与之前给予的多咪静相比，①按 mL 数计算，对于犬，与之前的相同；对于猫，减半；②按 μg/kg 计算，对于犬，为之前给予剂量的 10 倍；对于猫，为之前的 5 倍。

【规格】　注射液：10mL：50mg。

任务二　局部麻醉药

【学习引导】

一京巴犬，1 岁，体重 5kg，病犬主要表现出顽固性呕吐、腹泻、血便、腹痛等症状，腹部触诊时病犬表现敏感，在右下摸到坚实而有弹性的类似香肠样肿块，初步判定为肠套叠，对其进行手术治疗。请问该选择何种局部麻醉药物？如何使用？

【任务目标】

掌握常用局部麻醉药物的药理作用、临床应用、使用注意事项和用法用量。

【知识准备】

（一）概述

1. 概念

局部麻醉药简称局麻药，是指在低浓度时能选择性、可逆性地阻断神经干或神经末梢冲动传导，使其所支配的相应组织暂时失去痛觉的药物。

2. 作用特点

局部麻药在低浓度时就能阻断感觉神经冲动的传导。当浓度升高时，对神经组织的任何部位都有作用，但不同的神经纤维对局麻药的敏感度不同。这与神经纤维的粗细、分布的深浅及有无髓鞘等有关。感觉神经纤维最细，多分布在表面，大多数无髓鞘，故容易被麻醉。而在感觉神经纤维中，痛觉神经纤维最细，故在感觉中痛觉最先消失，依次是冷、温、触、关节感觉和深压感觉，恢复时顺序相反。

3. 作用机理

神经冲动的产生和传导有赖于神经细胞膜对离子通透性的一系列变化。在静息状态下，钙离子与细胞膜上的磷脂蛋白结合，阻止钠离子内流。当神经受到刺激兴奋时，钙离子离开结合点，钠离子信道开放，钠离子大量内流，产生动作电位，从而产生神经冲动与传导。局部麻醉药的作用在于它能与钙离子竞争，并牢固地占据神经细胞膜上的钙离子结合点，当神经兴奋到达时，局麻药不能脱离结合点，因而阻碍了钠离子内流，动作电位不能产生（即膜稳定作用），神经传导阻断，产生局部麻醉作用。

4. 麻醉方式

根据手术及用药目的的不同，局麻药常采用以下给药方式。

（1）表面麻醉　将药液用于黏膜的表面，使黏膜下的感觉神经末梢被麻醉。可采用滴入、涂布或喷雾等方法，用于眼、口腔及泌尿道等手术的麻醉。要求药物的穿透力强，对黏膜无损害作用。可用丁卡因、利多卡因等。

（2）浸润麻醉　将药液注入皮下、肌肉、浆膜等处，使支配其部位的神经纤维和神经末梢被麻醉，阻断疼痛刺激向中枢传导。适用于脓肿切开等各种小手术。可选用毒性最小的普鲁卡因，其次是利多卡因等。

（3）传导麻醉　将药液注入神经干周围，使其所支配的区域产生麻醉。常用于剖腹术及跛行诊断等。可选用普鲁卡因、利多卡因。传导麻醉不会引起神经的永久性损伤，一般情况下用药后 10min 开始完全麻醉，持续约 1h。

（4）椎管内麻醉　将药液注入椎管中的麻醉方式。若将药液注入硬膜外腔，称硬膜外腔麻醉。此法临床多适用于膀胱、阴茎麻醉以及难产的救助等。可选用的药物有普鲁卡因、利多卡因。若将药液注入蛛网膜下腔，称为腰椎麻醉。

（5）封闭疗法　将药液注入患部周围或与患部有关的神经通路上，以阻断病灶的不良冲动向中枢传导，从而减轻疼痛，缓解症状，改善神经营养。如将药液注入静脉内，使之作用于血管壁感受器，也可达到封闭的目的。临床主要用于治疗蜂窝织炎、疝痛、关节炎、烧伤、久治不愈的创伤、风湿病等。此外，还可进行四肢环状封闭和穴位封闭。

（二）常用的局部麻醉药

盐酸普鲁卡因

【概述】 无色的澄明液体。主要成分为盐酸普鲁卡因。属于兽用处方药。

【作用】 本品属于短效酯类局麻药，对皮肤、黏膜穿透力差，故不适于表面麻醉。注射后1~3min呈局麻效应，持续45~60min。本品具有扩张血管的作用，加入微量缩血管药物如肾上腺素，则局麻时间延长。吸收作用主要是对中枢神经系统和心血管系统的影响，小剂量中枢轻微抑制，大剂量时则兴奋。另外，能降低心脏兴奋性和传导性。

本品在用药部位吸收迅速，吸收后大部分与血浆蛋白暂时结合，而后被逐渐释放出来，再分布到全身。能较快通过血脑屏障和胎盘。游离型普鲁卡因可迅速地被血浆中的假性胆碱酯酶水解，生成对氨基苯甲酸和二乙氨基乙醇，从尿中排出。

【应用】 用于浸润麻醉、传导麻醉、硬膜外麻醉和封闭疗法。

【注意】 ①本品在体内的代谢产物对氨基苯甲酸，能竞争性地对抗磺胺药的抗菌作用，另一代谢产物二乙氨基乙醇能增强洋地黄的减慢心率和房室传导作用，故不应与磺胺药或洋地黄合用。与青霉素形成盐可延缓青霉素的吸收；②按规定的用法用量使用，尚未见不良反应。剂量过大易出现吸收作用，可引起中枢神经系统先兴奋后抑制的中毒症状，应进行对症治疗；③本品应用时常加入0.1%盐酸肾上腺素注射液（用量一般为每100mL药液中加入0.1%盐酸肾上腺素0.2~0.5mL），以减少普鲁卡因吸收，延长局麻时间；④无须制定休药期。遮光，密闭保存。

【用法】 浸润麻醉、封闭麻醉，0.25%~0.5%的溶液；传导麻醉，2%~5%的溶液，小动物2~5mL。

【规格】 注射液：①5mL：0.15g；②10mL：0.1g；③10mL：0.2g；④50mL：1.25g；⑤50mL：2.5g；⑥10mL：0.3g。

盐酸利多卡因

【概述】 无色的澄明液体。主要成分为盐酸利多卡因。属于兽用处方药。

【作用】 本品属于酰胺类中效局麻药，局麻作用较普鲁卡因强1~3倍，穿透力强，作用快，维持时间长（1~2h）。扩张血管作用不明显，其吸收作用表现为中枢神经抑制。此外，利多卡因还有抗心律失常作用，抑制心室自律性，缩短不应期，可用于治疗心律失常。本品内服由于较强首过效应而不能达到有效血药浓度，故治疗心律失常时必须静脉注射。

本品局部或注射用药，1h 内有 80%～90%被吸收，血浆蛋白结合率为 70%。在体内分布广泛，犬的表观分布容积为 4.5L/kg，能通过血脑屏障和胎盘，可分布于乳中。进入体内的大部分药物先经肝降解，再进一步被酰胺酶水解并随尿排出。犬的消除半衰期为 0.9h。

【应用】 用于表面麻醉、传导麻醉、浸润麻醉和硬膜外麻醉。

【注意】 ①本品与抗肾上腺素药合用，可增强利多卡因药效。与其他抗心律失常药合用，可增加本品的心脏毒性；②推荐剂量使用有时出现呕吐；过量使用主要有嗜睡、共济失调、肌肉震颤等；大剂量吸收后可引起中枢兴奋如惊厥，甚至发生呼吸抑制；③当本品用于硬膜外麻醉和静脉注射时，不可加肾上腺素。剂量过大易出现吸收作用，可引起中枢抑制、共济失调、肌肉震颤等；④无须制定休药期，密闭保存。

【用法】 表面麻醉用 2%～5%溶液；浸润麻醉用 0.25%～5%溶液；传导麻醉用 2%溶液；硬膜外腔麻醉用 2%溶液，犬 1～10mL，猫 2mL。

【规格】 注射液：①5mL：0.1g；②10mL：0.2g；③10mL：0.5g；④20mL：0.4g。

【项目练习】

（一）选择题

1. 适用于表面麻醉的药物是（　　）

A. 丁卡因　　B. 咖啡因　　C. 戊巴比妥　　D. 普鲁卡因

E. 硫喷妥钠

2. 促进唾液、胃肠消化腺分泌的药是（　　）

A. 阿托品　　B. 毛果芸香碱　　C. 士的宁　　D. 麻黄碱

E. 新斯的明

3. 治疗重症肌无力，应首选（　　）

A. 毛果芸香碱　　B. 阿托品　　C. 琥珀胆碱　　D. 毒扁豆碱

E. 新斯的明

4. 解救筒箭毒碱中毒的药物是（　　）

A. 新斯的明　　B. 氨甲酰胆碱　　C. 解磷定　　D. 阿托品

E. 毛果芸香碱

5. 有支气管哮喘及机械性肠梗阻的患病动物应禁用（　　）

A. 阿托品　　B. 新斯的明　　C. 山莨菪碱　　D. 东莨菪碱

E. 后马托品

6. 新斯的明的禁忌证是（　　）

A. 青光眼　　B. 阵发性室上性心动过速

C. 重症肌无力　　D. 机械性肠梗阻

E. 尿潴留

7. 治疗量的阿托品能引起（　　）

A. 胃肠平滑肌松弛　　B. 腺体分泌增加
C. 瞳孔扩大，眼内压降低　　D. 心率加快
E. 中枢抑制，嗜睡

8. 阿托品用作全身麻醉前给药的目的是（　　）
A. 增强麻醉效果　　B. 镇静
C. 预防心动过缓　　D. 减少呼吸道腺体分泌
E. 辅助骨骼肌松弛

9. 溺水、麻醉意外引起的心脏骤停应选用（　　）
A. 去甲肾上腺素　　B. 肾上腺素　　C. 麻黄碱　　D. 多巴胺
E. 地高辛

10. 救治过敏性休克首选的药物是（　　）
A. 肾上腺素　　B. 多巴胺　　C. 异丙肾上腺素　　D. 去氧肾上腺素
E. 多巴酚丁胺

11. 微量肾上腺素与局麻药配伍的目的主要是（　　）
A. 防止过敏性休克　　B. 中枢镇静作用
C. 局部血管收缩，促进止血　　D. 延长局麻药作用时间及防止吸收中毒
E. 防止出现低血压

12. 控制支气管哮喘急性发作宜选用（　　）
A. 麻黄碱　　B. 异丙肾上腺素　　C. 多巴胺　　D. 间羟胺
E. 地高辛

13. 下列属竞争性 α 受体阻断药的是（　　）
A. 酚妥拉明　　B. 间羟胺　　C. 酚苄明　　D. 甲氧明
E. 新斯的明

14. 适用于腹部和下肢手术的麻醉方式是（　　）
A. 表面麻醉　　B. 蛛网膜下隙麻醉（腰麻）
C. 浸润麻醉　　D. 传导麻醉
E. 封闭疗法

15. 下列局部麻醉方法中，不能用普鲁卡因的是（　　）
A. 浸润麻醉　　B. 传导麻醉　　C. 蛛网膜下隙麻醉　　D. 硬膜外麻醉
E. 封闭疗法

（二）简答题

1. 简述阿托品的临床作用。
2. 列举肾上腺素的作用，并说出其机理。
3. 列举出局部麻醉药的应用形式。

项目五 作用于中枢神经系统的药物

用于中枢神经系统的药物分为两大类，即中枢兴奋药和中枢抑制药。中枢抑制药又分为全身麻醉药、化学保定药、镇静药、安定药与抗惊厥药。

任务一　中枢兴奋药

【案例分析】

拉布拉多犬，4 岁，雄性，38kg，因长时间拴在院子门口被太阳暴晒，食欲下降、体温达 41.5℃，喘气、心跳过速，出现昏迷症状，经诊断为中暑，应该使用哪种药物解救？

【任务目标】

1. 掌握中枢兴奋药的基本概述。

2. 掌握常用中枢兴奋药的药理作用、临床应用、使用注意事项和用法用量。

【知识准备】

（一）概述

中枢兴奋药是能提高中枢神经系统机能活动的药物。其作用的强弱、范围与药物的剂量和中枢神经系统机能状态有关。如咖啡因剂量过大时，兴奋可扩散到延髓甚至脊髓，产生过度兴奋甚至惊厥，继而转化为中枢抑制，且这种抑制不能再被中枢神经兴奋所对抗，此时可危及宠物的生命。多数中枢神经兴奋药的治疗量与中毒量比较接近，作用时间较短，常需反复用药。因此，中枢兴奋药绝大多数属剧毒药物，故在使用时要针对中枢抑制症状选择适当药物，严格控制剂量和给药间隔时间，以免发生中毒。

根据中枢兴奋药的主要作用部位和效用不同常分下列三类。

（1）大脑精神兴奋药　除提高大脑皮层高级神经活动外，也对抗皮层下中枢的抑郁。

（2）延脑呼吸兴奋药　主要兴奋延脑呼吸中枢及血管运动中枢，常用于呼吸衰竭的急救。

（3）脊髓反射兴奋药　易化脊髓传导，提高反射功能，解除脊髓反射低落症状。

（二）常用的药物

安钠咖

【概述】　无色的澄明液体。主要成分为咖啡因、苯甲酸钠。属于兽用处方药。

【作用】　本品有兴奋中枢神经系统、兴奋心肌、松弛平滑肌和利尿等作用，其作用机理主要是阻断腺苷受体；抑制磷酸二酯酶，增加细胞内 cAMP 水平；抑制细胞内钙的运转与利用。咖啡因对中枢神经系统各主要部位均有兴奋作用，但大脑皮层对其特别敏感。小剂量即能提高大脑皮层对外界的感应性与反应能力，使宠物精神活泼；治疗量时，增强大脑皮层的兴奋过程，提高精神与感觉能力，减少疲劳，短暂地增加肌肉工作能力；较大剂量可兴奋延髓呼吸中枢和血管运动中枢；大剂量可兴奋包括脊髓在内的整个中枢神经系统，中毒量可引起强直或阵挛性惊厥，甚至死亡。咖啡因能直接作用于心脏和血管，使心肌收缩力增强，心率加快，使冠状血管、肾血管、肺血管和皮肤血管扩张。咖啡因还可松弛支气管平滑肌，但强度不如氨茶碱。

本品注射易吸收，吸收后能分布到全身各组织，脂溶性高，易通过血脑屏障，还可通过胎盘屏障进入胎儿循环。犬的半衰期为 6. 25h。主要经肝脏氧化、脱甲基化及乙酰化代谢，大部分以甲基尿酸和甲基黄嘌呤形式经尿排出，约 10%以原形排出。也可从乳中分泌。

【应用】　本品能加强大脑皮质的兴奋过程，兴奋呼吸及血管运动中枢。用于中枢性呼吸、循环抑制和麻醉药中毒的解救。

【注意】　①本品与氨茶碱合用可增加其毒性。与肾上腺素等有相互增强作用，不宜同时注射。与阿司匹林配伍可增加胃酸分泌，加剧消化道刺激反应。与氟喹诺酮类合用时，可使咖啡因代谢减少，从而使咖啡因的血药浓度升高。剂量过大可引起反射亢进、肌肉抽搐乃至惊厥；②心动过速（100 次/min 以上）或心律不齐时禁用；③忌与鞣酸、碘化物、盐酸四环素、盐酸土霉素等酸性药物混合配伍，以免发生沉淀；④剂量过大或给药过频易发生中毒。中毒时，可用溴化物、水合氯醛或巴比妥类药物对抗兴奋症状；⑤无须制定休药期。遮光，密闭保存。

【用法】　一次皮下、肌肉或静脉，犬 1~3mL。

【规格】　注射液：① 5mL：无水咖啡因 0. 24g 与苯甲酸钠 0. 26g；②10mL：无水咖啡因 0. 48g 与苯甲酸钠 0. 52g。

尼可刹米

【概述】 无色的澄明液体。主要成分为尼可刹米。属于兽用处方药。

【作用】 本品对延髓呼吸中枢具有选择性直接兴奋作用，也可作用于颈动脉窦和主动脉体化学感受器，反射性兴奋呼吸中枢，提高呼吸中枢对缺氧的敏感性，使呼吸加深加快。对大脑皮层、血管运动中枢和脊髓有较弱的兴奋作用。对其他器官无直接兴奋作用。

常用于各种原因引起的呼吸中枢抑制，如中枢抑制药中毒、疾病引起的中枢性呼吸抑制、新生仔畜窒息或加速麻醉宠物的苏醒等。对阿片类药物中毒所致的呼吸衰竭比戊四氮更有效，对吸入麻醉药中毒作用次之，对巴比妥类药物中毒的解救效果不如戊四氮。

本品内服、注射均易吸收，作用维持时间短暂，一次静脉注射仅维持药效20~30min。在体内代谢为烟酰胺，再被甲基化为*N*-甲基烟酰胺经尿液排出。

【应用】 用于解救呼吸中枢抑制。

【注意】 ①本品不良反应少，但剂量过大偶见血压升高、出汗、心律失常，震颤及肌肉强直，过量亦偶见惊厥；②本品静脉注射速度不宜过快。如出现惊厥，应及时静脉注射地西泮或小剂量硫喷妥钠。兴奋作用之后，常出现中枢抑制现象；③无须制定休药期。遮光，密闭保存。

【用法】 一次皮下、肌肉或静脉，犬0.125~0.5g。

【规格】 注射液：①1.5mL：0.375g；②2mL：0.5g。

硝酸士的宁

【概述】 无色的澄明液体。主要成分为硝酸士的宁。属于兽用处方药。

【作用】 本品可选择性兴奋脊髓，增强脊髓反射的敏感性，提高骨骼肌的紧张度。对大脑皮层也有一定的兴奋作用。中毒剂量对中枢神经系统的所有部位都有兴奋作用，使全身骨骼肌同时挛缩，出现典型的强直性惊厥。其作用机理是通过与甘氨酸受体结合，竞争性地阻断脊髓闰绍细胞释放的抑制性神经递质甘氨酸对神经元的抑制，从而引起脊髓兴奋效应。

本品注射吸收迅速，体内分布均匀。在肝脏经氧化代谢破坏，约20%以原形从尿液及唾液排泄，排泄缓慢，易产生蓄积作用。

【应用】 用于脊髓性不全麻痹。

【注意】 ①本品毒性大，安全范围小，过量易出现肌肉震颤、脊髓兴奋性惊厥、角弓反张等。因过量出现惊厥时应保持宠物安静，避免外界刺激，并迅速肌内注射苯巴比妥钠等进行解救；②肝肾功能不全、癫痫及破伤风患病宠物禁用。怀孕宠物及中枢神经系统兴奋症状的患病宠物禁用；③本品排泄缓慢，长期应用易蓄积中毒，故使用时间不宜太长，反复给药应酌情减量；④无需制定休药期。遮光，密闭保存。

【用法】 一次皮下注射，犬0.5~0.8mg。

【规格】 注射液：①1mL：2mg；②10mL：20mg。

樟脑磺酸钠

【概述】 无色或几乎无色的澄明液体。主要成分为樟脑磺酸钠。属于兽用处方药。

【作用】 本品注射后通过对局部的刺激可反射性地兴奋呼吸中枢和血管运动中枢，吸收后能直接兴奋延髓呼吸中枢。大剂量也可兴奋大脑皮层。有一定的强心作用，使心肌收缩力增强、输出量增加、血压升高等。

【应用】 用于心脏衰弱、呼吸抑制等辅助治疗。

【注意】 ①按规定的用法用量使用，尚未见不良反应；②如出现结晶时，可加温溶解后使用；③过量中毒时可静脉注射水合氯醛、硫酸镁和10%葡糖糖注射液解救；④无须制定休药期。遮光，密闭保存。

【用法】 一次皮下、肌内、静脉注射，犬0.05~0.1g。

【规格】 注射液：①1mL：2mg；②10mL：20mg。

任务二 全身麻醉药

【案例分析】

比格犬，5岁，雄性，8.7kg，近期排尿时时间较长，每次呈现排尿却尿不出或排尿时断断续续，通过临床及实验室检查诊断为膀胱结石，需要手术进行治疗。请问该选用哪种麻醉药？如何使用？使用时需要注意什么？

【任务目标】

1. 掌握全身麻醉药的基本概念及分类。

2. 掌握常用全身麻醉药的药理作用、临床应用、使用注意事项和用法用量。

【知识准备】

（一）基本概述

1. 概念与分类

（1）概念 全身麻醉药简称全麻药，指能引起中枢神经系统部分机能暂停，表现为意识与感觉特别是痛觉消失，反射与肌肉张力部分或完全消失，但仍保持延脑生命中枢功能的药物。主要用于外科手术。

中枢神经系统各个部位对麻醉药有不同的敏感性，随血药浓度升高，依次出现不同程度的抑制。其作用的顺序是大脑皮层、间脑、中脑、脑桥、脊髓，最后是延脑。麻醉结束后，血药浓度下降，中枢神经系统各个部位依相反顺序恢复其兴奋性。

（2）分类 全麻药可分为吸入麻醉药（如乙醚、氟烷等）和非吸入麻醉药（水合氯醛、氯胺酮、硫喷妥钠等）两大类。吸入性全麻药使用时比较复杂且需一定设备，基层宠物门诊难以实行，兽医临床多用非吸入性麻醉药。

2. 麻醉机理

目前为止全麻药作用的机理尚未完全定论，其学说有以下几种。

（1）脂溶性学说 认为全麻药的脂溶性与麻醉强度有密切关系，脂溶性高的药物如乙醚容易进入富有类脂质的神经细胞，并与其中的类脂质成分发生物理性结合，从而干扰了整个细胞的功能。但此类学说，对许多非脂溶性全麻药（如水合氯醛）则难以解释。

（2）脑干网状激活系统抑制学说 认为脑干网状结构是维持苏醒状态的重要部位，脑干网状结构是由多种神经元突触传导系统组成，由此与大脑皮层进行上、下行性激活系统联系。全身麻醉药对上行激活系统具有选择性抑制作用，使外周传入冲动受到阻抑并产生麻醉现象。

（3）神经突触学说 认为麻醉药进入以双层脂质分子为基础的膜结构时，吸附于疏水部分，使膜膨胀增厚，影响钠、钾离子信道，受体或酶等的构象发生变化，影响神经冲动在突触的传递而产生麻醉。

3. 麻醉分期

为了掌握麻醉深度，取得外科麻醉的效果，防止麻醉时发生事故，常根据宠物在麻醉过程中的表现将其分为三个时期。

（1）第一期（诱导期） 是麻醉的最初期，宠物表现不随意运动性兴奋、挣扎、嘶鸣、呼吸不规则、脉搏频数、血压升高、瞳孔扩大、肌肉紧张，各种反射都存在。

（2）第二期（麻醉期） 又分浅麻期和深麻期。

①浅麻期：宠物的痛觉、意识完全消失。肌肉松弛，呼吸浅而均匀，瞳孔逐渐缩小，痛觉反射消失，角膜和跖反射仍存在，但较迟钝。一般手术可在此期进行或配合局部麻醉药进行大手术。

②深麻期：麻醉继续深入，宠物出现以腹式呼吸为主的呼吸式，角膜和跖反射也消失，舌脱出不能回缩，由于深麻期不易控制而易转入延脑麻痹期，使宠物发生危险，故常避免进入此期。

（3）第三期 麻醉由深麻期继续深入，宠物瞳孔扩大，呼吸困难，呈现陈一施二氏呼吸，心跳微弱而逐渐停止，最后麻痹死亡，称为延脑麻痹期。如宠物逐渐苏醒而恢复，称苏醒期。苏醒过程中，宠物虽然醒觉，但站立不稳，易于跌撞，应加以防护。

4. 麻醉方式

为了克服全麻药的不足，增强麻醉效果，常采用联合给药或辅以其他药物的方式。

（1）麻醉前给药 在麻醉前给予某种药物，以减少全麻药的毒副作用和用量，扩大安全范围。如在麻醉前给予阿托品，以防止在麻醉中唾液和支气管腺分泌过多而引起异物性肺炎，并可阻断迷走神经对心脏的影响，防止心率减慢或骤停。

（2）混合麻醉　将数种麻醉药混合在一起进行麻醉，取长补短，往往可以达到较为安全可靠的麻醉效果。如水合氯醛+酒精、水合氯醛+硫酸镁等。

（3）配合麻醉　是以某种全麻药为主，配合局部麻醉药进行的麻醉。如先用水合氯醛达到浅麻，然后在术部使用局部麻醉药普鲁卡因等，这种方式安全范围大，用途广，临床常用。

5. 应用麻醉药的注意事项

（1）麻醉前　麻醉前要仔细检查宠物体况，对过于衰弱、消瘦或有严重心血管疾病或呼吸系统、肝脏疾病的病宠及怀孕母畜，不宜进行全身麻醉。

（2）麻醉过程中　在麻醉过程中，要不断观察宠物呼吸和瞳孔的变化情况，检查脉搏数和心搏的强弱、节律，以免麻醉过深。如发现瞳孔异常，应立即停止麻醉并进行对症处理。如打开口腔、引出舌头、进行人工呼吸或注射中枢兴奋药等。

（3）准确选用全麻药　要根据宠物种类和手术需要，选择适宜的全麻药和麻醉方式。一般马属宠物和猪对全麻药较能耐受，但巴比妥类易引起马产生明显的兴奋过程，反刍宠物在麻醉前宜停饲 12h 以上，且不宜单用水合氯醛作全身麻醉，多以水合氯醛与普鲁卡因进行配合麻醉。

（二）常用的药物

1. 吸入麻醉

吸入性麻醉药是一类挥发性的液体或气体。前者如乙醚、氟烷、异氟烷、恩氟烷和七氟烷等，后者如氧化亚氮。由呼吸道吸收进入体内，麻醉深度可通过对吸入气体中的药物浓度（分压）的调节加以控制，并可连续维持，满足手术的需要。

异氟烷

【概述】　无色透明液体，性质较稳定，无引燃性，无爆炸性。在光作用下缓慢分解，应避光保存。

【作用】　本品为最常用的吸入性麻醉剂，麻醉作用强。其镇痛和肌肉松弛作用较差。麻醉加深时，对呼吸中枢、血管运动中枢、心肌有抑制作用，可引起血压下降、心率减慢、心输出量减少。

【应用】　用于大、小宠物的全身麻醉或基础麻醉。用于大宠物时，一般先用巴比妥类麻醉剂或吩噻嗪类镇静剂。另外还可用于猴子和猩猩的保定。

【注意】　①注射本麻醉剂时，不能并用肾上腺素或去甲肾上腺素，也不可并用六甲双铵，因能诱发心律失常，或者降低宠物的血压；②本品能抑制子宫平滑肌的张力，影响催产药的作用，抑制新生宠物呼吸，不宜用于剖腹产手术；③麻醉时，给药速度不宜过快。

【用法】　多半密闭式麻醉方法给药。可先用基础麻醉（丙泊酚），再用异氟烷维持。

2. 非吸入麻醉

非吸入性全麻药，又称静脉麻醉药。通常是一些水溶性的化合物，大部分是盐类。由静脉注射进入血液，药物随血液循环进入神经中枢后产生作用。

特点：①无吸入性全麻药的呼吸抑制、黏膜刺激等副作用；②由于为注射给药，麻醉的深浅层度不易控制。

盐酸氯胺酮

【概述】 无色的澄明液体。主要成分为盐酸氯胺酮。属于兽用处方药。

【作用】 本品是一种作用迅速的全身麻醉药，具有明显的镇痛作用，对心肺功能几乎无影响。其在抑制丘脑新皮层的冲动传导同时又能兴奋脑干和边缘系统，产生“分离”麻醉。麻醉期间，宠物意识模糊，但各种反射，如咳嗽、吞咽、光反射和角膜反射依然存在，肌肉张力不变或增加，在一些宠物偶见不同程度的僵直或“木僵样”症状。

小剂量可直接用于短时、相对无痛又不需肌松的小手术。由于单独应用维持作用时间短，加之肌张力增加，因此复杂大手术一般采用复合麻醉。麻醉前给药有阿托品、氯丙嗪，配合麻醉有赛拉嗪等。

本品吸收后迅速分布全身，其中以脑、肝、肾和脂肪中浓度最高。也易通过胎盘屏障。猫肌注后约 10min 达峰浓度。其在猫、犬的血浆蛋白结合率分别为 37%~53%、53%。氯胺酮在肝脏主要经脱甲基和羟基化代谢，代谢物及原形药物随尿排出。猫的半衰期约为 1h。

【应用】 用于全身麻醉及化学保定。

【注意】 ①本品可使宠物血压升高、唾液分泌增多、呼吸抑制和呕吐等。高剂量可产生肌肉张力增加、惊厥、呼吸困难、痉挛、心搏暂停和苏醒期延长等；②巴比妥类药物或地西泮可延长氯胺酮麻醉后的苏醒时间；③对咽喉或支气管的手术或操作，不宜单用本品，必须合用肌肉松弛剂。与赛拉嗪合用能增强氯胺酮作用并呈现肌松作用，利于进行外科手术。骨骼肌阻断剂（如琥珀胆碱）偶见氯胺酮呼吸抑制作用增强；④怀孕后期宠物禁用；⑤无须制定休药期。密闭保存。

【用法】 一次肌内注射，犬 10~20mg/kg 体重，猫 20~30mg/kg 体重。

【规格】 注射液：①2mL：0.1g；②2mL：0.3g；③10mL：0.1g；④20mL：0.2g。

复方氯胺酮

【概述】 无色的澄明液体。主要成分为盐酸氯胺酮、盐酸赛拉嗪与盐酸苯乙哌酯。属于兽用处方药。

【作用】 氯胺酮和赛拉嗪均属于全身麻醉药。氯胺酮具有明显的镇痛作用，对心肺功能几乎无影响。氯胺酮在抑制丘脑新皮层的冲动传导同时又能兴奋脑干和边缘系统，产生“分离”麻醉。麻醉期间，宠物意识模糊，但各种反射，如咳嗽、吞咽、光反射和角膜反射依然存在，肌肉张力不变或增加，在一些宠物偶见不同程度的僵直或“木僵样”症状。小剂量可直接用于短时、相对无痛又不需肌松的小手术。由于单独应用维持作用时间短，加之肌张力增加，因此复杂大手术一般采用复合麻醉。麻醉前给药有阿托品、氯丙嗪，配合麻醉有赛拉嗪等。赛拉嗪属于强效 α_2-肾上腺素受体激动剂，具有明显的镇静、镇痛和肌肉松弛作用。对猫不会引起中枢兴奋，而是引起镇静和中枢抑制。对骨骼肌松弛作用与其在中枢水平抑制神经冲动传导有关，肌内注射后常可诱导猫呕吐，犬亦偶尔出现呕吐。对心血管系统和呼吸系统作用变化不定，多数宠物用药后初期血压上升，但随后因减压反射，血压长时间下降、心率减慢、心动徐缓。另外，赛拉嗪能减少交感神经兴奋性，增强迷走神经活动。对呼吸的作用是出现呼吸频率下降。对子宫平滑肌亦有一定兴奋作用，妊娠宠物慎用。

氯胺酮吸收后迅速分布全身，其中以脑、肝、肾和脂肪中浓度最高。也易通过胎盘屏障。猫肌注后约 10min 达峰浓度。其在猫、犬的血浆蛋白结合率分别为 37%~53%、53%。氯胺酮在肝脏主要经脱甲基和羟基化代谢，代谢物及原形药物随尿排出。猫的半衰期约为 1h。赛拉嗪肌内注射和皮下注射均能迅速吸收，但吸收不完全且不规则，不同种属和个体之间生物利用度差异较大，肌注的生物利用度，犬为 52%~90%。肌内注射 10~15min 即起作用，静脉注射药效产生更迅速。药效持续时间决定于给药剂量，一般可持续 1.5h。药物在体内被广泛代谢，代谢迅速，半衰期犬为 30min。

【应用】 用于全身麻醉及化学保定。

【注意】 ①本品可使宠物血压升高、唾液分泌增多、呼吸抑制和呕吐等。高剂量可产生肌肉张力增加、惊厥、呼吸困难、痉挛、心搏暂停和苏醒期延长等；②巴比妥类药物或地西泮可延长氯胺酮麻醉后的苏醒时间。赛拉嗪与水合氯醛、硫喷妥钠或戊巴比妥钠等中枢神经抑制药合用，可增强抑制效果。赛拉嗪与肾上腺素合用可诱发心律失常；③氯胺酮与赛拉嗪合用能增强麻醉作用并呈现肌松作用，拮抗其中枢兴奋反应，利于进行外科手术。骨骼肌阻断剂（如琥珀胆碱）偶见氯胺酮呼吸抑制作用增强；④怀孕后期宠物禁用；⑤无须制定休药期。密闭保存。

【用法】 一次肌内注射，犬 0.33~0.67mL/10kg，猫 0.17~0.2mL/10kg。

硫喷妥钠

【概述】 淡黄色粉末。主要成分为硫喷妥钠。属于兽用处方药。

【作用】 本品松弛肌肉作用较差，镇痛作用弱。麻醉剂量能明显抑制呼吸，剂量进一步加大可抑制心血管功能。

本品脂溶性高，静脉注射后首先分布于血液灌注量大的脑、肝、肾等组织，能迅速透过血脑屏障进入中枢神经系统并产生深度麻醉作用。静脉注射后宠物通常在 30s 至 1min 意识丧失。由于药物的迅速再分布现象，致使脑内药物浓度迅速下降，故作用维持时间很短。大多数宠物麻醉持续时间仅 5~10min。药物在肝脏代谢，但代谢速度较慢。犬的半衰期为 7h。

【应用】　用于宠物的基础麻醉。

【注意】　①本品与巴比妥硫酸盐和氟烷合用可加剧肾上腺素和去甲肾上腺素的室颤作用。硫喷妥可提高中枢抑制剂对中枢神经和呼吸系统的一致作用。与呋塞米合用会引起或加重低血压；②犬用硫喷妥钠后心室二联律是最常见的紊乱现象。猫注射后偶见呼吸暂停、轻度高血压，一过性白细胞减少症，高血糖、窒息、心动过速和呼吸性酸中毒；③药液只供静脉注射，对巴比妥类药物有过敏史和心血管疾病患病宠物禁用。因溶液碱性很强，因此静脉注射时不可漏出血管外，否则易引起静脉周围组织炎症；而快速静脉注射会引起明显的血管扩张和高血糖。因本品偶见溶血，因此不得使用浓度小于 2%的注射液；④肝、肾功能障碍、重病、衰弱、休克、腹部手术、支气管哮喘（偶见喉头痉挛、支气管水肿）等情况下禁用。本品过量引起的呼吸与循环抑制，除采用支持性呼吸疗法和心血管支持药物（禁用肾上腺素类药物）外，还可用戊四氮等呼吸中枢兴奋药解救；⑤无须制定休药期。遮光，密封保存。

【用法】　一次静脉注射，犬猫 20~25mg/kg 体重，临用前，加灭菌注射用水或氯化钠注射液配成 2. 5%溶液。

【规格】　按 $C_{11}H_{17}N_2NaO_2S$ 计算，干粉制剂：①0. 5g；②1g。

异戊巴比妥钠

【概述】　白色的颗粒或粉末。主要成分为异戊巴比妥钠。属于兽用处方药。

【作用】　本品小剂量能镇静、催眠，随剂量增加可产生抗惊厥和麻醉作用。麻醉维持时间约 30min。

本品脂溶性高，分布于脑、肝、肾等组织中的浓度较高。主要在肝脏代谢为无活性的羟基衍生物，小部分以原形经肾脏随尿排出。

【应用】　用于中小宠物的镇静、抗惊厥和麻醉。

【注意】　①本品与其他镇静、催眠药合用时，能增强对中枢的抑制作用；②肝功能、肾功能及肺功能不全患病宠物禁用。苏醒期较长，宠物手术后在苏醒期应加强护理。在苏醒时有较强烈的兴奋现象；③本品中毒可用戊四氮等解救；④静脉注射不宜过快，否则偶见呼吸抑制或血压下降；⑤无须制定休药期。遮光，密封保存。

【用法】　一次静脉注射，犬、猫 2. 5~10mg/kg 体重，临用前用灭菌注射用水配成 3%~6%的溶液。

【规格】　注射用：①0. 1g；②0. 25g。

水合氯醛

【概述】　白色或无色透明的结晶，有刺激性特臭，在空气中渐渐挥发。

主要成分为2,2,2-三氯-1,1-乙二醇。属于兽用非处方药。

【作用】 本品及其代谢物三氯乙醇均能对中枢神经系统产生抑制作用，其作用机理主要是抑制网状结构上行激活系统。随着剂量的增加可产生镇静、催眠、抗惊厥和麻醉作用。水合氯醛能降低新陈代谢，抑制体温中枢，使体温下降。

本品内服与直肠给药均易吸收。犬内服后15~30min血药浓度达峰值，可广泛分布于全身组织，易通过血脑屏障进入中枢，也可通过胎盘屏障进入胎儿循环，在体内迅速还原成仍具有中枢抑制作用的三氯乙醇，后者与葡萄糖醛酸结合成无活性的氯醛尿酸，随尿排出。少量原形药物从尿或胆汁中排出。

【应用】 用于镇静和基础麻醉。

【注意】 ①本品可诱导肝微粒体酶活力，促进双香豆素等药的代谢，使其作用降低或抗凝血时间缩短。乙醇及其他中枢神经抑制药、硫酸镁、单胺氧化酶抑制剂可增强本品的中枢抑制作用。与氯丙嗪合用可使体温明显下降；②本品对局部组织有强烈刺激性。对呼吸中枢有较强的抑制作用。对肝肾有一定的损害作用；③无须制定休药期。密封保存。

【用法】 一次内服、灌肠，犬0.3~1g。

任务三　镇静药、保定药与抗惊厥药

【案例分析】

某獒园两只藏獒打架，其中一只在左臀部有一直径约为10cm的撕伤，现要对其进行外伤治疗，治疗前需对其进行保定，可以选用哪种保定药？如何使用？注意什么？

【任务目标】

1. 掌握常用镇静药的药理作用、临床应用、使用注意事项和用法用量。
2. 掌握常用保定药的药理作用、临床应用、使用注意事项和用法用量。
3. 掌握常用抗惊厥药的药理作用、临床应用、使用注意事项和用法用量。

【知识准备】

（一）镇静药

镇静药是指对中枢神经系统具有轻度抑制作用，从而起到减轻或消除宠物狂躁不安、恢复安静的一类药物。主要用于兴奋不安或具有攻击行为的宠物或患畜，以使其安静，便于工作和治疗。这类药物在大剂量时还能缓解中枢病理性过度兴奋症状，具有抗惊厥作用。

临床常用的另一类中枢抑制药是安定药，如吩噻嗪类（如氯丙嗪等）、苯二氮卓类（如地西泮等）。这类药物大剂量时也具有抗惊厥作用。

有些全身麻醉药在低剂量时有镇静作用，在较高剂量时有催眠作用，这类药被称为镇静催眠药（如水合氯醛）。当给予足够剂量时，能诱导全身麻醉。

盐酸氯丙嗪

【概述】 注射液为无色或几乎无色的澄明液体，片剂为白色片。主要成分为盐酸氯丙嗪。属于兽用处方药。

【作用】 本品为中枢多巴胺受体阻断剂，具有多种药理活性。氯丙嗪能强化中枢抑制药如麻醉药、镇痛药与抗惊厥药的中枢抑制作用；对下丘脑体温调节中枢有抑制作用，能使体温显著降低。另外，氯丙嗪可阻断外周 α 受体，直接扩张血管，解除小动脉和小静脉痉挛，改善微循环，具有抗休克作用。

本品内服易吸收，但有很强的首过效应。肌内注射易吸收，单胃宠物肌内注射的达峰时间约为 1.5h，吸收后约有 95%的药物与血浆蛋白结合。氯丙嗪脂溶性高，体内分布广泛，易通过血脑屏障，脑中药物浓度高于血浆浓度，还可通过胎盘屏障进入胎儿体内。主要在肝内经羟基化、硫氧化等代谢，有的代谢产物仍有药理活性。大部分代谢产物由尿排出，小部分从粪便排出，有些进入肝肠循环。犬半衰期约 6.0h。本品排泄很慢，宠物体内残留可达数月之久。

【应用】 用于强化麻醉以及使宠物安静等。

【注意】 ①苯巴比妥可使氯丙嗪在尿中排泄量增加数倍，但氯丙嗪对前者的抗癫痫无增强作用。抗胆碱药可降低氯丙嗪的血药浓度，而氯丙嗪可加重抗胆碱药物副作用。本品与肾上腺素联用，因氯丙嗪阻断 α 受体可发生严重低血压。与四环素类联用可加重肝损害。与其他中枢抑制药合用可加强抑制作用（包括呼吸抑制），联用时两药均应减量；②过大剂量可使犬、猫等宠物出现心律不齐，四肢与头部震颤，甚至四肢与躯干僵硬等不良反应。过量引起的低血压禁用肾上腺素解救，但可选用去甲肾上腺素；③静脉注射前应进行稀释，注射速度宜慢。不可与 pH 5.8 以上的药液配伍，如青霉素钠（钾）、戊巴比妥钠、苯巴比妥钠、氨茶碱和碳酸氢钠等；④有黄疸、肝炎和肾炎的患病宠物及年老体弱宠物慎用。用药后能改变宠物的大多数生理参数（呼吸、心率、体温等），临床检查时需注意；⑤无须制定休药期。遮光，密闭保存。

【用法】 一次肌内注射，犬、猫 1～3mg/kg 体重。一次内服，犬、猫 2～3mg/kg 体重。

【规格】 注射液：①2mL：0.05g；②10mL：0.25g。片剂：①12.5mg；②25mg；③50mg。

地西泮

【概述】 注射液为几乎无色至黄绿色的澄明液体，片剂为白色。主要成分为地西泮。属于兽用处方药。

【作用】 本品具有镇静、抗惊厥、抗癫痫及中枢性肌肉松弛作用。小于镇静剂量的地西泮可明显缓解狂躁不安等症状。较大剂量时可产生镇静、中枢性肌肉松弛作用。能使兴奋不安的宠物安静，使有攻击性、狂躁的宠物变为驯服，易于接近和管理。此外，还具有较好的抗癫痫作用，对癫痫持续状态疗效显著，但对癫痫小发作效果较差。地西泮抗惊厥作用强，能对抗电惊厥、戊四氮与士的宁中毒所引起的惊厥。现认为其抗惊厥和抗癫痫作用与其促进中枢抑制性递质γ-氨基丁酸的突触传递功能有关。

本品内服吸收迅速，30min 至 2h 达峰浓度。在小宠物有很强的首过效应，虽然内服给药的生物利用度仅有 1%~3%，但原药与活性代谢物的总生物利用度达 74%~100%。肌内注射吸收较慢且不完全。本品脂溶性高，体内广泛分布，容易通过血脑屏障，血浆蛋白结合率高。在肝脏代谢，可生成几种具有药理活性的代谢产物，主要为去甲地西泮。代谢终产物通过与葡萄糖醛酸结合而灭活，主要由肾脏排泄，亦可从乳汁排泄。犬、猫半衰期分别为 2.5~3.2h、5.5h 和 7~22h。

【应用】 用于狂躁宠物的镇静与保定、肌肉痉挛、癫痫及惊厥等。

【注意】 ①本品能增强吩噻嗪类药物的作用，但易发生呼吸循环意外，故不宜合用。可减弱琥珀胆碱的肌肉松弛作用；②猫可产生行为异常（兴奋、抑郁等），偶见肝损害。经 5~11d 内服治疗偶见临床食欲减退、昏睡、ALT/AST 比例增加和高胆红素血症。犬偶见兴奋效应，不同个体偶见镇静或癫痫两种极端效应，犬还表现食欲增强，故本品对于犬并不是一种理想的镇静药；③本品能增强其他中枢抑制药的作用，若同时使用应注意调整剂量。与巴比妥类或其他中枢抑制药合用，有增加中枢抑制的危险。静脉注射宜缓慢，以防造成心血管和呼吸抑制。与镇痛药（如杜冷丁）合用时，应将后者的剂量减少 1/3；④怀孕宠物忌用。肝肾功能障碍患病宠物慎用；⑤无须制定休药期。遮光，密闭保存。

【用法】 一次内服，犬 5~10mg，猫 2~5mg。一次肌肉、静脉注射，犬、猫 0.6~1.2mg/kg 体重。

【规格】 注射液：2mL：10mg。片剂：①2.5mg；②5mg。

溴化钠

【概述】 无色或白色细小的立方形结晶，或白色颗粒状粉末；无臭，有引湿性。主要成分为溴化钠。属于兽用非处方药。

【作用】 本品的抗癫痫作用被认为是其对神经元兴奋和活性产生抑制作用的结果。溴离子与氯离子竞争细胞膜的跨膜转运而导致细胞膜的超级化，从而提高了癫痫发作的阈值，并限制了癫痫放电的传播。

【应用】 用于缓解中枢神经兴奋性症状。

【注意】 ①按规定的用法用量使用，尚未见不良反应；②无须制定休药期。密封保存。

【用法】 一次内服，犬 0.5~2g。

【规格】 注射液：2mL：10mg。片剂：①2.5mg；②5mg。

（二）化学保定药

化学保定药是指能在不影响宠物意识和感觉的情况下，使之安静、嗜睡和肌肉松弛，停止抗拒和挣扎，达到类似保定的药物。这类药物近年来发展较快，在动物园、经济饲养场中，常用于野生动物的锯茸、繁殖配种、诊治疾病和野外野生动物的捕捉等。也可作为麻醉的辅助药而用于全身麻醉。目前，国内兽医临床常用的有赛拉唑、赛拉嗪及其制剂。

盐酸赛拉嗪

【概述】 无色澄明液体。主要成分为赛拉嗪。属于兽用处方药。

【作用】 本品为一种强效 α_2-肾上腺素受体激动剂，具有明显的镇静、镇痛和肌肉松弛作用。尽管赛拉嗪的许多药理作用与吗啡相似，但在猫、犬不会引起中枢兴奋，而是引起镇静和中枢抑制。对骨骼肌松弛作用与其在中枢水平抑制神经冲动传导有关，肌内注射后常可诱导猫呕吐，犬也偶尔出现呕吐。

本品对心血管系统和呼吸系统作用变化不定，多数宠物用药后初期血压上升，但随后因减压反射，血压长时间下降、心率减慢、心动徐缓。另外，该药能减少交感神经兴奋性，增强迷走神经活动。对呼吸的作用是出现呼吸频率下降。对子宫平滑肌亦有一定兴奋作用。

本品肌内注射能迅速吸收，但吸收不完全且不规则，不同种属和个体之间生物利用度差异较大，肌内注射的生物利用度，犬为 52%～90%。肌内注射 10～15min 即起作用。药效持续时间决定于给药剂量，一般可持续 1.5h。药物在体内被广泛代谢，代谢迅速，半衰期犬为 30min。

【应用】 本品具有镇静、镇痛和骨骼肌松弛作用，用于化学保定和基础麻醉。

【注意】 ①与水合氯醛、硫喷妥钠或戊巴比妥钠等中枢神经抑制药合用，可增强抑制效果。有呼吸抑制、心脏病、肾功能不全等症状的患病宠物慎用；②本品可增强氯胺酮的镇痛作用，使肌肉松弛，并可拮抗其中枢兴奋反应；③与肾上腺素合用可诱发心律失常；④犬、猫用药后常出现呕吐、肌肉震颤、心搏徐缓、呼吸频率下降等，另外在猫出现排尿增加。中毒时，可用 α_2 受体阻断药及阿托品等解救；⑤无须制定休药期。密闭，在阴凉干燥处保存。

【用法】 一次肌内注射，犬、猫 1～2mg/kg 体重。

【规格】 注射液：①2mL：0.2g；②5mL：0.1g；③10mL：0.2g。

氯化琥珀胆碱

【概述】 无色或几乎无色的澄明黏稠液体。主要成分为氯化琥珀胆碱。属于兽用处方药。

【作用】 本品为去极化型肌松药，用药后宠物先出现短暂的肌束颤动，3min 内即转为肌肉麻痹，导致肌肉松弛。首先松弛头部、颈部肌肉，继而松弛躯干和四肢肌肉，最后松弛肋间肌和膈肌。肌松持续时间因宠物种属而异，主要是各种宠物血液中胆碱酯酶的水平不同所致。

本品注射起效快，但持续时间短，主要是由于在血液中被血浆假性胆碱酯酶水解。仅有少量以原形从肾脏排出。

【应用】 用于宠物的化学保定和外科辅助麻醉。

【注意】 ①年老体弱、营养不良及妊娠宠物禁用；② 高血钾、心肺疾患、电解质紊乱和使用抗胆碱酯酶药时慎用；③水合氯醛、氯丙嗪、普鲁卡因和氨基糖苷类抗生素能增强本品的肌松作用和毒性，不可合用；本品与新斯的明、有机磷类化合物同时应用，可使作用和毒性增强；噻嗪类利尿药可增强本品的作用；④本品过量偶见呼吸肌麻痹。本品使肌肉持久去极化而释放出钾离子，使血钾升高；⑤本品使唾液腺、支气管腺和胃腺的分泌增加。用药过程中如发现呼吸抑制或停止时，应立即将舌拉出，施以人工呼吸或输氧，同时静脉注射尼可刹米，但不可应用新斯的明解救；⑥琥珀胆碱在碱性溶液中可水解失效；⑦无须制定休药期。密闭保存。

【用法】 一次肌内注射，犬、猫 0.06~0.11mg/kg 体重。

【规格】 注射液：①1mL：50mg；②2mL：100mg。

（三）抗惊厥药

抗惊厥药是指能对抗或缓解中枢神经因病变而造成的过度兴奋状态，从而消除或缓解全身骨骼肌不自主地强烈收缩的一类药物。常用药物有硫酸镁注射液、巴比妥类药、水合氯醛、地西泮等。

硫酸镁

【概述】 无色的澄明液体。主要成分为硫酸镁。属于兽用非处方药。

【作用】 本品主要发挥镁离子的作用。镁离子对神经冲动传导及神经肌肉兴奋性的维持均起重要作用，镁也是机体多种酶的辅助因子，参与蛋白质、脂肪和糖等许多物质的生化代谢过程。当血浆中镁离子浓度过低时，神经及肌肉组织的兴奋性升高。注射硫酸镁可使血中镁离子浓度升高，出现中枢神经抑制作用；并可减少运动神经末梢乙酰胆碱的释放，在神经肌肉接头阻断神经冲动的传导而使骨骼肌松弛。此外，过量的镁离子还直接松弛内脏平滑肌和扩张外周血管。

【应用】 用于破伤风及其他痉挛性疾病。

【注意】 ①本品静脉注射速度过快或过量可导致血镁过高，引起血压剧降、呼吸抑制、心动过缓、神经肌肉兴奋传导阻滞，甚至死亡。静注宜缓慢，遇有呼吸麻痹等中毒现象时，应立即静脉注射钙剂解救；②患有肾功能不全、严重心血管疾病、呼吸系统疾病的患病宠物慎用或不用；③与硫酸黏菌素、硫酸链霉素、葡萄糖酸钙、盐酸普鲁卡因、四环素、青霉素等药物存在配伍禁忌；④无须制定休药期。遮光，密闭保存。

【用法】 一次静脉、肌内注射，犬、猫 1~2g。

【规格】 注射液：①10mL：1g；②10mL：2.5g。

苯巴比妥

【概述】 干粉为白色结晶性颗粒或粉末，片剂为白色片。注射用主要成分为苯巴比妥钠，片剂成分为苯巴比妥。属于兽用处方药。

【作用】 本品为长效巴比妥类药物，其中枢抑制作用随剂量而异，具有镇静、抗惊厥作用，亦可抗癫痫。苯巴比妥对各种癫痫发作都有效。苯巴比妥能提高癫痫发作的阈值，减少病灶部位异常兴奋向周围神经元的扩散。对癫痫大发作及癫痫持续状态有良效，但对癫痫小发作疗效差，且单用苯巴比妥治疗时还能使癫痫发作加重。其对丘脑新皮层通路无抑制作用，故镇痛作用弱，但能增强解热镇痛抗炎药的镇痛效果。

内服吸收缓慢，犬内服生物利用度可达90%，达峰时间为4~8h。吸收后可广泛分布于各组织及体液中，但由于脂溶性较低，因此不像其他巴比妥类药物能迅速进入中枢神经系统。内服后1~2h起效。主要在肝脏通过羟化氧化代谢，半衰期犬为12~125h，平均为2d，猫为34~43h。碱化尿液或增加尿量，可加速其排泄。肌内注射20~30min起效。

【应用】　用于缓解脑炎、破伤风、士的宁中毒所致的惊厥。

【注意】　①本品为肝药酶诱导剂，与下列药物合用时可使后者的代谢加速，疗效降低：氨基比林、利多卡因、氢化可的松、地塞米松、睾酮、雌激素、孕激素、氯丙嗪、多西环素、洋地黄毒苷等。其与其他中枢抑制药如全麻药、抗组胺药和镇静药等合用，中枢抑制作用加强。与磺胺类合用，由于发生血浆蛋白结合的置换作用，可增强苯巴比妥的药效。能使血和尿呈碱性的药物，可加快苯巴比妥从肾脏排泄；②犬偶见抑郁与躁动不安综合征，犬偶见运动失调。猫对苯巴比妥敏感，易致呼吸抑制；③肝肾功能不全、支气管哮喘或呼吸抑制的患病宠物禁用。严重贫血、心脏疾患的患病宠物及怀孕宠物慎用；④本品水溶液不可与酸性药物配伍。中毒时可用安钠咖、戊四氮、尼可刹米等中枢兴奋药解救。内服中毒的初期，可先用1：2000的高锰酸钾洗胃，再以硫酸钠（忌用硫酸镁）导泻，并结合用碳酸氢钠碱化尿液以加速药物排泄；⑤无须制定休药期。密封保存。

【用法】　一次内服、肌内注射，犬、猫6~12mg/kg体重。

【规格】　片剂：①15mg；②30mg；③100mg。干粉制剂：①0. 1g；②0. 5g。

任务四　镇痛药

【案例分析】

马犬，雌性，25. 5kg，近期该犬不能爬楼梯，跑跳也比较困难，抱时常突然尖叫，吃食减少，发烧，经诊断为风湿病。请问该选择何种药物？如何使用？

【任务目标】

掌握常用镇痛药的药理作用、临床应用、使用注意事项和用法用量。

【知识准备】

临床上缓解疼痛的药物，按其作用机理、缓解疼痛的强度和临床用途可分为两类：一类是能选择性地作用于中枢神经系统，缓解疼痛作用较强，用于剧痛的一类药物，称为镇痛药；另一类作用部位不在中枢神经系统，缓解疼痛作用较弱，多用于钝痛，同时还具有解热消炎作用，即解热镇痛抗炎药，临床多用于肌肉痛、关节痛、神经痛等慢性疼痛。

镇痛药可选择性地消除或缓解痛觉，减轻由疼痛引起的紧张、烦躁不安等，使疼痛易于耐受，但对其他感觉无影响并保持意识清醒。由于反复应用在人易成瘾，故又称麻醉性镇痛药或成瘾性镇痛药。此类药物多数属于阿片类生物碱，如吗啡、可待因等，也有一些是人工合成代用品，如哌替啶等。属于必须依法管制的药物之一。

盐酸哌替啶

【概述】 无色的澄明液体。主要成分为盐酸哌替啶。属于兽用处方药。

【作用】 本品作用与吗啡相似，可作为吗啡的良好代用品，但镇痛作用比吗啡弱。与吗啡等效剂量时，对呼吸有相同程度的抑制作用，但作用时间短。对胃肠平滑肌有类似阿托品样作用，强度为阿托品 1/20~1/10，能解除平滑肌痉挛。在消化道发生痉挛时可同时起镇静和解痉作用。对催吐化学感受区也有兴奋作用，易引起呕吐。

本品内服吸收良好，有较强的首过效应，约 1/2 的剂量可经肝脏代谢。肌内、皮下注射，0.5~1h 镇痛作用最强。对大多数宠物的作用将持续 1~6h，而犬、猫为 1~2h。血浆蛋白结合率约为 60%。主要在肝脏代谢生成哌替啶酸与去甲哌替啶，后者具有中枢兴奋作用。最后以结合物形式从尿排出，约有 5%以原形排出。

【应用】 用于缓解创伤性疼痛和某些内脏疾患的剧痛。

【注意】 ①本品与阿托品合用，可解除平滑肌痉挛并增加止痛效果。吩噻嗪类药物、镇静催眠药等中枢抑制药可加强阿片类药物的中枢抑制作用。注射液不得与氨茶碱、巴比妥类药钠盐、肝素钠、碘化物、碳酸氢钠、苯妥英钠、磺胺嘧啶、磺胺甲噁唑、甲氧西林混合配伍使用，否则可致浑浊。能促使双香豆素、茚满二酮等抗凝药增效，后者用量应按凝血酶原时间而酌减；②患有慢性阻塞性肺部疾患、支气管哮喘、肺源性心脏病和严重肝功能减退的患畜禁用。具有心血管抑制作用，易致血压下降。不宜用于妊娠宠物、产科手术；③可导致猫过度兴奋。对注射部位有较强刺激性；④过量中毒可致呼吸抑制、惊厥、心动过速、瞳孔散大等。中毒时，除用纳洛酮对抗呼吸抑制外，尚须配合使用巴比妥类药物以对抗惊厥；⑤无须制定休药期。密封保存。

【用法】 一次皮下、肌内注射，犬、猫 0.2~0.4mL/kg 体重。

【规格】 注射液：1mL：25mg。

盐酸吗啡

【概述】 无色澄明的液体；遇光易变质。主要成分为盐酸吗啡。属于兽用处方药。

【作用】 本品为阿片受体激动剂，可以与中枢不同部位的阿片受体结合，使传递痛觉的P物质（一种肽类神经递质）减少，产生强大的中枢性镇痛作用。镇痛范围广，对各种痛觉都有效。吗啡对中枢神经系统的作用，有明显的种属差异，如猫用药后，表现极度的兴奋状态，可持续数时之久；而犬初期表现短时的兴奋，继而出现睡眠状态。其镇咳作用较其他药物强，对各种原因引起的咳嗽均有效。治疗量对呼吸中枢即有抑制作用，能降低呼吸中枢对二氧化碳的敏感性，使呼吸频率减慢，过大剂量可致呼吸衰竭死亡。急性中毒常因呼吸中枢麻痹、呼吸停止而致死，还可引起犬便秘。其他作用包括可引起瞳孔缩小、呕吐等。

本品肌内注射、皮下注射及直肠给药均可吸收。内服给药虽然也可吸收，但由于首过效应强，生物利用度低。吗啡在体内较集中分布于肾、肝和肺组织，在中枢神经系统浓度较低。可通过胎盘屏障使胎儿麻醉，也有少量可自乳汁排出。主要在肝脏与葡萄糖醛酸结合从尿液排泄。由于猫缺乏此种代谢途径，因此，吗啡在猫体内的半衰期延长，皮下注射消除半衰期为3.0h。

【应用】 用于缓解剧痛和犬的麻醉前给药。

【注意】 ①吩噻嗪类药物、镇静催眠药等中枢抑制药可加强阿片类药物的中枢抑制作用。纳洛酮、烯丙吗啡可特异性拮抗吗啡的作用；②本品可引起组胺释放、呼吸抑制、支气管收缩、中枢神经系统抑制。禁与氯丙嗪、异丙嗪、氨茶碱、巴比妥类等药物混合注射；③胃扩张、肠阻塞及鼓胀者禁用，肝、肾功能异常者慎用。胃肠道反应包括呕吐、肠蠕动减弱、便秘（犬），此外还可引起犬体温过低等反应；④不宜用于产科阵痛；⑤无须制定休药期。遮光，密闭保存。

【用法】 一次皮下、肌内注射，镇痛：犬、猫0.05~0.1mL/kg体重；麻醉前给药，犬0.05~0.2mL/kg体重。

【规格】 注射液：①1mL：10mg；②10mL：100mg。

【项目练习】

（一）选择题

1. 咖啡因的药理作用不包括（　　）

A. 扩张血管　B. 抑制呼吸　C. 松弛平滑肌　D. 增强心肌收缩力

E. 兴奋中枢神经系统

2. 全身麻醉前使用阿托品的目的是（　　）

A. 减轻疼痛　B. 消除恐惧　C. 松弛肌肉　D. 减少唾液分泌

E. 减少麻药用量

3. 对犬进行诱导麻醉时，首选的药物是（　　）

A. 丙泊酚　B. 戊巴比妥钠　C. 氯胺酮　D. 异氟烷

E. 水合氯醛

4. 选择兴奋大脑皮层的药物为（　　）

A. 戊四氮　B. 士的宁　C. 尼可刹米　D. 吗啡

E. 咖啡因

5. 麻醉药中毒催醒解救药是（　　）

A. 士的宁　B. 盐酸哌替啶　C. 氨茶碱　D. 咖啡因

E. 尼可刹米

6. 一母犬产后出现后躯的不全麻痹，应使用的中枢神经兴奋药为（　　）

A. 尼可刹米　B. 回苏灵　C. 咖啡因　D. 士的宁

E. 戊四氮

7. 可用于中枢镇静的药物是（　　）

A. 甘露醇　B. 安体舒通　C. 氯丙嗪　D. 阿托品

E. 地西泮

8. 小剂量氯丙嗪镇吐作用的部位是（　　）

A. 呕吐中枢　B. 结节一漏斗通路

C. 黑质一纹状体通路　D. 延髓催吐化学感受区

E. 中脑边缘系统

9. 可用于强化麻醉的药物是（　　）

A. 阿托品　B. 地西泮　C. 硫喷妥钠　D. 普鲁卡因

E. 氯丙嗪

10. 硫酸镁抗惊厥的作用机制是（　　）

A. 特异性地竞争 Ca^{2+} 受点，拮抗 Ca^{2+} 的作用

B. 阻碍高频异常放电的神经元的 Na^{+} 通道

C. 作用同苯二氮卓类

D. 抑制中枢多突触反应，减弱易化，增强抑制

E. 以上都不是

（二）简答题

1. 为何临床常用复合麻醉的方法？复合麻醉的方法有哪些？

2. 简述吸入麻醉药的作用机制。

项目六 作用于内脏系统的药物

内脏系统疾病在兽医临床上不容忽视，随着社会科技的发展，宠物的内脏系统疾病也在不断地日渐发展，且很多都属于人宠共患病。积极有效地开展内脏系统疾病的治疗可提高宠物的健康和养殖业的发展。作用于内脏系统的药物是指用来治疗血液循环、呼吸、消化和泌尿生殖系统疾病的药物。根据内脏系统结构的特点，将药物分为作用于血液循环系统的药物、作用于呼吸系统的药物、作用于消化系统的药物和作用于泌尿生殖系统的药物。

任务一　作用于血液循环系统的药物

【案例分析】

斗牛犬，12岁，雌性，9.5kg，主诉该犬最近在陪其散步时，运动过程中会突然停步不前，坐地咳嗽、气喘，并伴有呼吸困难，在夜间偶尔也能见到呼吸困难的症状，可视黏膜发白，临床检查表现为：心脏听诊缩期杂音，叩诊左右两侧浊音区扩大，颈静脉怒张，肺水肿。诊断为心力衰竭。请问该选择何种药物？如何使用？

【任务目标】

1. 掌握常用强心药的药理作用、临床应用、使用注意事项和用法用量。
2. 掌握常用止血药的药理作用、临床应用、使用注意事项和用法用量。
3. 掌握常用抗凝血药的药理作用、临床应用、使用注意事项和用法用量。
4. 掌握常用抗贫血药的药理作用、临床应用、使用注意事项和用法用量。

【知识准备】

作用于血液循环系统的药物主要是通过药物的作用改善心血管和血液的功能。根据药物的作用特点，分为强心药、止血药、抗凝血药和抗贫血药四种。

（一）强心药

强心药指能选择性地作用于心脏并能增强心肌收缩力、改善心脏功能的药物。临床上常用的强心药有洋地黄毒苷、地高辛、毒毛花苷 K、毒毛花苷 G，主要用于治疗心功能不全。心功能不全（心力衰竭）指心肌收缩力减弱或衰竭，使心脏排血量减少、静脉回流受阻等，而表现的全身血循环障碍的一种临床综合征。

毒毛花苷 K

【概述】　无色至微黄色的澄明液体，遇光易变质。主要成分为毒毛花苷 K。属于兽用非处方药。

【作用】　本品属强心苷类药物。毒毛花苷 K 通过与 Na^+，K^+-ATP 酶结合后，诱导该酶构象发生变化，抑制其活性，导致细胞内外 Na^+ 和 K^+ 转运受阻，细胞内 Na^+ 浓度升高，K^+ 浓度减少。细胞内 Na^+ 浓度的增加，降低了细胞膜两侧的 Na^+ 跨膜梯度，使得细胞外的 Na^+ 离子与细胞内的 Ca^{2+} 交换减少，细胞内 Ca^{2+} 浓度增加。由于心肌细胞内可利用的 Ca^{2+} 量增加，从而使心肌收缩力加强。毒毛花苷 K 具有正性肌力作用、减慢心率（负性频率作用）和房室传导，以及利尿作用。

静脉注射作用快，3~10min 即显效，0.5~2h 作用达高峰，作用持续时间 10~12h。毒毛花苷 K 在体内排泄快，蓄积性小。临床主要用于充血性心力衰竭。

【应用】　加强心肌收缩力，减慢心率，抑制心脏传导，用于充血性心力衰竭。

【注意】　①本品与抗心律失常药、含钙的制剂、拟肾上腺素类药物等同用时，易致心律失常。与糖皮质激素类药物或排钾利尿药等同用，因易引起低血钾而导致中毒；②中毒症状有精神抑郁、运动失调、厌食、呕吐、腹泻、严重虚脱、脱水和心律失常等。较高剂量偶见心律失常，犬最常见的心律不齐有心脏房室传导阻滞、室上性心动过速、室性心悸；③期前房性收缩、室性心搏过速或房室传导过缓时禁用。安全范围窄，要时常监测心电图变化，以免发生毒性反应；④肝肾功能障碍患病宠物用量应酌减。在过去 10d 内用过任何强心苷类的宠物，使用时剂量亦应减少，以免中毒。低血钾能增加强心苷类药物对心脏的兴奋性，引起室性心律不齐，也可导致心室传导阻滞。高渗葡萄糖、排钾性利尿药均可降低血钾水平，必须加以注意。适当补钾可预防或减轻强心苷的毒性反应；⑤除非有充血性心力衰竭发生，否则宠物处于休克、贫血、尿毒症等情况下勿使用强心苷类药物。心内膜炎、急性心肌炎、创伤性心包炎等情况下慎用强心苷类药物。在用钙盐或拟肾上腺素类药物（如肾上腺素）时慎用强心苷；⑥无须制定休药期。遮光，密闭保存。

【用法】　一次静脉注射，犬 0.25~0.5mg/kg 体重，临用前以 5%的葡萄糖注射液稀释，缓慢注射。

【规格】 注射液：①1mL：0.25mg；②2mL：0.5mg。

（二）止血药

止血药指能够促进血液凝固或降低血管通透性，使出血停止的药物，分为全身性止血药和局部性止血药。止血药可通过影响某些凝血因子，促进或恢复凝血过程而止血；也可通过抑制纤维蛋白溶解系统而止血。

酚磺乙胺

【概述】 无色或几乎无色的澄明液体。主要成分为酚磺乙胺。属于兽用非处方药。

【作用】 本品能增加血小板数量，并增强其聚集性和黏附力，促进血小板释放凝血活性物质，缩短凝血时间，加速血块收缩。此外，尚有增强毛细血管抵抗力、降低其通透性、减少血液渗出等作用。本品止血作用迅速，静脉注射后1h作用达高峰，药效可维持4~6h。

【应用】 用于内出血、鼻出血及手术出血的预防和止血。

【注意】 ①本品毒性低，偶见静脉注射后发生过敏性休克。预防外科手术出血，应在术前15~30min用药；②无须制定休药期。遮光，密闭保存。

【用法】 一次肌内、静脉注射，犬、猫0.5~1mL。

【规格】 注射液：①2mL：0.25g；②2mL：0.5g；③10mL：1.25g。

维生素 K_1

【概述】 黄色的液体。主要成分为维生素 K_1。属于兽用非处方药。

【作用】 本品是肝脏合成凝血因子Ⅱ、Ⅶ、Ⅸ和Ⅹ不可缺少的物质。维生素 K_1 参与这些因子由无活性前体转化为有活性药物的羧化作用。维生素 K_1 为脂溶性，胆汁缺乏时内服吸收不良。注射给药作用较亚硫酸氢钠甲萘醌迅速。

【应用】 用于维生素K缺乏所致的出血。

【注意】 ①本品肌内注射偶见局部红肿和疼痛。静脉注射宜缓慢；②无须制定休药期。遮光，密闭，防冻保存（如有油滴析出或分层，则不宜使用，但可在遮光条件下加热至70~80℃，振摇使其自然冷却，如可见异物正常，仍可继续使用）。

【用法】 一次肌内、静脉注射，犬、猫0.5~2mg/kg体重。

【规格】 注射液：1mL：10mg。

亚硫酸氢钠甲萘醌

【概述】 无色的澄明液体；遇光易分解。主要成分为亚硫酸氢钠甲萘醌。属于兽用非处方药。

【作用】 甲萘醌（维生素 K_3）为肝脏合成凝血酶原（因子Ⅱ）的必需物质，另参与凝血因子Ⅶ、Ⅸ、Ⅹ的合成。维生素K缺乏可致上述凝血因子合成障碍，引起出血倾向或出血。

天然的维生素 K_1、维生素 K_2 是脂溶性的，其吸收有赖于胆汁的增溶作用，胆汁缺乏时则吸收不良。维生素 K_3 因溶于水，内服可直接吸收，也可肌内注射给药。维生素 K 吸收后随 β 脂蛋白转运，在肝内被利用。

【应用】 参与肝内凝血酶原的合成。用于维生素 K 缺乏所致的出血。

【注意】 ①较大剂量的水杨酸类、磺胺类药物可影响维生素 K 的效应。巴比妥类可诱导维生素 K 代谢加速；②胃肠道不适，大剂量应用可导致幼龄宠物溶血性贫血及黄疸；③可损害肝脏，肝功能不全患病宠物宜改用维生素 K_1。肌注部位偶见疼痛、肿胀等；④无须制定休药期。遮光，密闭保存。

【用法】 一次肌内注射，犬 10~30mg。

【规格】 注射液：①1mL：4mg；②10mL：40mg；③10mL：150mg。

吸收性明胶海绵

【概述】 白色至微黄色、质轻、软而多孔的海绵状物，具吸水性，但在水中不溶，经较重的揉搓，不致崩碎。主要成分为明胶。属于兽用非处方药。

【作用】 本品能吸收渗出的血液，并促使血小板破裂释出凝血因子而促进血液凝固。可用作局部止血剂，亦可用作赋形剂。

【应用】 用于创口渗血区止血。

【注意】 ①本品为灭菌制品，使用过程中要求无菌操作，以防污染。按规定的用法用量使用，尚未见不良反应；②包装打开后不宜再消毒，以免延长吸收时间；③无须制定休药期。严封保存。

【用法】 贴于出血处，再用干纱布压迫。

【规格】 ①6cm×6cm×1cm；②8cm×6cm×0.5cm。

桃花散

【概述】 粉红色的细粉；味微苦、涩。主要成分为陈石灰、大黄。属于兽用非处方药。

【功能】 收敛，止血。

【主治】 疮疡不敛，外伤出血。

【注意】 ①按规定的用法用量使用，尚未见不良反应；②密闭，防潮。

【用法】 外用适量，撒布创面。

（三）抗凝血药

抗凝血药指通过影响凝血过程中的某些凝血因子，延缓或阻止血液凝固、防止血栓形成和扩大的药物。常用抗凝血药分为四种：主要影响凝血酶和凝血因子形成的药物、体外抗凝血药、促进纤维蛋白溶解药和抗血小板聚集药。

枸橼酸钠（柠檬酸钠）

【概述】 无色澄明液体。主要成分为枸橼酸钠。属于兽用非处方药。

【作用】 本品所含的枸橼酸根离子能与血浆中的钙离子形成难解离的可溶性络合物，使血中的钙离子浓度迅速降低而产生抗凝血作用。主要用于血液样品的抗凝。

【应用】 用于防止体外血液凝固。

【注意】 ①本品按规定的用法与用量使用，尚未见不良反应。大量输血时，应另注射适量钙剂，以预防低血钙症；②无须制定休药期。密闭保存。

【用法】 间接输血，每100mL全血加10mL。

【规格】 注射液：10mL：0.4g。

（四）抗贫血药

抗贫血药指凡能增进机体造血机能、补充造血物质、改善贫血状态的药物，分为缺铁性贫血、巨幼红细胞性贫血和再生障碍性贫血。贫血指单位容积内红细胞数或血红蛋白含量低于正常时的表现。

硫酸亚铁

【概述】 淡蓝绿色柱状结晶或颗粒，无臭，在干燥空气中即风化，在湿空气中即迅速氧化变质，表面生成黄棕色的碱式硫酸铁。主要成分为硫酸亚铁。属于兽用非处方药。

【作用】 铁为构成血红蛋白、肌红蛋白和多种酶（细胞色素氧化酶、琥珀酸脱氢酶、黄嘌呤氧化酶等）的重要成分。铁缺乏不仅能引起贫血，还可能影响其他生理功能。通常正常的日粮摄入足以维持体内铁的平衡，但在哺乳期、妊娠期和某些缺铁性贫血情况下，铁的需要量增加，补铁能纠正因铁缺乏引起的异常生理症状和血红蛋白水平的下降。

铁盐主要以Fe^{2+}形式在十二指肠和空肠上段吸收，进入血液循环后，Fe^{2+}被氧化为Fe^{3+}，再与转铁蛋白结合成血浆铁，转运至肝、脾、骨髓等组织中，与这些组织中的去铁铁蛋白结合成铁蛋白而贮存，并最终参与血红蛋白合成。缺铁性贫血时，铁的吸收和转运增加。铁的代谢发生在一个近乎封闭的系统内，由血红蛋白破坏所释放的铁可被机体重新利用，只有少量的铁通过毛发、肠道、皮肤等细胞的脱落排出。另有少量的铁经尿、胆汁和乳汁排泄。

【应用】 用于防治缺铁性贫血。

【注意】 ①稀盐酸可促进Fe^{3+}转变为Fe^{2+}，有助于铁剂的吸收，与稀盐酸合用可提高疗效；维生素C能防止Fe^{2+}氧化，因而利于铁的吸收；②钙剂、磷酸盐类、含鞣酸药物、抗酸药等均可使铁沉淀，妨碍其吸收，不宜同时使用。铁剂与四环素类药物可形成络合物，互相妨碍吸收，不宜同时使用；③内服对胃肠道黏膜有刺激性，大量内服偶见肠坏死、出血，严重时可致休克；④铁能与肠道内硫化氢结合生成硫化铁，使硫化氢减少，减少了对肠蠕动的刺激作用，可致便秘，并排黑粪。禁用于消化道溃疡、肠炎等；⑤无须制定休药期。密封保存。

【用法】 一次内服，犬0.05~0.5g；猫0.05~0.1g，配成0.2%~1%溶液。

右旋糖酐铁

【概述】 深褐色的胶体溶液。主要成分为右旋糖酐铁。属于兽用非处方药。

【作用】 铁为血红蛋白及肌红蛋白的主要组成成分。血红蛋白为红细胞中主要携氧者。肌红蛋白系肌肉细胞贮存氧的部位，以助肌肉运动时供氧需要。与三羧酸循环有关的大多数酶和因子均含铁，或仅在铁存在时才能发挥作用。所以对缺铁宠物积极补充铁剂后，除血红蛋白合成加速外，与组织缺铁和含铁酶活性降低的有关症状如生长迟缓、行为异常、体力不足均能逐渐得以纠正。

注射用铁剂，吸收较口服为迅速；右旋糖酐铁肌内注射后24~48h血药浓度达高峰，其分子较大，由淋巴管吸收再转入血液，血药浓度升高较慢；注入静脉或肌内注射吸收入血循环后，被单核-吞噬细胞系统吞噬分解为铁和右旋糖酐。铁离子吸收后被血中的铜蓝蛋白氧化成三价铁离子，然后与转铁蛋白受体结合，以胞饮作用的形式进入细胞内，供造血细胞所用，也可以铁蛋白或含铁血黄素形式累积在肝、脾、骨髓及其他单核-吞噬细胞系统。蛋白结合率在血红蛋白中很高，而肌红蛋白、酶及转运铁的蛋白中则均较低，铁蛋白或含铁血黄素也很低。

【应用】 用于幼犬的缺铁性贫血。

【注意】 ①本品毒性较大，需严格控制肌内注射剂量。按规定的用法用量使用，尚未见不良反应；②肌注时偶见局部疼痛，应深部肌注；③需防冻，久置可发生沉淀；④铁盐可与许多化学物质或药物发生反应，故不宜与其他药物同时或混合内服给药；⑤无须制定休药期。避光保存。

【用法】 一次肌内注射，幼犬20~200mg。

【规格】 按Fe计算，注射液：①2mL：0.1g；②2mL：0.2g；③10mL：0.5g；④10mL：1g；⑤10mL：1.5g；⑥50mL：2.5g；⑦50mL：5g。

维生素B_{12}

【概述】 深粉红色至红色的澄明液体。主要成分为维生素B_{12}。属于兽用非处方药。

【作用】 本品为合成核苷酸的重要辅酶的成分，参与体内甲基转移及叶酸代谢，促进5-甲基四氢叶酸转变为四氢叶酸。缺乏时，可致叶酸缺乏，并由此导致DNA合成障碍，影响红细胞的发育与成熟。维生素B_{12}还促使甲基丙二酸转变为琥珀酸，参与三羧酸循环。此作用关系到神经髓鞘脂类的合成及维持有鞘神经纤维功能的完整。维生素B_{12}缺乏症的神经损害可能与此有关。

维生素B_{12}在血液中与α及β球蛋白结合转运至全身各组织，其中大部分分布于肝脏。维生素B_{12}主要从尿和胆汁排泄。维生素B_{12}缺乏时，机体的细胞、组织生长发育将受抑制。红细胞生成减少尤为明显，可引起宠物恶性贫血。此外，其他组织代谢也发生障碍，如神经系统损害等。

【应用】 用于维生素B_{12}缺乏所致的贫血、幼龄宠物生长迟缓等。

【注意】 ①本品在防治巨幼红细胞贫血症时，与叶酸配合应用可取得更好的效果；②肌内注射偶见皮疹、瘙痒、腹泻以及过敏性哮喘；③无须制定休药期。遮光，密闭保存。

【用法】　一次肌内注射，犬、猫 0. 1mg。

【规格】　注射液：①1mL：0. 05mg；②1mL：0. 1mg；③1mL：0. 25mg；④1mL：0. 5mg；⑤1mL：1mg。

叶酸

【概述】　黄色或橙黄色片。主要成分为叶酸。属于兽用非处方药。

【作用】　本品进入体内被还原并甲基化为具有活性的 5-甲基四氢叶酸。5-甲基四氢叶酸作为甲基供体使维生素 B_{12} 转变为甲基维生素 B_{12}，自身则变成四氢叶酸。四氢叶酸作为一碳基团转移酶的辅酶参与体内多种氨基酸、嘌呤及嘧啶的合成和代谢，并与维生素 B_{12} 共同促进红细胞的生长和成熟。叶酸缺乏时，氨基酸、嘌呤及嘧啶的合成受阻，以致核酸合成减少，细胞分裂与发育不完全。主要病理表现为巨幼红细胞性贫血、腹泻、皮肤功能受损及生长发育受阻等。

【应用】　用于防治因叶酸缺乏而引起的贫血病。

【注意】　①本品对甲氧苄啶等所致的巨幼红细胞性贫血无效。按规定的用法用量使用，尚未见不良反应；②对维生素 B_{12} 缺乏所致"恶性贫血"，大剂量叶酸治疗可纠正血象，但不能改善神经症状；③无须制定休药期。遮光，密封保存。

【用法】　一次内服，犬、猫 0. 5~1 片。

【规格】　片剂：5mg。

任务二　作用于呼吸系统的药物

【案例分析】

张某饲养一贵宾犬，雄性，2. 8kg，6 岁，近期食欲不振、流鼻涕，咳嗽并有痰液咳出，临床检查诱咳呈阳性，血常规检查增高，X 线检查可见肺纹理紊乱、粗糙或有小斑片状阴影，诊断为感染支气管炎肺炎。请问该选择何种药物？如何使用？

【任务目标】

1. 掌握常用镇咳药的药理作用、临床应用、使用注意事项和用法用量。
2. 掌握常用祛痰药的药理作用、临床应用、使用注意事项和用法用量。
3. 掌握常用平喘药的药理作用、临床应用、使用注意事项和用法用量。

【知识准备】

作用于呼吸系统的药物主要是用来治疗宠物的呼吸系统疾病，宠物呼吸系统疾病主要由各种原因引起的咳嗽、分泌物增多、呼吸困难等，也就是我们通常所说的咳、痰、喘，所以根据呼吸系统疾病的临床特点，将药物分成镇咳药、祛痰药和平喘药三种。

（一）镇咳药

镇咳药指通过抑制咳嗽中枢或咳嗽反射弧中的某一环节从而减轻或制止咳嗽的药物。咳嗽是宠物机体的一种防御性反射，轻度咳嗽可使痰液和异物排出体外，从而保护呼吸道的清洁和畅通，但剧烈而频繁的咳嗽可使宠物产生痛苦和肺气肿、心功能障碍等病变表现，这时该应使用镇咳药以缓解咳嗽，对于有痰的咳嗽还应配合祛痰药同时应用。

桑菊散

【概述】 黄棕色至棕褐色的粉末；气微香，味微甜。主要成分为桑叶、菊花、连翘、薄荷、苦杏仁等。属于兽用非处方药。

【功能】 疏风清热，宣肺止咳。

【主治】 用于外感风热，咳嗽。

【注意】 ①按规定的用法用量使用，尚未见不良反应；②密闭，防潮。

【用法】 一次内服，犬、猫 5~15g。

（二）祛痰药

祛痰药指能增加呼吸道分泌，使痰液变稀而便于排出体外的药物。祛痰药还有间接镇咳、平喘作用，因为各种炎症刺激使气管分泌物增多或因黏膜上皮纤毛运动减弱，痰液不能及时排出，痰液黏附于气管使其变窄，导致喘息并刺激黏膜下感受器引起咳嗽，当痰液排出后，减少了刺激，从而起镇咳、平喘作用。

氯化铵

【概述】 无色结晶或白色结晶性粉末，无臭，有引湿性。主要成分为氯化铵。属于兽用非处方药。

【作用】 本品内服后可刺激胃黏膜迷走神经末梢，反射性引起支气管腺体分泌增加，使稠痰稀释，易于咳出，因而对支气管黏膜的刺激减少，咳嗽也随之缓解。此外，本品被吸收至体内后，有小部分从呼吸道排出，带出水分使痰液变稀而利于咳出。本品为强酸弱碱盐，是一个有效的体液酸化剂，可使尿液酸化，在弱碱性药物中毒时，可加速药物的排泄。主要适用于支气管炎初期。

本品内服完全被吸收，在体内几乎全部转化降解，仅极少量原形随粪便排出。

【应用】 用于支气管炎初期。

【注意】 ①本品遇碱或重金属盐类即分解。与磺胺类药物合用，可能使磺胺药在尿道析出结晶，发生泌尿道损害如尿闭、血尿等；②肝脏、肾脏功能异常的患病宠物，内服氯化铵容易引起血氯过高性酸中毒和血氨升高，应禁用或慎用。禁与碱性药物、重金属盐、磺胺药等配伍应用；③按规定的用法用量使用，尚未见不良反应。用后有呕吐反应；④无须制定休药期。密封，在干燥处保存。

【用法】 一次内服，犬、猫 0.2~1g。

碘化钾

【概述】 白色片。主要成分为碘化钾。属于兽用非处方药。

【作用】 本品内服后部分从呼吸道腺体排出，刺激呼吸道黏膜，使腺体分泌增加，痰液变稀，痰液稀释，易于咳出，呈现祛痰作用。

【应用】 用于慢性支气管炎。

【注意】 ①本品与甘汞混合后能生成金属汞和碘化汞，使毒性增强；②碘化钾溶液遇生物碱可生成沉淀。碘化钾在酸性溶液中能析出游离碘；③肝、肾功能低下患病宠物慎用。不适于急性支气管炎症。按规定的用法用量使用，尚未见不良反应；④无须制定休药期。遮光，密封，在干燥处保存。

【用法】 一次内服，犬 0.2~1g。

【规格】 片剂：①10mg；②200mg。

远志酊

【概述】 棕色的液体；气香，味甜，微苦、辛。主要成分为远志。属于兽用非处方药。

【功能】 祛痰镇咳。

【主治】 用于痰喘，咳嗽。

【注意】 ①按规定的用法用量使用，尚未见不良反应；②密闭，置阴凉处。

【用法】 一次内服，犬、猫 1~5mL。

（三）平喘药

平喘药指缓解或消除呼吸系统疾患所引起的气喘症状的药物。治疗气喘时应根据临床病情及早合理应用抗炎药并结合应用平滑肌松弛药、抗胆碱药和抗过敏药，才能获得较理想的治疗效果。

氨茶碱

【概述】 白色至微黄色片；注射液为无色至淡黄色的澄明液体。主要成分为氨茶碱。属于兽用非处方药。

【作用】 本品对支气管平滑肌有直接松弛作用。其作用机理是抑制磷酸二酯酶，cAMP 的水解速度变慢，升高组织中 cAMP/cGMP 比值，抑制组胺和慢反应物质等过敏介质的释放，促进儿茶酚胺释放，使支气管平滑肌松弛，从而解除支气管平滑肌痉挛，缓解支气管黏膜的充血水肿，发挥平喘功效。另外，本品还有较弱的强心和利尿作用。

【应用】 用于松弛支气管平滑肌、缓解气喘症状、扩张血管、利尿等作用。

【注意】 ①本品与红霉素、四环素、林可霉素等合用时，可降低本品在肝脏的清除率，使血药浓度升高，甚至出现毒性反应；②酸性药物可加快其排泄，碱性药物可延缓其排泄。与儿茶酚胺类及其他拟肾上腺素类药合用，能增加心律失常的发生率；③犬、猫偶见恶心、呕吐、失眠、胃酸分泌增加、腹泻、贪食多饮和多尿的症状。引起中枢神经系统兴奋。肝功能低下，心衰患病宠物慎用；④静脉注射或静脉滴注如用量过大、浓度过高或速度过快，都可强烈兴奋心脏和中枢神经，故需稀释后注射并注意掌握速度和剂量。注射液碱性较强，偶见局部红肿、疼痛，应做深部肌内注射；⑤无须制定休药期。遮光，密封保存。

【用法】 一次内服，犬、猫 10～15mg/kg 体重。一次肌内、静脉注射，犬 0.05～0.1g。

【规格】 按 $C_2H_8N_2(C_7H_8N_4O_2)_2 \cdot 2H_2O$ 计算，片剂：①50mg；②100mg；③200mg；注射液：①2mL：0.25g；②2mL：0.5g；③5mL：1.25g。

甘胆口服液

【概述】 棕褐色的液体，有少量轻摇易散的沉淀。主要成分为板蓝根、人工牛黄、甘草、冰片、猪胆粉等。属于兽用非处方药。

【功能】 清热解毒，凉血宣肺，止咳平喘。

【主治】 用于犬传染性气管支气管炎引发的咳嗽。

【注意】 ①按规定的用法用量使用，尚未见不良反应；②密闭，避光。

【用法】 一次内服，犬、猫 0.1mL/kg 体重，2 次/天，连用 7 天。

【规格】 每 100mL 相当于原生药 24.4g。

普济消毒散

【概述】 灰黄色的粉末；气香，味苦。主要成分为大黄、黄芩、黄连、甘草、马勃等。属于兽用非处方药。

【功能】 清热解毒，疏风消肿。

【主治】 用于热毒上冲，头面、腮颊肿痛，疮黄疔毒。

【注意】 ①按规定的用法用量使用，尚未见不良反应；②密闭，防潮。

【用法】 一次内服，犬、猫 5～15g。

双黄连口服液

【概述】 棕红色的澄清液体；微苦。主要成分为金银花、黄芩、连翘。属于兽用非处方药。

【功能】 辛凉解表，清热解毒。

【主治】 用于感冒发热。

【注意】 ①按规定的用法用量使用，尚未见不良反应。风寒感冒者不宜使用；②密闭，避光，置阴凉处。

【用法】 一次内服，犬、猫 1～5mL。

【规格】 每 1mL 相当于原生药 1.5g。

任务三 作用于消化系统的药物

【案例分析】

猫，3 岁，雄性，4.5kg，昨天吃完带鱼后呕吐 2 次，呕吐物为未消化的带鱼，大便为黄色稀便，确诊为胃肠炎。请问该选择何种药物？如何使用？

【任务目标】

1. 掌握常用健胃药和助消化药的药理作用、临床应用、使用注意事项和用法用量。

2. 掌握常用止吐药的药理作用、临床应用、使用注意事项和用法用量。

3. 掌握常用泻药和止泻药的药理作用、临床应用、使用注意事项和用法用量。

【知识准备】

作用于消化系统的药物主要是用来治疗宠物的消化系统疾病，宠物消化系统疾病主要由于饲养管理不当、饲料不良、某些疾病（如传染病、寄生虫病、中毒性疾病等）所引起的胃肠消化机能异常。其治疗原则在于解除病因，改善饲养环境，合理应用调节消化功能的药物，才能取得良好的效果。这些药物主要通过调节胃肠道的运动和消化腺的分泌机能，维持胃肠道内环境和微生态平衡而改善和恢复消化系统机能。根据药物的作用特点可分为健胃药、助消化药、止吐药、泻药和止泻药。

（一）健胃药和助消化药

健胃药指能促进唾液、胃液等消化液的分泌，调整胃的机能活动，提高食欲和加强消化的一类药物，分为苦味健胃药、芳香性健胃药和盐类健胃药三种。助消化药指促进胃肠道消化过程的药物，多为消化液的主要成分或促进消化液分泌的药物。当消化液分泌不足时，助消化药起替代疗法的作用，临床上和健胃药多配伍应用。

龙胆末

【概述】 淡黄棕色的粉末，气微，味甚苦。主要成分为龙胆。属于兽用非处方药。

【功能】 健胃。

【主治】 用于食欲不振。

【注意】 ①按规定的用法用量使用，尚未见不良反应；②密闭，防潮。

【用法】 一次内服，犬 1~5g，猫 0.5~1g。

复方龙胆酊（苦味酊）

【概述】 黄棕色的液体，气香，味苦。主要成分为龙胆、陈皮、草豆蔻。属于兽用非处方药。

【功能】 健脾开胃。

【主治】 用于脾不健运，食欲不振，消化不良。

【注意】 ①按规定的用法用量使用，尚未见不良反应；②密闭，置阴凉处。

【用法】 一次内服，犬、猫 1~4mL。

龙胆碳酸氢钠片

【概述】 棕黄色片，气微，味苦。主要成分为龙胆、碳酸氢钠。属于兽用非处方药。

【功能】 清热燥湿，健胃。

【主治】 用于食欲不振。

【注意】 ①按规定的用法用量使用，尚未见不良反应；②密闭，置干燥处。

【用法】 一次内服，犬、猫 2~5 片。

陈皮酊

【概述】 橙黄色的液体，气香。主要成分为陈皮。属于兽用非处方药。

【功能】 理气健胃。

【主治】 用于食欲不振。

【注意】 ①按规定的用法用量使用，尚未见不良反应；②密闭，防潮。

【用法】 一次内服，犬、猫 1~5mL。

马钱子酊（番木鳖酊）

【概述】 棕色的液体，味苦。主要成分为马钱子。属于兽用非处方药。

【功能】 健胃。

【主治】 用于脾虚不食。

【注意】 ①按规定的用法用量使用，尚未见不良反应。怀孕宠物禁用，不宜久服；②密闭，置阴凉处。

【用法】 一次内服，犬、猫 0.1~0.6mL。

复方豆蔻酊

【概述】 黄棕色或红棕色的液体，气香，味微辛。主要成分为草豆蔻、小茴香、桂皮。属于兽用非处方药。

【功能】 温中健脾，行气止呕。

【主治】 用于寒湿困脾，翻胃少食，脾胃虚寒，食积腹胀，伤水冷痛。

【注意】 ①按规定的用法用量使用，尚未见不良反应；②密闭，置阴凉处。

【用法】 一次内服，犬、猫 2~6mL。

姜酊

【概述】 淡黄色的液体，气香，味辣。主要成分为姜流浸膏。属于兽用非处方药。

【功能】 温中散寒，健脾和胃。

【主治】 用于脾胃虚寒，食欲不振，冷痛。

【注意】 ①按规定的用法用量使用，尚未见不良反应；②密闭，置阴凉处。

【用法】 一次内服，犬、猫 2~5mL。

藿香正气散

【概述】 灰黄色的粉末，气香，味甘、微苦。主要成分为广藿香、紫苏叶、茯苓、白芷、大腹皮等。属于兽用非处方药。

【功能】 解表化湿，理气和中。

【主治】 用于外感风寒，内伤食滞，泄泻腹胀。

【注意】 ①按规定的用法用量使用，尚未见不良反应；②密闭，防潮。

【用法】 一次内服，犬、猫 3~10g。

大黄碳酸氢钠片

【概述】 黄橙色或棕褐色片。主要成分为大黄、碳酸氢钠。属于兽用非处方药。

【功能】 健胃。

【主治】 用于食欲不振，消化不良。

【注意】 ①按规定的用法用量使用，尚未见不良反应。怀孕宠物慎用；②密闭，防潮。

【用法】 一次内服，犬、猫 2~5 片。

【规格】 每 1 片含碳酸氢钠 0.15g。

胃蛋白酶

【概述】 本品为白色至淡黄色的粉末，无霉败臭，有引湿性，水溶液显酸性反应。主要成分为猪、羊或牛的胃黏膜中提取制得的胃蛋白酶。属于兽用非处方药。

【作用】 本品内服后在胃内可使蛋白质初步分解为蛋白胨，有利于蛋白质的进一步分解吸收。胃蛋白酶在酸性环境中作用强，pH 为 1.8 时其活力最强。一般 1g 胃蛋白酶能完全消化 2000g 凝固卵蛋白。

【应用】 用于胃液分泌不足及幼龄宠物胃蛋白酶缺乏所致的消化不良。

【注意】 ①本品与抗酸药（如氢氧化铝）同服，因胃内 pH 升高可使其活力降低。遇鞣酸、没食子酸、重金属盐等可产生沉淀，使酶失去活力；②当胃液分泌不足引起消化不良时，胃内盐酸也常分泌不足。因此使用本品时应同服稀盐酸。按规定的用法用量使用，尚未见不良反应；③忌与碱性药物、鞣酸、重金属盐等配合使用。温度超过 70℃ 时迅速失效；剧烈搅拌可破坏其活性；④无须制定休药期。密封，在阴凉干燥处保存。

【用法】 一次内服，犬 80~800IU；猫 80~240IU。

稀盐酸

【概述】 无色澄清液体，呈强酸性。主要成分为盐酸。属于兽用非处方药。

【作用】 本品是胃液的主要成分之一，适当浓度的稀盐酸可激活胃蛋白酶原，使其转变为有活性的胃蛋白酶，并提供酸性环境使胃蛋白酶发挥消化蛋白质的作用。另外，胃内容物保持一定酸度有利于胃排空及钙、铁等矿物质的溶解与吸收，还有抑菌制酵作用。

【应用】 作为助消化药、药用辅料用于胃酸缺乏症。

【注意】 ①本品禁与碱类、盐类健胃药、有机酸、洋地黄及其制剂合用；②用药浓度和剂量不宜过大，否则因食糜酸度过高，反射性引起幽门括约肌痉挛，影响胃排空，产生腹痛。按规定的用法用量使用，尚未见不良反应；③无须制定休药期。置玻璃瓶内，密封保存。

【用法】 一次内服，犬 0.1~0.5mL。用时稀释 20 倍以上。

【规格】 10%。

（二）止吐药

止吐药指通过不同的环节抑制呕吐反应的一类药物，临床上多用于犬、猫、猪和灵长类等宠物的止吐反应。

甲氧氯普胺（胃复安）

【概述】 白色结晶性粉末。

【作用】 本品有强大的止吐作用，其可抑制延髓催吐化学感受区而反射性抑制呕吐中枢。

【应用】 用于胃肠胀满、恶心呕吐、用药引起的呕吐等。

【注意】 ①本品禁于阿托品、颠茄制剂配伍，以防降低药效；②妊娠宠物禁用。

【用法】 一次内服或肌内注射，10~20mg。

（三）泻药和止泻药

泻药指能促进肠道蠕动，增加肠内容积，软化粪便，加速粪便排泄的一类药物，分为容积性泻药、刺激性泻药和润滑性泻药三类。止泻药指能制止腹泻，保护肠黏膜、吸附有毒物质或收敛消炎的药物，分为保护性止泻药、吸附性止泻药、抑制肠蠕动止泻药等。

硫酸钠

【概述】 无色、透明的结晶或颗粒性粉末，无臭，有风化性；干燥硫酸钠为白色粉末，有引湿性。主要成分为硫酸钠。属于兽用非处方药。

【作用】 本品内服后在肠内可解离出 Na^+ 和 SO_4^{2-}，后者不易被肠壁吸收，借助渗透压作用，在肠管中保持大量水分，扩大肠管容积，软化粪便，并刺激肠壁增强其蠕动，而产生泻下作用。临床上小剂量内服可健胃。

【应用】 用于导泻治疗大肠便秘，排除肠内毒物、毒素，或驱虫药的辅助用药。

【注意】 ①本品剂量过大或连续用药过多可导致脱水、电解质紊乱。按规定的用法用量使用，尚未见不良反应；②治疗大肠便秘时，硫酸钠的适宜浓度为4%~6%。因易继发胃扩张，不适用于小肠便秘的治疗；③脱水宠物、肠炎患病宠物不宜用本品。注意补液；④无须制定休药期。密封保存。

【用法】　一次内服，犬10~25g，猫2~4g，用时配成6%~8%溶液。干燥硫酸钠一次内服，犬5~10g，用时配成3%~4%水溶液灌服。

硫酸镁

【概述】　无色结晶，无臭，有风化性。主要成分为硫酸镁。属于兽用非处方药。

【作用】　本品内服后在肠内可解离出 Mg^{2+} 和 SO_4^{2-}，后者不易被肠壁吸收，借助渗透压作用，在肠道中保持大量水分，扩大肠道容积，软化粪便，并刺激肠壁增强其蠕动，而产生泻下作用。

【应用】　用于导泻。

【注意】　①本品导泻时如服用浓度过高的溶液，可从组织中吸取大量水分而引起脱水。在某些情况（如机体脱水、肠炎等）下，镁离子吸收增多会产生毒副作用；②因易继发胃扩张，不适用于小肠便秘的治疗。肠炎患病宠物不宜用本品；③无须制定休药期。密封保存。

【用法】　一次内服，犬10~20g；猫2~5g。用时配成6%~8%溶液。

液状石蜡

【概述】　本品无色澄清的油状液体，无臭，在日光下不显荧光。主要成分为从石油中制得的多种液状烃的混合物。属于兽用非处方药。

【作用】　本品内服后在肠道内不被吸收，也不发生变化，以原形通过肠管，能阻碍肠内水分的吸收，对肠黏膜有润滑作用，并能软化粪块。液状石蜡泻下作用缓和，对肠黏膜无刺激性，比较安全。

【应用】　用于小肠便秘，有肠炎的宠物的便秘。

【注意】　①本品不宜多次服用，以免影响消化，阻碍脂溶性维生素及钙、磷的吸收；②导泻时可致肛门瘙痒。猫可加温水灌服。呕吐反应减弱患者切勿口服给药；③无须制定休药期。密封保存。

【用法】　一次内服，犬10~30mL，猫5~10mL。

软皂

【概述】　黄白色至黄棕色或黄绿色、透明或半透明、均匀、黏滑的软块；微有特臭。主要成分为植物油用氢氧化钾皂化。属于兽用非处方药。

【作用】　本品具有润滑作用。

【应用】　用于宠物的灌肠解毒。

【注意】　①按规定的用法用量使用，尚未见不良反应；②无须制定休药期。遮光，密闭保存。

【用法】　灌肠：犬，每次用3%溶液0.1~0.2L。

蓖麻油

【概述】 几乎无色或微带黄色的澄清黏稠液体；气微；味淡而后微辛。主要成分为蓖麻油。属于兽用非处方药。

【功能】 刺激性泻药。

【主治】 用于便秘、结症。

【注意】 ①本品可偶致过度腹泻；投服后有反胃、呕吐及随后发生短时便秘的可能；②对肠道有刺激性，不宜反复使用。忌与脂溶性驱肠虫药同用。怀孕宠物忌用；③遮光，密闭保存。

【用法】 一次内服，犬 10~30mL。

大黄酊

【概述】 红棕色的液体；味苦、涩。主要成分为大黄。属于兽用非处方药。

【功能】 健胃，通便。

【主治】 用于食欲不振，大便秘结。

【注意】 ①本品怀孕宠物慎用；②按规定的用法用量使用，尚未见不良反应；③密封，置阴凉处。

【用法】 一次内服，犬、猫 1~3mL。

复方大黄酊

【概述】 黄棕色的液体；气香，味苦、微涩。主要成分为大黄、陈皮、草豆蔻。属于兽用非处方药。

【功能】 健脾消食，理气开胃。

【主治】 用于慢草不食，食滞不化。

【注意】 ①按规定的用法用量使用，尚未见不良反应；②密封，置阴凉处。

【用法】 一次内服，犬、猫 1~4mL。

大黄末

【概述】 黄棕色的粉末；气清香，味苦、微涩。主要成分为大黄。属于兽用非处方药。

【功能】 健胃消食，泻热通肠，凉血解毒，破积行瘀。

【主治】 用于食欲不振，实热便秘，结症；疮黄疔毒，目赤肿痛；烧伤烫伤，跌打损伤。

【注意】 ①本品怀孕宠物慎用；②按规定的用法用量使用，尚未见不良反应；③密封，防潮。

【用法】 一次内服，犬、猫 3~10g。外用适量，调敷患处。

三黄散

【概述】 灰黄色的粉末；味苦。主要成分为大黄、黄柏、黄芩。属于兽用非处方药。

【功能】　清热泻火，燥湿止痢。

【主治】　用于湿热下痢。

【注意】　①本品怀孕宠物慎用；②按规定的用法用量使用，尚未见不良反应；③密封，防潮。

【用法】　一次内服，犬、猫 5~10g。

碱式碳酸铋

【概述】　白色至微黄色片。主要成分为碳酸铋。属于兽用非处方药。

【作用】　本品内服难吸收，小部分在胃肠道内解离出铋离子，与蛋白质结合，产生收敛及保护黏膜作用。碳酸铋被覆在肠黏膜表面，同时游离的铋离子在肠道内还可与硫化氢结合，形成不溶性硫化铋，覆盖于肠表面，从而对肠黏膜呈机械性保护作用，并可减少硫化氢对肠黏膜的刺激作用。

【应用】　用于胃肠炎及腹泻等。

【注意】　①本品按规定的用法用量使用，尚未见不良反应；②无须制定休药期。遮光，密封，在干燥处保存。

【用法】　一次内服，犬 0.3~2g。

【规格】　含碱式碳酸铋，片剂：①0.3g；②0.5g。

碱式硝酸铋

【概述】　白色粉末，无臭或几乎无臭，微有引湿性，能使湿润的蓝色石蕊试纸变红色。主要成分为硝酸铋。属于兽用非处方药。

【作用】　本品内服难吸收，小部分在胃肠道内解离出铋离子，与蛋白质结合，产生收敛及保护黏膜作用。大部分次硝酸铋被覆在肠黏膜表面，同时游离的铋离子在肠道内还可与硫化氢结合，形成不溶性硫化铋，覆盖于肠表面，从而对肠黏膜呈机械性保护作用，并可减少硫化氢对肠黏膜的刺激作用。

【应用】　用于胃肠炎及腹泻等。

【注意】　①本品对病原菌引起的腹泻，应先用抗菌药控制其感染后再用本品。碱式硝酸铋在肠内溶解后，可形成亚硝酸盐，量大时能被吸收引起中毒；②本品按规定的用法用量使用尚未见不良反应；③无须制定休药期。遮光，密封保存。

【用法】　一次内服，犬 0.3~2g。

【规格】　含碱式硝酸铋，片剂：0.3g，0.5g。

白陶土

【概述】　类白色细粉，加水湿润后，有类似黏土的气味，颜色加深。主要成分为含水硅酸铝。属于兽用非处方药。

【作用】　本品有巨大的吸附表面积，能机器性吸附细菌毒素，并对皮肤或黏膜有机械性保护作用。

【应用】　内服用于腹泻；外用可作敷剂和撒布剂的基质。

【注意】　①本品能吸附其他药物和影响消化酶的活性。按规定的用法用量使用，尚未见不良反应；②无须制定休药期。密闭保存。

【用法】 一次内服，犬 1~5g。

药用炭

【概述】 黑色粉末，无臭，无砂性。主要成分为炭。属于兽用非处方药。

【作用】 本品颗粒细小，表面积大，吸附能力很强。内服到达肠道后，能与肠道中有害物质或毒素结合，阻止其吸收，从而能减轻对肠壁的刺激，使肠蠕动减弱，呈止泻作用。

【应用】 用于生物碱等中毒及腹泻、胃肠臌气等。

【注意】 ①本品能吸附其他药物和影响消化酶的活性。用于排除毒物时最好与盐类泻药配合用。按规定的用法用量使用，尚未见不良反应；②无须制定休药期。密闭保存。

【用法】 一次内服，犬 0.3~2g。

任务四　作用于泌尿生殖系统的药物

【案例分析】

波斯猫，5 岁，雄性，近期精神沉郁，体温升高，食欲不振，有时发生呕吐、腹泻。临床检查时：肾区敏感，触诊疼痛，肾脏肿胀。不愿活动，步态强拘，站立时背腰拱起，后肢集拢于腹下，排尿时呈现尿淋漓的现象；尿常规检查：可见尿比重增高，蛋白含量增多，尿沉渣中有透明颗粒、红细胞管型；血常规检查：红细胞数轻度减少，白细胞数正常，诊断为肾小球肾炎。请问该选择何种药物？如何使用？

【任务目标】

1. 掌握常用利尿药的药理作用、临床应用、使用注意事项和用法用量。
2. 掌握常用脱水药的药理作用、临床应用、使用注意事项和用法用量。
3. 掌握常用子宫收缩药的药理作用、临床应用、使用注意事项和用法用量。
4. 掌握常用生殖激素类药的药理作用、临床应用、使用注意事项和用法用量。

【知识准备】

（一）利尿药

利尿药指作用于肾脏，促进电解质和水的排泄，增加尿量、减轻或形成水肿的一类药物，分为高效利尿药、中效利尿药和低效利尿药。临床上主要用于治疗水肿、腹水、急性肾功能衰竭和促进毒物的排出。

呋塞米

【概述】 片剂为白色片；注射液为无色或几乎无色的澄明液体。主要成分为呋塞米。属于兽用非处方药。

【作用】 本品主要作用于肾小管髓袢升支髓质部，抑制其对 Cl^- 和 Na^+ 的重吸收，对升支的皮质部也有作用。其结果是管腔液 Na^+、Cl^- 浓度升高，髓质间液 Na^+、Cl^- 浓度降低，肾小管浓缩功能下降，从而导致水、Na^+、Cl^- 排泄增多。由于 Na^+ 重吸收减少，远曲小管 Na^+ 浓度升高，促进 Na^+-K^+ 和 Na^+-H^+ 交换增加，使 K^+、H^+ 排泄增多。另外，呋塞米还能抑制近曲小管和远曲小管对 Na^+、Cl^- 的重吸收，使远曲小管 Na^+-K^+ 交换加强，促进 K^+ 的排泄。

内服易吸收，犬内服后 1~2h 血药浓度达峰值，生物利用度可达 77%，半衰期为 1~1.5h。近 50%~60% 的剂量以原形从尿中排泄，其余与葡萄糖醛酸结合。肾功能不全时，血浆半衰期延长，给药时应调整剂量。

【应用】 用于各种水肿症。

【注意】 ①本品与氨基糖苷类抗生素同时应用可增加后者的肾毒性和耳毒性。可诱发低钠、低钾、低钙血症与低血镁等电解质平衡紊乱，另外，在脱水宠物易出现氮血症。呋塞米可增强琥珀胆碱的作用。应避免与氨基糖苷类抗生素和糖皮质激素合用；②糖皮质激素类药物可降低其利尿效果，并增加电解质紊乱尤其是低血钾症发生机会，从而可能增加洋地黄的毒性；③长期大量用药偶见低血钾、低血钠、低血钙、低血镁及脱水，应补钾或与保钾性利尿药配伍或交替使用，并定时检测水和电解质平衡状态。大剂量静脉注射偶见使犬听觉丧失。偶见胃肠道功能紊乱，贫血、白细胞减少和衰弱等症状；④本品能与阿司匹林竞争肾的排泄部位，延长其作用。与其他利尿药同时应用，可增强其利尿作用。与茶碱合用可增强利尿作用。无尿患病宠物禁用，电解质紊乱或肝损害的患病宠物慎用；⑤无须制定休药期。遮光，密封，在干燥处保存。

【用法】 一次内服，犬、猫 2.5~5mg/kg 体重。一次肌内、静脉注射，犬、猫 1~5mg/kg 体重。

【规格】 片剂：①20mg；②50mg。注射液：①2mL：20mg；②10mL：100mg。

氢氯噻嗪

【概述】 白色片。主要成分为氢氯噻嗪。属于兽用非处方药。

【作用】 本品属中效利尿剂，主要作用于髓袢升支皮质部和远曲小管的前端，抑制 Na^+、Cl^- 的重吸收，从而起到排钠利尿作用。由于流入远曲小管和集合管的 Na^+ 的增加，促进 K^+-Na^+ 的交换，故 K^+ 的排泄也增加。

胃肠道吸收迅速但不完全。内服给药后犬、猫 4h 达作用高峰，作用维持 12h。进入体内后广泛分布，以肾脏含量最高。氢氯噻嗪蛋白结合率相对较低（40%）。主要以原形经肾小管有机酸分泌途径排泄。因此，如肾血流量下降时，其作用会降低。

【应用】 用于各种水肿。

【注意】 ①本品大量或长期应用偶见体液和电解质平衡紊乱，导致低钾性碱血症、低氯性碱血症、高尿酸血症、高血钙症。严重肝、肾功能障碍、电解质平衡紊乱及高尿酸血症等患病宠物慎用。皮质激素类药物可降低本品利尿效果，并增加电解质紊乱，尤其是低血钾症发生机会。宜与氯化钾合用，以免发生低血钾症。其他不良反应有胃肠道反应（呕吐、腹泻）等；②本品加强非去极化肌松药的疗效或持续时间。非甾体类解热镇痛抗炎药能降低本品利尿作用，可使肾损害机会也增加。与碳酸氢钠合用，发生低氯性碱血症机会增加；③本品与氨基糖苷类抗生素及头孢菌素（第一、二代）合用，肾毒性、耳毒性增加，尤其是原先存在肾损害时。本品引起的低钾可增强强心苷毒性；④无须制定休药期。遮光，密封保存。

【用法】 一次内服，犬、猫 3~4mg/kg 体重。

【规格】 ①25mg；②0. 25g。

鱼腥草注射液

【概述】 无色的澄明液体。主要成分为鱼腥草。属于兽用非处方药。

【功能】 清热解毒，消肿排脓，利尿通淋。

【主治】 用于肺痈，痢疾，乳痈，淋浊。

【注意】 密封，避光，置阴凉处

【用法】 一次肌内，犬 2~5mL，猫 0. 5~2mL。

【规格】 注射液：①2mL（相当于原生药 4g）；②5mL（相当于原生药 10g）；③10mL（相当于原生药 20g）；④20mL（相当于原生药 40g）；⑤50mL（相当于原生药 100g）。

（二）脱水药

脱水药指能消除组织水肿的药物，是一类低相对分子质量物质，其在体内多数不被代谢，能迅速提高血浆及肾小管的渗透压，增加尿量，故又称渗透性利尿药。因其利尿作用不强，临床上主要用于消除脑水肿、肺水肿等局部组织的水肿。

甘露醇

【概述】 无色的澄明液体。主要成分为甘露醇。属于兽用非处方药。

【作用】 本品为高渗性脱水药。静脉注射高渗甘露醇后可提高血浆渗透压，使组织（包括眼、脑、脑脊液）细胞间液水分向血浆转移，产生组织脱水作用，从而可降低颅内压和眼内压。可加速某些毒素的排泄，辅助其他利尿药可以迅速减轻水肿或腹水。进入体内的甘露醇迅速通过肾小球滤过，在肾小管很少被重吸收。因小管液渗透压增加，阻止了水在肾小管内的重吸收，并间接抑制肾小管对 Na^+、K^+、Cl^- 及其他电解质（如 Ca^{2+}、Mg^{2+} 和磷酸盐）的重吸收，从而产生利尿作用。另外，甘露醇通过防止有毒物质在小管液内的积聚或浓缩，对肾脏产生保护作用。

【应用】 用于脑水肿、脑炎的辅助治疗。

【注意】 ①大剂量或长期应用可引起水和电解质平衡紊乱。静脉注射过快可能引起心血管反应，如肺水肿及心动过速等。静脉注射时药物漏出血管可使注射部位水肿，皮肤坏死；②严重脱水、肺充血或肺水肿、充血性心力衰竭以及进行性肾功能衰竭患畜禁用。脱水宠物在治疗前应适当补液。静脉注射时勿漏出血管外，以免引起肿胀和坏死；③无须制定休药期。遮光，密闭保存。

【用法】 一次静脉注射，犬猫 0.25～0.5mg/kg 体重，稀释成 5%～10% 溶液。

【规格】 注射液：①100mL：20g；②50mL：50g；③500mL：100g。

（三）子宫收缩药

子宫收缩药指能选择性兴奋子宫平滑肌的一类药物，其作用主要表现为节律性收缩或强直性收缩，临床上用于催产、引产、排出胎衣、产后止血或子宫复原等。

缩宫素

【概述】 无色澄明或几乎澄明的液体。主要成分是自猪或牛的脑垂体后叶中提取或化学合成的缩宫素的灭菌水溶液。属于兽用非处方药。

【作用】 本品能选择性兴奋子宫，加强子宫平滑肌的收缩。其兴奋子宫平滑肌作用因剂量大小、体内激素水平而不同。小剂量能增加妊娠末期子宫肌的节律性收缩，收缩舒张均匀；大剂量则能引起子宫平滑肌强直性收缩，使子宫肌层内的血管受压迫而起止血作用。此外，缩宫素能促进乳腺腺泡和腺导管周围的肌上皮细胞收缩，促进排乳。

【应用】 用于催产、产后子宫止血和胎衣不下等。

【注意】 ①子宫过度收缩可能会对怀孕宠物和胎儿造成危险；②子宫颈尚未开放、骨盆过狭以及产道阻碍时禁用于催产；③无须制定休药期。密闭，在凉暗处保存。

【用法】 一次皮下或肌内注射，犬 2～10IU。

【规格】 注射液：①1mL：10IU；②2mL：10IU；③2mL：20IU；④5mL：50IU。

垂体后叶

【概述】 无色澄明或几乎澄明的液体。主要成分为体后叶水溶性成分。属于兽用非处方药。

【作用】 本品属于子宫收缩药，含缩宫素和加压素。对子宫的作用与缩宫素相同，其所含加压素有抗利尿和升高血压的作用。

【应用】 用于催产、产后子宫出血和胎衣不下等。

【注意】 ①临产时，若产道异常、胎位不正、子宫颈尚未开放等禁用。用量大时偶见血压升高、少尿及腹痛；②按规定的用法用量使用，尚未见不良反应；③无须制定休药期。密闭，在凉暗处保存。

【用法】 一次皮下或肌内注射，犬 2～10IU（0.2～1mL），猫 2～5IU（0.2～0.5mL）。

【规格】 注射液：①1mL：10IU；②5mL：50IU。

马来酸麦角新碱

【概述】 无色或几乎无色的澄明液体，微显蓝色荧光。主要成分为马来酸麦角新碱。属于兽用非处方药。

【作用】 本品能选择性地作用于子宫平滑肌，作用强而持久。临产前或分娩后子宫最敏感。麦角新碱对子宫体和子宫颈都具兴奋效应，稍大剂量即引起强直收缩，故不适于催产和引产。但由于子宫肌强直性收缩，机械压迫肌纤维中的血管，可阻止出血。

【应用】 用于产后止血、加速胎衣排出及子宫复原。

【注意】 ①本品与缩宫素或其他麦角制剂有协同作用，但临床上不宜与缩宫素及其他收缩子宫制剂联用。胎儿未娩出前禁用；②按规定的用法用量使用，尚未见不良反应；③无须制定休药期。遮光，密闭，在冷处保存。

【用法】 一次静脉或肌内注射，犬 0.1～0.5mg。

【规格】 注射液：①1mL：0.5mg；②1mL：2mg。

（四）生殖激素类药物

生殖激素类药物指能够调节宠物生殖系统的机能，治疗产科疾病或繁殖障碍的一类激素类药物，包括性激素药物、促性腺激素和促性腺激素释放激素类药物、前列腺素类药物。

丙酸睾酮

【概述】 无色至淡黄色的澄明油状液体。主要成分为丙酸睾酮。属于兽用处方药。

【作用】 本品与天然睾酮相同，可促进雄性生殖器官及副性征的发育、成熟；引起性欲及性兴奋；还能对抗雌激素的作用，抑制母畜发情。睾酮还具有同化作用，可促进蛋白质合成，引起氮、钠、钾、磷的潴留，减少钙的排泄。通过兴奋红细胞生成刺激因子，刺激红细胞生成。大剂量睾酮通过负反馈机制，抑制黄体生成素，进而抑制精子生成。

【应用】 用于雄激素缺乏症的辅助治疗。

【注意】 ①本品具有水钠潴留作用，肾、心或肝功能不全患宠慎用；②注射部位可出现硬结、疼痛、感染及荨麻疹。仅用于种犬、猫；③无须制定休药期。遮光，密闭保存。

【用法】 一次肌内、皮下注射，犬、猫 0.01～0.02mL/kg 体重。

【规格】 注射液：①1mL：25mg；②1mL：50mg。

苯丙酸诺龙

【概述】 淡黄色的澄明油状液体。主要成分为苯丙酸诺龙。属于兽用处方药。

【作用】 本品为人工合成的睾酮衍生物，其蛋白质同化作用较强，雄激素活性较弱。能促进蛋白质合成和抑制蛋白质异化作用，并有促进骨组织生长、刺激红细胞生成等作用。

【应用】 用于营养不良、慢性消耗性疾病的恢复期。

【注意】 ①本品可引起钠、钙、钾、水、氯和磷潴留以及繁殖机能异常；亦可引起肝脏毒性；②肝、肾功能不全时慎用；③无须制定休药期。遮光，密闭保存。

【用法】 一次肌内、皮下注射，犬、猫 0.02~0.1g/kg 体重，1 次/2 周。

【规格】 注射液：①1mL：10mg；②1mL：25mg。

苯甲酸雌二醇

【概述】 淡黄色的澄明油状液体。主要成分为苯甲酸雌二醇。属于兽用非处方药。

【作用】 本品能促进母畜雌性器官和副性征的正常生长和发育。引起子宫颈黏膜细胞增大和分泌增加，阴道黏膜增厚，促进子宫内膜增生和增加子宫平滑肌张力。雌二醇对骨骼系统也有影响，能增加骨骼钙盐沉积，加速骨骺闭合和骨的形成，并有适度促进蛋白质合成，以及增加水、钠潴留的作用。此外，雌二醇还能负反馈调节来自腺垂体前叶的促性腺激素的释放，从而抑制泌乳、排卵以及雄性激素的分泌。

【应用】 用于发情不明显宠物的催情及胎衣滞留、死胎的排出。

【注意】 ①对幼龄犬等宠物偶见血液恶病质，多见于老年宠物或大剂量应用时。起初血小板和白细胞增多，但逐渐发展为血小板和白细胞下降。严重可致再生障碍性贫血；②偶见囊性子宫内膜增生和子宫蓄脓；③妊娠早期的宠物禁用，以免引起流产或胎儿畸形。猫禁用；④无须制定休药期。遮光，密闭保存。

【用法】 一次肌内注射，犬 0.2~0.5mg。

【规格】 注射液：①1mL：1mg；②1mL：2mg；③2mL：3mg；④2mL：4mg。

黄体酮

【概述】 无色至淡黄色的澄明油状液体。主要成分为黄体酮。属于兽用处方药。

【作用】 本品在雌激素作用基础上，可促进子宫内膜及腺体发育，抑制子宫肌收缩，减弱子宫肌对催产素的反应，起“安胎”作用；通过反馈机制抑制垂体前叶促黄体素的分泌，抑制发情和排卵。另外，与雌激素共同作用，刺激乳腺腺泡发育，为泌乳作准备。

【应用】 用于预防流产。

【注意】 ①本品长期应用会延长宠物的妊娠期。按规定的用法用量使用，尚未见不良反应；②无须制定休药期。遮光，密闭保存。

【用法】 一次肌内注射，犬 2~5mg。

【规格】 注射液：①1mL：10mg；②1mL：50mg；③2mL：20mg；④5mL：100mg。

绒促性素

【概述】 白色的冻干块状物或粉末。主要成分为绒促性素。属于兽用非处方药。

【作用】 本品具有促卵泡素（FSH）和促黄体素（LH）样作用。对母畜可促进黄体生成黄体激素并能促进排卵。对未成熟卵泡无作用。对公畜可促进睾丸间质细胞分化和雄激素分泌，促使性器官、副性征的发育、成熟，对解剖学上无异常的宠物，绒促性素还可使隐睾患病宠物的睾丸下降。

【应用】 用于性功能障碍、习惯性流产及卵巢囊肿等。

【注意】 ①按规定的用法用量使用，尚未见不良反应。不宜长期应用，以免产生抗体和抑制垂体促性腺功能；②本品溶液极不稳定，且不耐热，应在短时间内用完；③无须制定休药期。遮光，密闭，在冷暗处保存。

【用法】 一次肌内注射，犬 25~300IU，2~3 次/周。

【规格】 注射用：①500IU；②1000IU；③2000IU；④5000IU。

血促性素

【概述】 白色冻干块状物或粉末。主要成分为孕马血清促性腺激素。属于兽用非处方药。

【作用】 本品属于激素类药物，具有促卵泡素（FSH）和促黄体素（LH）样作用。对母畜，主要表现呈卵泡刺激素样作用，促进卵泡的发育和成熟，引起母畜发情；也有轻度黄体生成素样作用，促进成熟卵泡排卵甚至超数排卵。对公畜，主要表现黄体生成样作用，能增加雄激素分泌，提高性兴奋。

【应用】 用于雌性宠物催情和促进卵泡发育，也用于胚胎移植时的超数排卵。

【注意】 ①按规定的用法用量使用，尚未见不良反应。不宜长期应用，以免产生抗体和抑制垂体促性腺功能；②本品溶液极不稳定，且不耐热，应在短时间内用完；③无须制定休药期。遮光，密闭，在冷暗处保存。

【用法】 一次皮下、肌内注射，催情，犬 25~200IU，猫 25~100IU。临用前，以灭菌生理盐水 2~5mL 稀释。

【规格】 注射用：①1000IU；②2000IU。

泰山磐石散

【概述】 淡棕色的粉末；气微香，味甘。主要成分为党参、黄芪、当归、续断、黄芩等。属于兽用非处方药。

【功能】 补气血，安胎。

【主治】 用于气血两虚所致胎动不安，习惯性流产。

【注意】 ①按规定的用法用量使用，尚未见不良反应；②密闭，防潮。

【用法】 一次内服，犬、猫5~15g。

【项目练习】

（一）选择题

1. 白陶土是（ ）

A. 泻药 B. 止泻药 C. 制酵药 D. 助消化药

E. 健胃药

2. 呋塞米主要作用于（ ）而产生强效利尿作用

A. 近曲小管 B. 髓袢降支

C. 髓袢升支皮质部 D. 髓袢升支髓质部和皮质部

E. 远曲小管

3. 具有收敛作用的泻药是（ ）

A. 大黄 B. 硫酸钠 C. 石蜡油 D. 人工盐

E. 硫酸镁

4. 碘化钾属于（ ）

A. 消化药 B. 止痛药 C. 祛痰药 D. 消炎药

E. 平喘药

5. （ ）对子宫平滑肌无收缩作用

A. 缩宫素 B. 麦角新碱 C. 孕酮 D. 地诺前列素

E. 垂体后叶素

6. 可用于治疗充血性心力衰竭的药物是（ ）

A. 强心苷 B. 肾上腺素 C. 咖啡因 D. 麻黄碱

E. 酚磺乙胺

7. 氯化铵具有（ ）作用。

A. 降体温作用药 B. 镇咳作用 C. 平喘作用 D. 祛痰作用

E. 消炎作用

8. 甘露醇产生组织脱水的给药途径是（ ）

A. 腹腔注射 B. 肌内注射 C. 静脉注射 D. 皮下注射

E. 口服

9. 远志酊的作用是（ ）

A. 助消化 B. 镇咳 C. 止泻 D. 健胃

E. 利尿

10. 维生素K是（ ）

A. 消炎药 B. 抗凝血药 C. 助消化药 D. 抗贫血药

E. 止血药

（二）简答题

1. 简述脱水药的作用机理、代表性药物及适应证。

2. 简述呋噻米的利尿作用机理及应用。
3. 简述缩宫素的主要药理作用、应用及注意事项。
4. 简述酚磺乙胺的作用机理、应用及注意事项。
5. 简述氨茶碱的主要作用机理、应用及注意事项。

项目七
调节新陈代谢的药物

体液是机体的重要组成部分，占成年宠物体重的60%~70%，分为细胞内液和细胞外液。细胞外液是维持正常生命活动的必要条件。体液是由水、电解质、葡萄糖和蛋白等成分构成，具有运输物质、调节酸碱平衡、维持细胞结构与功能的作用。正常情况下，受神经内分泌系统的调节，体液的总量、组成、酸碱度和渗透压是相对平衡的；而病变导致的调节失常、高烧、创伤、腹泻、疼痛时，就会引起水盐代谢障碍及酸碱平衡紊乱，临床上就会用水盐代谢调节药物、酸碱平衡调节药物及营养药进行机体调节。

任务一　调节水盐代谢的药物

【案例分析】

某宠物医院收治一病犬，体温39℃，5岁，3.6kg，表现无食欲，有呕吐，肛门周围被毛血便污染，有特殊腥味，被毛蓬松凌乱，眼眶凹陷，行走时步态不稳，分析该犬的症状，应采取哪些对症治疗措施？

【任务目标】

1. 掌握补液的意义、方法及用量。
2. 掌握常用体液补充药的临床应用、使用注意事项和用法用量。

【知识准备】

（一）概述

水和电解质是宠物体内体液的主要成分。其含量的稳定，可使体液保持一定的渗透压和酸碱度，可保证机体的新陈代谢，维持宠物正常的生命活动。许多疾病可不同程度地影响水、电解质代谢，而导致平衡紊乱，其中较常见的是脱水和钠、钾代谢紊乱。这时，必须适时地补液和电解质，使平衡恢复。

1. 补液的意义

正常情况下，宠物的体液占体重的60%~70%（包括细胞内液和细胞外液）。某些疾病，如剧烈腹泻、呕吐、大出汗等使水和电解质大量排出，加之摄入很少，必将造成不同程度的脱水。如果损失体重10%的体液，就可引起严重的物质代谢障碍，损失20%~25%的体液就会引起死亡。因此，为了维持宠物机体正常的新陈代谢活动，恢复体液平衡，必须根据脱水程度和脱水的性质，及时补液。

2. 补液的方法、用量

补液的方法较多。临床多采用内服、腹腔注射和静脉注射的方法。

脱水程度有轻、中、重度之分；脱水性质有高渗、低渗、等渗脱水之分。临床上以等渗脱水较为常见。轻度脱水畜体通过代偿可以恢复；中、重度脱水必须补液。确定补液的量一般以“缺多少补多少”为原则，目前常根据宠物机体脱水程度来估算，如一20kg的牛出现轻度脱水，失水量占体重的2%~4%（中度脱水，失水量占4%~8%。重度脱水，失水量约占10%），补液量为：20kg×4%=0.8kg（L）水。但在临床中，常根据具体情况给予小于上述计算量的剂量。

（二）常用的药物

葡萄糖

【概述】　无色或几乎无色的澄明液体。主要成分为葡萄糖或无水葡萄糖。属于兽用非处方药。

【作用】　本品是机体所需能量的主要来源，在体内被氧化成二氧化碳和水并同时供给热量，或以糖原形式贮存，对肝脏具有保护作用。5%等渗葡萄糖注射液及葡萄糖氯化钠注射液有补充体液作用，高渗葡萄糖还可提高血液渗透压，使组织脱水并有短暂利尿作用。

【应用】　5%等渗溶液用于补充营养和水分；10%高渗溶液用于提高血液渗透压和利尿。

【注意】　①长期单纯补给葡萄糖可出现低钾、低钠血症等电解质紊乱状态；②无须制定休药期。密封保存。

【用法】　一次静脉注射，犬5~25g。

【规格】　注射液：①20mL：5g；②20mL：10g；③100mL：5g；④100mL：10g；⑤250mL：12.5g；⑥250mL：25g；⑦500mL：25g；⑧500mL：50g；⑨500mL：250g；⑩1000mL：50g；⑪1000mL：100g。

氯化钠

【概述】　无色的澄明液体。主要成分为氯化钠。属于兽用非处方药。

【作用】　本品为电解质补充剂。在宠物体内，钠是细胞外液中极为重要的阳离子，是保持细胞外液渗透压和容量的重要成分。钠以碳酸氢钠的形式构成缓冲系统，对调节体液的酸碱平衡也具有重要作用。钠离子在细胞外液中的正常浓度，是维持细胞的兴奋性、神经肌肉应激性的必要条件。体内大量丢失钠偶见低钠综合征，表现为全身虚弱、表情淡漠、肌肉痉挛、循环障碍等，重则昏迷直到死亡。另外，高渗氯化钠溶液静脉注射后能反射性兴奋迷走神经，使胃肠平滑肌兴奋，蠕动加强。

【应用】 用于脱水症。

【注意】 ①输注或内服过多、过快，可致水钠潴留，引起水肿，血压升高，心率加快。过多、过快给予低渗氯化钠可致溶血、脑水肿等；②肺水肿患病宠物慎用。脑、肾、心脏功能不全及血浆蛋白过低患病宠物慎用；③本品所含有的氯离子比血浆氯离子浓度高，已发生酸中毒宠物，如大量应用，偶见高氯性酸中毒。此时可改用碳酸氢钠和生理盐水；④无须制定休药期。密封保存。

【用法】 一次静脉注射，犬 100~500mL。

【规格】 注射液：①10mL：0.09g；②100mL：0.9g；③250mL：2.25g；④500mL：4.5g；⑤1000mL：9g。

复方氯化钠

【概述】 无色的澄明液体。主要成分为氯化钠、氯化钾与氯化钙。属于兽用非处方药。

【作用】 本品为电解质补充剂。在宠物体内，钠是细胞外液中极为重要的阳离子，而钾为细胞内主要阳离子。体内适当浓度的钠和钾离子是维持细胞、神经肌肉兴奋性的必要条件。钠和钾也是维持细胞内外渗透压的重要成分，对调节体液的酸碱平衡也具有重要作用。钙则是构成骨组织的重要元素，除促进骨骼和牙齿正常发育，维持骨骼正常的结构和功能、神经纤维和肌肉的正常兴奋性外，还能具有降低毛细血管膜的通透性及促进凝血等作用。

【应用】 用于脱水症。

【注意】 同氯化钠。

【用法】 一次静脉注射，犬 100~500mL。

【规格】 注射液：①250mL；②500mL；③1000mL：2.25g。

葡萄糖氯化钠

【概述】 无色的澄明液体。主要成分为葡萄糖或无水葡萄糖与氯化钠。属于兽用非处方药。

【作用】 葡萄糖是机体所需能量的主要来源，在体内被氧化成二氧化碳和水并同时供给热量，或以糖原形式贮存，对肝脏具有保护作用。5%等渗葡萄糖注射液及葡萄糖氯化钠注射液有补充体液作用。氯化钠为电解质补充剂，在宠物体内，钠是细胞外液中极为重要的阳离子，是保持细胞外液渗透压和容量的重要成分。钠以碳酸氢钠形式构成缓冲系统，对调节体液的酸碱平衡具有重要作用。钠离子在细胞外液中的正常浓度，是维持细胞的兴奋性、神经肌肉应激性的必要条件。

【应用】 用于脱水症。

【注意】 ①输注过多、过快，可致水钠潴留，引起水肿、血压升高、心率加快、胸闷、呼吸困难，甚至急性左心衰竭；②易致肝、肾功能不全患病宠物水钠潴留，应注意控制剂量。低血钾症患病宠物慎用；③无须制定休药期。密封保存。

【用法】 一次静脉注射，犬 100~500mL。

【规格】 注射液：①100mL：葡萄糖 5g 与氯化钠 0.9g；②250mL：葡萄糖 12.5g 与氯化钠 2.25g；③ 500mL：葡萄糖 25g 与氯化钠 4.5g；④1000mL：葡萄糖 50g 与氯化钠 9g。

氯化钾

【概述】 无色的澄明液体。主要成分为氯化钾。属于兽用非处方药。

【作用】 钾为细胞内主要阳离子，是维持细胞内渗透压的重要成分。钾离子通过与细胞外的氯离子交换参与酸碱平衡的调节；钾离子亦是心肌、骨骼肌、神经系统维持正常功能所必需。适当浓度的钾离子，可保持神经肌肉的兴奋性，缺钾则导致神经肌肉间的传导阻滞，心肌自律性增高。另外，钾还参与糖和蛋白质的合成及二磷酸腺苷转化为三磷酸腺苷的能量代谢。

【应用】 用于低血钾症，也可用于强心苷中毒引起的阵发性心动过速等。

【注意】 ①糖皮质激素可促进尿钾排泄，与钾盐合用时会降低疗效。应用过量或滴注过快易引起高血钾症。脱水病例一般先给不含钾的液体，等排尿后再补钾。无尿或血钾过高时禁用；②抗胆碱药能增强内服氯化钾的胃肠道刺激作用。肾功能严重减退或尿少时慎用；③高浓度溶液或快速静脉注射可能会导致心脏骤停；④无须制定休药期。密闭保存。

【用法】 一次静脉输注，犬 2~5mL/kg 体重，猫 0.5~2mL/kg 体重。使用时必须用 5%葡萄糖注射液稀释成 0.3%以下的溶液。

【规格】 注射液：10mL：1g。

任务二 调节酸碱平衡的药物

【案例分析】

一幼犬拉稀，粪呈黄色水样，内含凝乳小片，顺肛门流下，其周围多不留粪迹。下痢重时，后肢被粪液沾污，从肛门冒出稀粪。不愿吃奶、很快消瘦、脱水。经诊断为胃肠炎。请问该选择何种药物？如何使用？

【任务目标】

掌握电解质平衡调节药物临床应用、使用注意事项和用法用量。

【知识准备】

正常宠物血液 pH 保持在 7.4 左右，这种体液的相对稳定性称作酸碱平衡。酸碱平衡是保证体内酶的活性及生理活动的必要条件。酸碱平衡的维持依赖于血液内缓冲体系的调节，其中以碳酸氢盐缓冲对最重要。一般情况下，当［H · HCO_3］增高或［B · HCO_3］降低时称为酸中毒，反之称为碱中毒。由呼吸障碍引起的［H · HCO_3］增高或降低，分别称为呼吸性酸中毒或碱中毒；而由呼吸系统以外原因引起的则分别称为代谢性酸中毒或碱中毒。临床上常见的是代谢性酸中毒，如急性感染、疝痛、高热、休克、缺氧等都会使体内产生过多的酸性物质导致酸中毒。治疗时，除用药物调整恢复酸碱平衡外，还应采取除去病因，改善肺、肾功能等综合治疗措施。

碳酸氢钠

【概述】 片剂为白色片；注射液为无色的澄明液体。主要成分为碳酸氢钠。属于兽用非处方药。

【作用】 本品内服后能迅速中和胃酸，减轻胃酸过多引起的疼痛，但作用持续时间短。内服碳酸氢钠能直接增加机体的碱储备，迅速纠正代谢性酸中毒，并碱化尿液。

静脉注射碳酸氢钠能直接增加机体的碱储备，迅速纠正代谢性酸中毒，并碱化尿液，以防止磺胺类药物的代谢物等对肾脏的损害，加速弱酸性药物的排泄，使弱有机碱药物排泄减慢。

【应用】 作为酸碱平衡调节药用于酸血症、胃肠卡他，也用于碱化尿液。

【注意】 ①本品与糖皮质激素合用，易发生高血钠症和水肿。与排钾利尿药合用，可增加发生低氯性碱中毒的危险。本品可使尿液碱化，使弱有机碱药物排泄减慢，而使弱有机酸药物排泄加快。可使内服铁剂的吸收减少；②内服时可在胃内产生大量 CO_2，引起胃肠臌气。大量静脉注射时偶见代谢性碱中毒、低血钾症，易出现心律失常、肌肉痉挛。用量要适当，纠正严重酸中毒时，应测定 CO_2 结合力作为用量依据；③应避免与酸性药物、复方氯化钠、硫酸镁或盐酸氯丙嗪注射液等混合应用。对组织有刺激性，静脉注射时勿漏出血管外。剂量过大或肾功能不全患病宠物偶见水肿、肌肉疼痛等症状。患有充血性心力衰竭、肾功能不全和水肿或缺钾等患病宠物慎用；④无须制定休药期。密封，在干燥处保存。

【用法】 一次内服，犬 0.5~2g。一次静脉注射，犬 0.5~1.5g。

【规格】 片剂：①0.3g；②0.5g。注射液：①10mL：0.5g；②250mL：12.5g；③500mL：25g。

复方布他磷

【概述】 粉红色澄明液体。主要成分为布他磷、维生素 B_{12}。

【作用】 本品以单纯的物理刺激模式增进机体各部位的同化作用。布他磷的作用：促进肝脏功能；帮助肌肉运动系统缓解疲劳；降低应激反应。维生素 B_{12} 的作用：参与碳水化合物、脂肪等多种代谢；参与必需氨基酸和蛋白质的生物合成；促进红细胞的发育和成熟。

【应用】 用于宠物急、慢性代谢紊乱疾病。

【注意】 ①本品对注射部位有较强的刺激性；②严格控制用量，以免宠物中毒。请勿冷冻；③避光，密闭保存。

【用法】 一次静脉、肌内或皮下注射，犬 1~2.5mL；猫、毛皮宠物 0.5~5mL。

【规格】注射液，100mL：布他磷 10g、维生素 B_{12} 0.005g。

乳酸钠

【概述】 无色的澄明液体。主要成分为乳酸钠。属于兽用非处方药。

【作用】 本品为纠正酸血症的药物，其高渗溶液注入体内后，在有氧条件下经肝脏氧化、代谢，转化成碳酸根离子，其钠离子与碳酸氢根离子结合生成碳酸氢钠，从而发挥纠正酸中毒的作用，但其作用不及碳酸氢钠迅速和稳定。

【应用】 用于治疗代谢性酸中毒，特别是高血钾症等引起的心律失常伴有酸血症病例。

【注意】 ①按规定的用法用量使用，尚未见不良反应。水肿患宠慎用；②对于伴有休克、缺氧、肝功能失常或心功能不全的酸中毒，应选用碳酸氢钠纠正，特别是乳酸性中毒更不能应用乳酸钠，否则，引起代谢性碱中毒；③稀释乳酸钠不宜用生理盐水或其他含氮化钠的溶液，以免成为高渗溶液。可用 5%~10%葡萄糖液稀释本品；④无须制定休药期避光，密闭保存。

【用法】 一次静脉注射，犬，40~50mL/kg 体重，用时稀释 5 倍。

【规格】 ①20mL：2.24g；②50mL：5.60g；③100mL：11.20g。

任务三 维生素

【案例分析】

西施犬，8 岁，雌性，6kg，该犬在傍晚或月夜中光线朦胧时，盲目行走、行动迟缓，碰撞障碍物。经诊断为夜盲症，请问该选择何种药物？如何使用？

【任务目标】

掌握常用维生素的药理作用、临床应用、使用注意事项和用法用量。

【知识准备】

维生素是维持宠物体正常代谢和机能所必需的一类有机化合物。大多数维生素是某些酶的辅酶（或辅基）的组成部分。这些酶与辅酶（或辅基）参与体内代谢。所以，虽然宠物对维生素需要量很少，但是对体内糖、脂肪、蛋白质三大物质等的代谢起着重要作用。

维生素主要从饲料中获得，也有少数由其他食物或代谢产物或由肠道内微生物合成。一般是不会缺乏的。但如果饲料中维生素不足、宠物摄取不足、吸收或利用发生障碍、需要量增加等，均可引起维生素缺乏症，这时，需要应用相应的维生素进行治疗。

维生素分脂溶性和水溶性两大类。脂溶性维生素包括维生素 A、维生素 D、维生素 E 和维生素 K。水溶性维生素包括 B 族维生素（维生素 B_1、维生素 B_2、维生素 B_6、维生素 B_{12}、烟酰胺、叶酸、泛酸、生物素）和维生素 C。

维生素 AD 油

【概述】 黄色至橙红色的澄清油状液体，无败油臭。主要成分为维生素 A、维生素 D_2 或维生素 D_3。属于兽用非处方药。

【作用】 维生素 A 具有促进生长、维持上皮组织如皮肤、结膜、角膜等正常机能的作用，并参与视紫红质的合成，增强视网膜感光力。另外，还参与体内许多氧化过程，尤其是不饱和脂肪酸的氧化。维生素 A 缺乏时则生长停止，骨骼生长不良，繁殖能力下降，皮肤粗糙、干燥，角膜软化并发生干性眼炎和夜盲症等。维生素 D 对钙、磷代谢及幼龄宠物骨骼生长有重要影响，其主要功能是促进钙、磷在小肠内正常吸收。其代谢活性物质能调节肾小管对钙的重吸收，维持循环血液中钙的水平，并促进骨骼的正常发育。维生素 D 缺乏时，宠物肠道钙、磷吸收能力降低，血中钙、磷水平较低，以致钙、磷在骨骼组织沉积下降，成骨作用受阻，甚至沉积的骨盐再溶解。

维生素 A 内服易吸收，食物中的脂糜有助于其吸收。吸收后转变为棕榈酸酯，与乳糜微粒一道经淋巴系统转运至肝脏并贮存其中。维生素 A 棕榈酸酯在肝脏经水解后可释出游离维生素 A 进入血液，并借助维生素 A 结合蛋白在体内转运。肝脏中贮存着体内近 90% 的维生素 A。在肠道内，维生素 D 与脂肪形成脂糜微粒，通过淋巴系统进入血液循环。胆汁和胰液的正常分泌有助于其吸收。在体内需经肝脏和肾脏内酶的催化，转化为活性产物，即 1，25-二羟维生素 D，才能发挥其生理作用。

【应用】 用于维生素 A、维生素 D 缺乏症；局部应用能促进创伤、溃疡愈合。

【注意】 ①氢氧化铝可使小肠上段胆酸减少，影响维生素 A 的吸收。矿物油、新霉素能干扰维生素 A 和维生素 D 的吸收；②维生素 E 可促进维生素 A 吸收，但服用大量维生素 E 时可耗尽体内贮存的维生素 A。大剂量的维生素 A 可以对抗糖皮质激素的抗炎作用；③苯巴比妥等肝药酶诱导剂能加速维生素 D 的代谢。与噻嗪类尿剂同时使用，可致高钙血症；④用时应注意补充钙剂。过量可致中毒，中毒时应立即停用本品和含钙制剂。维生素 A 过多的急性毒性表现为兴奋，视力模糊，脑水肿，呕吐；慢性毒性表现为厌食、皮肤病变与内脏受损等。维生素 D 过多会减少骨的钙化作用，软组织出现异位钙化，且易出现心律失常和神经功能紊乱等症状；⑤ 无须制定休药期。遮光，满装，密封，在阴凉干燥处保存。

【用法】 一次内服，犬 5~10mL。

【规格】 每 1g 含维生素 A 5000IU 与维生素 D 500IU。

维生素 D_2 胶性钙

【概述】 白色乳状液体。主要成分为维生素 D_2。属于兽用非处方药。

【作用】 本品属于调节组织代谢药。维生素 D_2 对钙、磷代谢及幼龄宠物骨骼生长有重要影响，主要生理功能是促进钙和磷在小肠内正常吸收。维生素 D_2 的代谢活性物质能调节肾小管对钙的重吸收，维持循环血液中钙的水平，并促进骨骼的正常发育。

维生素 D 内服或肌内注射均可吸收。在肠道内，维生素 D 与脂肪形成脂糜微粒，通过淋巴系统进入血液循环。胆汁和胰液的正常分泌有助于其吸收。维生素 D_2 在体内需经肝脏和肾脏内酶的催化，转化为活性产物，即 1，25-二羟维生素 D，才能发挥其生理作用。

【应用】 用于各种因维生素 D 缺乏引起的钙质代谢障碍，如佝偻病、骨软症等。

【注意】 ①长期大量服用液状石蜡、新霉素可减少维生素 D 的吸收。苯巴比妥等药酶诱导剂能加速维生素 D 的代谢；②用维生素 D 时应注意补充钙剂，中毒时应立即停用本品和钙剂。过多的维生素 D 会直接影响钙和磷的代谢，减少骨的钙化作用，在软组织出现异位钙化，以及导致心律失常和神经功能紊乱等症状；③维生素 D 过多还会间接干扰其他脂溶性维生素（如维生素 A、维生素 E 和维生素 K）的代谢；④无须制定休药期。遮光，密闭保存。

【用法】 一次皮下、肌内注射，犬 0.5~1mL。临用前摇匀。

【规格】 注射液：① 1mL：5000IU；② 5mL：25000IU；③20mL：100000IU。

维生素 E

【概述】 淡黄色的澄明油状液体。主要成分为维生素 E。属于兽用非处方药。

【作用】 本品可阻止体内不饱和脂肪酸及其他易氧化物质的氧化，保护细胞膜的完整性，维持其正常功能。维生素 E 与宠物的繁殖机能也密切相关，具有促进性腺发育、促成受孕和防止流产等作用。另外，维生素 E 还能提高宠物对疾病的抵抗力，增强抗应激能力。胆汁和胰腺的正常分泌有助于内服维生素 E 的吸收。维生素 E 在体内主要贮存在肝脏中，但贮存量远比维生素 A 少。本品在肝脏代谢，主要通过胆汁排泄。当日粮中维生素 E 缺乏时，肝脏中所贮存的维生素 E 很容易被耗竭。宠物缺乏维生素 E 时，会发生多种机能障碍。维生素 E 可能改变环孢素的药物动力学，联合用药时监测环孢素的血药浓度。

【应用】 用于治疗因维生素 E 缺乏所致不孕症、白肌病等。

【注意】 ①维生素 E 和硒同用具有协同作用。大剂量的维生素 E 可延迟抗缺铁性贫血药物的治疗效应。本品与维生素 A 同服可防止后者的氧化，增强维生素 A 的作用。液状石蜡、新霉素能减少本品的吸收；②偶见死亡、流产或早产等过敏反应，可立即注射肾上腺素或抗组胺药物治疗。注射体积超过 5mL 时应分点注射。过高剂量可诱导犬凝血障碍；③无须制定休药期。遮光，密闭保存。

【用法】 一次皮下、肌内注射，犬 0.03~0.1g。

【规格】 注射液：①1mL：50mg；②10mL：500mg。

维生素 B_1

【概述】 片剂为白色片；注射液为无色的澄明液体。主要成分为维生素 B_1。属于兽用非处方药。

【作用】 本品在体内与焦磷酸结合成二磷酸硫胺（辅羧酶），参与体内糖代谢中丙酮酸、α-酮戊二酸的氧化脱羧反应，为糖类代谢所必需。维生素 B_1 对维持神经组织、心脏及消化系统的正常机能起着重要作用。缺乏时，血中丙酮酸、乳酸增高，并影响机体能量供应。

维生素 B_1 在肠道内以被动扩散和主动转运方式吸收，经血液转运至组织中并与载体蛋白结合。通常代谢较旺盛的器官如肝、肾、心、脑等组织中浓度较高。

【应用】 用于维生素 B_1 缺乏症，如多发性神经炎；也用于胃肠弛缓等。

【注意】 ①维生素 B_1 在碱性溶液中易分解，与碱性药物如碳酸氢钠、枸橼酸钠等配伍时，易变质。吡啶硫胺素、氨丙啉可拮抗维生素 B_1 的作用。本品可增强神经肌肉阻断剂的作用；②按规定的用法用量使用，尚未见不良反应；③吡啶硫胺素、氨丙啉是维生素 B_1 的拮抗物，食物中此类物质添加过多会引起维生素 B_1 缺乏。与其他 B 族维生素或维生素 C 合用，可对代谢发挥综合疗效；④无须制定休药期。遮光，密闭保存。

【用法】 一次内服，犬 10~50mg，猫 5~30mg。一次皮下或肌内注射，犬 10~25mg，猫 5~15mg。

【规格】 片剂：①10mg；②50mg。注射液：①1mL：10mg；②1mL：25mg；③2mL：0.1g；④10mL：0.25g。

维生素 B_2

【概述】 片剂为黄色至橙黄色片，注射液为橙黄色的澄明液体，遇光易变质。主要成分为维生素 B_2。属于兽用非处方药。

【作用】 本品是体内黄素酶类辅基的组成部分。黄素酶在生物氧化还原中发挥递氢作用，参与体内碳水化合物、氨基酸和脂肪的代谢，并对中枢神经系统的营养、毛细血管功能具有重要影响。

游离的维生素 B_2 在肠道内经被动和主动转运吸收，在肠细胞内经磷酸化作用转变成黄素单核苷酸后，经血流转运至肝脏，并在肝细胞内进一步转变成黄素腺嘌呤二核苷酸。机体所需的维生素 B_2 约 1/3 贮存在肝脏中，需要时即被释放出来。本品缺乏时会影响生物氧化，使代谢发生障碍。

【应用】 用于维生素 B_2 缺乏症，如口炎、皮炎、角膜炎等。

【注意】 ①本品能使氨苄西林、黏菌素、链霉素、红霉素和四环素等的抗菌活性下降；②按规定的用法用量使用，尚未见不良反应。宠物使用本品后，尿液呈黄色；③无须制定休药期。遮光，密闭保存。

【用法】 一次内服，犬 10~20mg，猫 5~10mg。一次皮下或肌内注射，犬 10~20mg，猫 5~10mg。

【规格】 片剂：①5mg；②10mg。注射液：①2mL：10mg；②5mL：25mg；③10mL：50mg。

维生素 B_6

【概述】 片剂为白色片，注射液为无色至微黄色的澄明液体。主要成分为维生素 B_6。属于兽用非处方药。

【作用】 本品是吡哆醇、吡哆醛、吡哆胺的总称，它们在宠物体内有着相似的生物学作用。维生素 B_6 在体内经酶作用生成具有生理活性的磷酸吡哆醛和磷酸吡哆醇，是氨基转移酶、脱羧酶及消旋酶的辅酶，参与体内氨基酸、蛋白质、脂肪和糖的代谢。此外，维生素 B_6 还在亚油酸转变为花生四烯酸等过程中发挥重要作用。

犬、猫缺乏会引起食欲不振、体重减轻，共济失调，惊厥和心肌损害，以及小红细胞低色素性贫血。

【应用】 用于皮炎和周围神经炎等。

【注意】 ①本品与维生素 B_{12} 合用，可促进维生素 B_{12} 的吸收；②按规定的用法用量使用，尚未见不良反应。注射用药偶见过敏反应，如出现皮疹、瘙痒、过敏性休克；③无须制定休药期。遮光，密闭保存。

【用法】 一次内服，犬 10~20mg，猫 5~10mg。一次皮下或肌内注射，犬 10~20mg，猫 5~10mg。

【规格】 片剂：10mg。注射液：①1mL：25mg；②1mL：50mg；③2mL：100mg；④10mL：500mg；⑤10mL：1g。

复合维生素 B

【概述】 黄色带绿色荧光的澄明或几乎澄明的溶液。主要成分为维生素 B_1、维生素 B_2、维生素 B_6 等。属于兽用非处方药。

【作用】 本品属于调节组织代谢药物。维生素 B_1 对维持神经组织、心脏及消化系统的正常机能起着重要作用。缺乏时，血中丙酮酸、乳酸增高，并影响机体能量供应。

维生素 B_2 是体内黄素酶类辅基的组成部分。黄素酶在生物氧化还原中发挥递氢作用，参与体内碳水化合物、氨基酸和脂肪的代谢，并对中枢神经系统的营养、毛细血管功能具有重要影响。

维生素 B_6 在体内经酶作用生成具有生理活性的磷酸吡哆醛和磷酸吡哆醇，

是氨基转移酶、脱羧酶及消旋酶的辅酶，参与体内氨基酸、蛋白质、脂肪和糖的代谢。此外，维生素 B_6 还在亚油酸转变为花生四烯酸等过程中发挥重要作用。

【应用】 用于防治 B 族维生素缺乏所致的多发性神经炎，消化障碍、癞皮病、口腔炎等。

【注意】 ①静脉给药时可能出现过敏，应该缓慢给药和/或用液体稀释。使用含有脂溶性维生素（维生素 A、维生素 D、维生素 E、维生素 K）可能会引起中毒；②无须制定休药期。遮光，密闭保存。

【用法】 一次肌内注射，犬、猫、兔 0.5~1mL。

【规格】 注射液：①2mL；②10mL。

干酵母

【概述】 淡黄色至淡黄棕色的颗粒、粉末或片，有酵母的特臭，不应有异臭。主要成分为 B 族维生素。属于兽用非处方药。

【作用】 本品富含 B 族维生素。每克酵母含硫胺 0.1~0.2mg、核黄素 0.04~0.06mg、烟酸 0.03~0.06mg，此外还含有维生素 B_6、维生素 B_{12}、叶酸、肌醇以及转化酶、麦芽糖酶等。这些物质均是体内酶系统的重要组成物质，能参与体内糖、蛋白质、脂肪等的代谢和生物转化过程。

【应用】 用于维生素 B_1 缺乏症如多发性神经炎、糙皮病、酮血症等治疗及消化不良的辅助治疗。

【注意】 ①本品含大量对氨基苯甲酸，与磺胺类药合用时可使其抗菌作用减弱。可拮抗磺胺类药的抗菌作用，不宜合用；②按规定的用法用量使用，尚未见不良反应。用量过大可发生轻度下泻；③无须制定休药期。密闭，在干燥处保存。

【用法】 粉制剂：一次内服，犬 8~12mL。片剂：一次内服①0.2g 规格，犬 40~60 片；②0.3g 规格：犬 27~40 片；③0.5g 规格：犬 16~24 片。

【规格】 粉制剂：①2mL；②10mL。片剂：①0.2g；②0.3g；③0.5g。

维生素 C

【概述】 片剂为白色至略带淡黄色片；注射液为无色至微黄色的澄明液体。主要成分为维生素 C。属于兽用非处方药。

【作用】 本品在体内和脱氢维生素 C 形成可逆的氧化还原系统，此系统在生物氧化还原反应和细胞呼吸中起重要作用。维生素 C 参与氨基酸代谢及神经递质、胶原蛋白和组织细胞间质的合成，可降低毛细血管通透性，具有促进铁在肠内吸收、增强机体对感染的抵抗力，以及增强肝脏解毒能力等作用。

本品内服后易在小肠吸收，在体内广泛分布于全身组织，血浆蛋白结合率约 25%，在肝脏代谢，维生素 C 主要以原形从尿排泄，过量时被代谢为草酸（乙二酸）。

本品用于缓解与对乙酰氨基酚中毒有关的高铁血红蛋白血症，在氧化应激增加的情况下，恶病质宠物以及那些需要营养支持的宠物，可能需要添加维生素 C。

【应用】 用于维生素 C 缺乏症、发热、慢性消耗性疾病等。

【注意】 ①与水杨酸类和巴比妥合用能增加维生素 C 的排泄；②与维生素 K_3、维生素 B_2、碱性药物和铁离子等溶液配伍，可降低药效，不宜配伍；③大剂量应用时可酸化尿液，使某些有机碱类药物排泄增加。静脉注射可能引起过敏。维生素 C 的补充可能会通过增加铁的蓄积而增加肝脏损伤。给予高剂量时，尿酸盐、草酸盐或胱氨酸结晶形成的风险增加；④对氨基糖苷类、β-内酰胺类、四环素类等多种抗生素具有不同程度的灭活作用，因此不宜与这些抗生素混合注射；⑤可破坏食物中的维生素 B_{12}，并与食物中的铜、锌离子发生络合，阻断其吸收；⑥无须制定休药期。遮光，密闭保存。

【用法】 一次内服，犬 0.1～0.5g。一次肌内或静脉注射，犬 0.02～0.1g。

【规格】 片剂：100mg。注射液：①2mL：0.1g；②2mL：0.25g；③5mL：0.5g；④10mL：0.5g；⑤10mL：1g；⑥20mL：2.5g。

任务四 钙和磷

【案例分析】

一藏獒，雌性，6 月龄，12kg，该犬严重消瘦，四肢较细，走路时全身摇摆，卧地后站立困难。经诊断为佝偻病，请问该选择何种药物？如何使用？

【任务目标】

掌握常用钙、磷药物的药理作用、临床应用、使用注意事项和用法用量。

【知识准备】

钙、磷是宠物机体不可缺少的重要组成成分，在宠物生长发育和组织新陈代谢过程中具有重要的作用。当机体缺乏时，会引起相应的缺乏症，从而影响宠物的生产性能和健康。钙、磷分别以总钙量的 99%以上和总磷量的 80%以上分布于骨骼和牙齿中，对骨骼系统的发育和维持起主要作用，且具有多种其他生理功能。

氯化钙

【概述】 无色的澄明液体。主要成分为氯化钙。属于兽用非处方药。

【作用】 本品在宠物体内具有广泛的生理和药理作用：①促进骨骼和牙齿正常发育，维持骨骼正常的结构和功能；②维持神经纤维和肌肉的正常兴奋性，参与神经递质的正常释放；③对抗镁离子的中枢抑制及神经肌肉兴奋传导阻滞作用；④降低毛细血管膜的通透性；⑤促进凝血等。

血液中近 50%的钙以离子形式存在，约 50%的钙与血清蛋白结合或与其他阴离子络合。游离的钙离子在维持血钙浓度和骨骼钙化中起主要作用。缺钙时，机体总是先维持血钙，再满足骨钙的需要。钙能穿过胎盘，也可分布到乳汁中。吸收的钙可从胆汁、胰液进入肠道，与未吸收的钙一起从粪便排出，仅有少量从尿液排出。

【应用】 用于低血钙症以及毛细血管通透性增加所致疾病。

【注意】 ①在洋地黄治疗患病宠物期间，静脉注射钙剂易引起心律失常；②非胃肠道注射钙剂可中和高镁血症或非胃肠道注射镁盐引起的毒性静脉注射氯化钙可中和高镁血症或注射镁盐引起的毒性；③注射钙剂可对抗非去极化型神经肌肉阻断剂的作用；维生素 A 摄入过量可促进骨钙的丢失，引起高钙血症；钙剂与大剂量的维生素 D 同时应用偶见钙的吸收增加，并诱导高钙血症；④钙剂治疗可能诱发高血钙症，尤其在心、肾功能不良患病宠物。噻嗪类利尿药与大剂量的钙剂同时应用偶见高钙血症。应用强心苷期间禁用本品；⑤本品刺激性强，不宜皮下或肌内注射，其 5%溶液不可直接静脉注射，注射前应以 10~20 倍葡萄糖注射液稀释。静脉注射钙剂速度过快偶见低血压、心律失常和心跳停止，故静脉注射宜缓慢。勿漏出血管。若发生漏出，受影响局部可注射生理盐水、糖皮质激素和 1%普鲁卡因；⑥无须制定休药期。密闭保存。

【用法】 一次静脉注射，犬 0.1~1g。

【规格】 注射液：①10mL：0.3g；②10mL：0.5g；③20mL：0.6g；④20mL：1g。

葡萄糖酸钙

【概述】 无色的澄明液体。主要成分为葡萄糖酸钙。属于兽用非处方药。

【作用】 钙在宠物体内具有广泛的生理和药理作用：①促进骨骼和牙齿正常发育，维持骨骼正常的结构和功能；②维持神经纤维和肌肉的正常兴奋性，参与神经递质的正常释放；③对抗镁离子的中枢抑制及神经肌肉兴奋传导阻滞作用；④降低毛细血管膜的通透性；⑤促进凝血等。生长期宠物对钙、磷需求比成年宠物大，泌乳期宠物对钙、磷的需求又比处于生长期的宠物高。

当宠物钙摄取不足时，会出现急性或慢性钙缺乏症。慢性症状主要表现为骨软症、佝偻病。骨骼因钙化不全可导致软骨异常增生、退化，骨骼畸形，关节僵硬和增大，运动失调，神经肌肉功能紊乱，体重下降等。急性钙缺乏症主要与神经肌肉、心血管功能异常有关。

本品含钙量较氯化钙低，对组织刺激性较小，注射给药比氯化钙安全。

【应用】 用于钙缺乏症及过敏性疾病，亦可解除镁离子中毒引起的中枢抑制。

【注意】 ①用洋地黄治疗的患病宠物接受静脉注射钙易发生心律不齐。噻嗪类利尿液与大剂量钙联合使用可能会引起高钙血症。同时接受钙和镁补充有增加心律不齐的可能性；②心脏或肾脏疾病的患病宠物，可能产生高钙血症；③本品注射宜缓慢，应用强心苷期间禁用。有刺激性，不宜皮下或者肌内注射。注射液不可漏出血管外，否则会导致疼痛及组织坏死；④无须制定休药期。密闭保存。

【用法】 一次静脉注射，犬 0.5~2g。

【规格】 注射液：①10mL：1g；②20mL：1g；③50mL：5g；④100mL：10g；⑤500mL：50g。

磷酸氢钙

【概述】 白色片。主要成分为磷酸氢钙。属于兽用非处方药。

【作用】 钙和磷都是构成骨组织的重要元素，体内约 85%的磷与钙以结合形式存在于骨和牙齿中。骨骼外的磷则具有更为广泛的作用，如参与构成细胞膜的结构物质，体内有机物的合成和降解代谢等。另外，磷以 $H_2PO_4^-$ 或 HPO_4^{2-} 形式存在于体液中，并可由尿排泄，对体液的酸碱平衡起着重要的调节作用。

【应用】 用于宠物钙、磷缺乏症。

【注意】 ①按规定的用法用量使用，尚未见不良反应。内服可减少四环素类、氟喹诺酮类药物从胃肠道吸收；②与维生素 D 类同用可促进钙吸收，但大量可诱导高钙血症；③无须制定休药期。密封保存。

【用法】 一次内服，犬、猫 0.6g。

【规格】 按 $CaHPO_4 \cdot 2H_2O$ 计算，片剂：①0.15g；②0.3g；③0.5g。

碳酸钙

【概述】 白色极细微的结晶性粉末；无臭。主要成分为碳酸钙。属于兽用非处方药。

【作用】 钙在宠物体内具有广泛的生理和药理作用：①促进骨骼和牙齿正常发育，维持骨骼正常的结构和功能；②维持神经纤维和肌肉的正常兴奋性，参与神经递质的正常释放；③对抗镁离子的中枢抑制及神经肌肉兴奋传导阻滞作用；④降低毛细血管膜的通透性；⑤促进凝血；⑥中和或缓冲胃酸，作用缓和而持久。

钙主要以离子形式从小肠吸收，维生素 D（以活性形式）和酸性环境为钙内服吸收所必需。钙、磷的吸收还受日粮因素（日粮中的钙和磷比例、脂肪酸、鞣酸）、年龄、药物（糖皮质激素类和四环素类药物），以及疾病状态的影响。

血液中近 50%的钙以离子形式存在，约 50%的钙与血清蛋白结合或与其他阴离子络合。游离的钙离子在维持血钙浓度和骨骼钙化中起主要作用。缺钙时，机体总是先维持血钙，再满足骨钙的需要。钙能穿过胎盘，也可分布到乳汁中。吸收的钙可从胆汁、胰液进入肠道，与未吸收的钙一起从粪便排出，仅有少量从尿液排出。

【应用】 用于宠物钙缺乏症。

【注意】 ①维生素D、雌激素可增加对钙的吸收；②与噻嗪类利尿药同时应用，可增加肾脏对钙的重吸收，易发生高血钙症。本药不宜与洋地黄类药物合用，与含钾药物合用应注意心律失常的发生；③与四环素类药物或苯妥英钠同用，可减少二者从胃肠道吸收；④本药与氧化镁等有轻泻作用的抗酸药联用，可减少嗳气、便秘等不良反应。与含铝抗酸药物合用，铝的吸收增多；⑤按规定的用法用量使用，尚未见不良反应。内服给药对胃肠道有一定的刺激性；⑥无须制定休药期。密封保存。

【用法】 一次内服，犬0.2g。

【规格】 按$CaHPO_4 \cdot 2H_2O$计算，片剂：①0.15g；②0.3g；③0.5g。

氯化钙葡萄糖

【概述】 无色澄明液体。主要成分为氯化钙与葡萄糖。属于兽用非处方药。

【作用】 钙在宠物体内具有广泛的生理和药理作用：①促进骨骼和牙齿正常发育，维持骨骼正常的结构和功能；②维持神经纤维和肌肉的正常兴奋性，参与神经递质的正常释放；③对抗镁离子的中枢抑制及神经肌肉兴奋传导阻滞作用；④降低毛细血管膜的通透性；⑤促进凝血等。

血液中近50%的钙以离子形式存在，约50%的钙与血清蛋白结合或与其他阴离子络合。游离的钙离子在维持血钙浓度和骨骼钙化中起主要作用。缺钙时，机体总是先维持血钙，再满足骨钙的需要。钙能穿过胎盘，也可分布到乳汁中。吸收的钙可从胆汁、胰液进入肠道，与未吸收的钙一起从粪便排出，仅有少量从尿液排出。

【应用】 用于低血钙症、心脏衰竭、荨麻疹、血管神经性水肿和其他毛细血管通透性增加的过敏性疾病。

【注意】 ①在洋地黄治疗患病宠物期间，静脉注射钙剂易引起心律失常，故应用强心苷期间禁用本品；②噻嗪类利尿药与大剂量的钙剂同时应用偶见高钙血症；静脉注射钙剂可中和高镁血症或注射镁盐引起的毒性；注射钙剂可对抗非去极化型神经肌肉阻断剂的作用；维生素A摄入过量可促进骨钙的丢失，引起高钙血症；钙剂与大剂量的维生素D同时应用偶见钙的吸收增加，并诱导高钙血症；③钙剂治疗可能诱发高血钙症，尤其在心、肾功能不良患病宠物；④静脉注射钙剂速度过快偶见低血压、心律失常和心跳停止。本品刺激性强，不宜皮下或肌内注射，其5%溶液不可直接静脉注射，注射前应以10~20倍葡萄糖注射液稀释；⑤静脉注射宜缓慢，快速静脉注射能引起低血压、心律失常，甚至心搏停止。勿漏出血管。若发生漏出，受影响局部可注射生理盐水、糖皮质激素和1%普鲁卡因；⑥无须制定休药期。遮光，密闭保存。

【用法】 一次静脉注射，犬5~10mL。

【规格】 注射液：①20mL：氯化钙1g与葡萄糖5g；②50mL：氯化钙2.5g与葡萄糖12.5g；③100mL：氯化钙5g与葡萄糖25g。

【项目练习】

（一）选择题

1. 对宠物钙、磷代谢及幼畜骨骼生长有重要影响的药物是（　　）

A. 维生素 E　　B. 维生素 A　　C. 维生素 B_1　　D. 维生素 D

E. 维生素 C

2. 临床上可作为一般解毒剂的维生素是（　　）

A. 维生素 A　　B. 维生素 E　　C. 维生素 C　　D. 维生素 D

E. 维生素 B_1

3. 用于治疗犬干眼病的药物是（　　）

A. 维生素 A　　B. 维生素 D　　C. 维生素 K　　D. 维生素 C

E. 维生素 E

4. 宠物使用广谱抗生素所致全身出血性疾病时，应选用的维生素是（　　）

A. 维生素 A　　B. 维生素 B　　C. 维生素 C　　D. 维生素 K

E. 维生素 D

5. 下列不属于葡萄糖的临床应用是（　　）

A. 补充体液　　B. 供给能量　　C. 休克　　D. 解毒

E. 强心利尿

6. 与佝偻病的病因关系最密切的是（　　）

A. 维生素 B_1 缺乏　　B. 维生素 B_2 缺乏

C. 维生素 D 缺乏　　D. 维生素 A 缺乏

E. 维生素 E 缺乏

7. 下列属于水溶性的维生素有（　　）

A. 维生素 B_1　　B. 维生素 K　　C. 维生素 E　　D. 维生素 A

E. 维生素 D

（二）简答题

1. 简述氯化钠、氯化钾临床应用时的注意事项。
2. 葡萄糖的药理作用有哪些？
3. 血容量扩充药物有哪些临床应用？

项目八 抗组胺药和解热镇痛抗炎药物

组胺是由组氨酸经特异性组氨酸脱羧酶脱羧产生，是一种常见的自体活性物质。当动物机体受到某些因素刺激后，机体激活和释放大量组胺参与一系列病理反应，如过敏、炎症、增加胃酸分泌等。抗组胺药能竞争性阻断组胺与其受体结合，从而缓解因组胺释放过多所引起的各种疾病。解热镇痛抗炎药是一类具有解热、镇痛，而且大多数还有抗炎、抗风湿作用的药物。它们在化学结构上虽属不同类别，但都可抑制体内前列腺素的生物合成而发挥解热镇痛抗炎作用。由于其特殊的抗炎作用，又称为非甾体抗炎药。

任务一　抗组胺药

【案例分析】

李某饲养一只吉娃娃宠物犬，该犬于某天上午注射完狂犬疫苗2h后出现眼肿、头肿，并伴有呼吸困难、哮喘等症状，至当天傍晚呕吐两次，排稀便三次，经测量体温为39℃，该犬诊断为注射疫苗过敏。请问该选用何种药物治疗？

【任务目标】

掌握常用抗组胺药的药理作用、临床应用、使用注意事项和用法用量。

【知识准备】

组胺是自体活性物质之一，在机体内由组氨酸脱羧基而成，组织中的组胺是以无活性的结合型存在于肥大细胞和嗜碱性粒细胞的颗粒中，以皮肤、支气管黏膜、肠黏膜和神经系统中含量较多。当机体受到理化刺激或发生过敏反应时，可引起这些细胞脱颗粒，导致组胺释放，与组胺受体结合而产生生物效应；如小动脉、小静脉和毛细血管舒张，引起血压下降甚至休克；增加心率和心肌收缩力，抑制房室传导；兴奋平滑肌，引起支气管炎、胃肠绞痛；刺激胃壁细胞，引起胃酸分泌。组胺受体有 H_1、H_2、H_3 亚型。组胺的临床应用已逐渐减少，但其受体阻断药在临床上却有重大价值。

抗组胺药又称组胺拮抗药，是指能与组胺竞争靶细胞上组胺受体，使组胺不能与受体结合，从而阻断组胺作用的药物。根据其对组胺受体的选择性作用不同，分为三类：H_1 受体拮抗药，主要用于抗过敏，有苯海拉明、异丙嗪、氯苯那敏、吡苄明、阿斯咪唑等；H_2 受体拮抗药，主要用于抗溃疡，有西咪替丁、雷尼替丁、法莫替丁、尼扎替丁等；H_3 受体拮抗药，目前仅作为工具药在研究中使用，临床应用尚待研究。

马来酸氯苯那敏

【概述】 白色片。主要成分为马来酸氯苯那敏。属于兽用非处方药。

【作用】 本品为抗组胺类药，通过对 H_1 受体的拮抗起抗过敏作用，但不影响组胺的代谢，也不阻止体内组胺的释放。本品抗组胺作用较持久，且具有明显的中枢神经系统抑制作用，可加强麻醉药和镇静药的作用。

【应用】 用于过敏性疾病，如荨麻疹、过敏性皮炎、血清病等。

【注意】 ①本品对于过敏性疾病，仅是对症治疗，同时还须对因治疗，否则病状会复发；②轻度中枢抑制作用和胃肠道反应。幼龄动物在进食后或进食时内服可减轻对胃肠道的刺激性；③本品可增强抗胆碱药、氟哌啶醇、吩噻嗪类及拟交感神经药等的作用；④无须制定休药期。遮光，密封保存。

【用法】 一次内服，犬 2~4mg；猫 1~2mg。

【规格】 片剂：4mg。

盐酸苯海拉明

【概述】 无色的澄明液体。主要成分为盐酸苯海拉明。属于兽用处方药。

【作用】 本品为组胺 H_1 受体阻断药。可完全对抗组胺引起的胃、肠、气管、支气管平滑肌的收缩作用，对组胺所致毛细血管通透性增加及水肿也有明显的抑制作用。作用快，维持时间短。本品尚有较强的镇静、嗜睡等中枢抑制作用和局麻、轻度抗胆碱作用。单胃动物内服后，30min 即显效（肌内注射更快），作用维持约 4h。对过敏引起的胃肠痉挛、腹泻也有一定疗效。也可用于因组织损伤而伴发组胺释放的疾病，如烧伤、冻伤、湿疹、脓毒性子宫内膜炎等。还可用于过敏性休克、食物过敏引起的腹泻等的辅助治疗。

【应用】 用于变态反应性疾病，如荨麻疹、血清病等。

【注意】 ①本品有较强的中枢抑制作用，可加强麻醉药和镇静药的作用；② 大剂量静脉注射时常出现中毒症状，以中枢神经系统过度兴奋为主。此时可静脉注射短效巴比妥类（如硫喷妥钠）进行解救，但不可使用长效或中效巴比妥；③对严重的急性过敏性病例，一般先给予肾上腺素，然后再注射本品。全身治疗一般需持续 3d；④无须制定休药期。遮光，密闭保存。

【用法】 一次肌内注射，犬0.5~1mg/kg体重。

【规格】 注射液：①1mL：20mg；②5mL：100mg。

盐酸异丙嗪

【概述】 片剂为白色至微黄色片，注射液为无色的澄明液体。主要成分为盐酸异丙嗪。片剂为兽用非处方药，注射液为兽用处方药。

【作用】 本品竞争性阻断组胺 H_1 受体而产生抗组胺作用，其抗组胺作用较苯海拉明强而持久，可持续24h以上。本品属于氯丙嗪的衍生物，有较强的中枢抑制作用，但比氯丙嗪弱，可加强局麻药、镇静药和镇痛药的作用，还有降温、止吐、镇咳作用。

【应用】 用于变态反应性疾病，如荨麻疹、血清病等。

【注意】 ①本品有较强的中枢抑制作用，可加强麻醉药、镇静药、镇痛药和局部麻醉药的作用；②幼小动物在饲喂后或饲喂时内服，可避免对胃肠道产生刺激作用，也可延长吸收时间；③本品禁与碱性溶液或生物碱合用；④本品有较强刺激性，不可作皮下注射；⑤无须制定休药期。遮光，密封保存。

【用法】 一次内服，犬0.05~0.1g。一次肌内注射，犬25~50mg。

【规格】 片剂：①12.5mg；②25mg。注射液：①2mL：50mg；②10mL：0.25g。

任务二 解热镇痛药

【案例分析】

张某饲养一拉布拉多雄性犬，1岁，6kg，主诉三天前在家洗澡时没有吹干，第二天开始咳嗽、流鼻涕，昨天吃完鸡腿后不再吃东西，今天大便成形。检查：体温40.3℃，心肺正常，精神尚可，诱咳阳性，体重为4.08kg，初步诊断为感冒引起的支气管炎。请问该选择何种药物？如何使用？

【任务目标】

掌握常用解热镇痛药的药理作用、临床应用、使用注意事项和用法用量。

【知识准备】

解热镇痛药是一类具有退热、缓解疼痛的药物，而大多数药物还有抗炎、抗风湿的作用，由于其有特殊的抗炎作用，1974年在意大利米兰市召开的国际会议上将本类药物又称为非甾体抗炎药，阿司匹林是这类药物的代表，故又将这类药物称为阿司匹林类药物。

阿司匹林

【概述】 白色片。主要成分为阿司匹林。属于兽用非处方药。

【作用】 本品解热、镇痛效果较好，抗炎、抗风湿作用强。可抑制抗体产生及抗原抗体结合反应，阻止炎性渗出，对急性风湿有特效，抗风湿的疗效确实。较大剂量时还可抑制肾小管对尿酸的重吸收，增加尿酸排泄。有文献记载可预防和治疗犬、猫血栓。其他水杨酸类解热镇痛药、双香豆素类抗凝血药、巴比妥类等与阿司匹林合用时，作用增强，甚至毒性增加。糖皮质激素能刺激胃酸分泌、降低胃及十二指肠黏膜对胃酸的抵抗力，与阿司匹林合用可使胃肠出血加剧。与碱性药物（如碳酸氢钠）合用，将加速阿司匹林的排泄，使疗效降低。但在治疗痛风时，同服等量的碳酸氢钠，可以防止尿酸在肾小管内沉积。

动物内服阿司匹林后可在胃和小肠前段迅速吸收。部分在胃、血浆、红细胞及组织中水解为水杨酸和乙酸。主要在肝代谢，生成甘氨酸和葡萄糖醛酸结合物。猫因缺乏葡萄糖苷酸转移酶，故半衰期较长并对本品敏感。药物原形和代谢物经肾迅速排泄，在酸性尿液中排泄较慢，碱化尿液能加速其排泄。阿司匹林的半衰期有明显种属差异，如犬 7. 5h，猫为 37. 6h。

【应用】 用于发热性疾患、肌肉痛、关节痛。

【注意】 ①本品能抑制凝血酶原合成，连续长期应用偶见出血倾向；②对胃肠道有刺激作用，剂量大时易导致食欲不振、恶心、呕吐，乃至消化道出血，长期使用偶见胃肠溃疡。胃炎、胃溃疡患病动物慎用，与碳酸钙同服，可减少对胃的刺激。不宜空腹投药。发生出血倾向时，可用维生素 K 治疗；③猫因缺乏葡萄糖苷酸转移酶，对本品代谢很慢，容易造成药物蓄积，故对猫的毒性很大。动物发生中毒时，可采取洗胃、导泻、内服碳酸氢钠及静脉注射5%葡萄糖和 0. 9%氯化钠等解救；④解热时，动物应多饮水，以利于排汗和降温，否则会因出汗过多而造成水和电解质平衡失调或虚脱。老龄动物、体弱或体温过高患病动物，解热时宜用小剂量，以免大量出汗而引起虚脱；⑤无须制定休药期。密封，在干燥处保存。

【用法】 一次内服，犬 0. 2～1g。

【规格】 片剂：①0. 3g；②0. 5g。

对乙酰氨基酚

【概述】 片剂为白色片；注射液为无色或几乎无色略带黏稠的澄明液体；栓剂为乳白色至微黄色栓。主要成分为对乙酰氨基酚。属于兽用非处方药。

【作用】 本品具有解热、镇痛与抗炎作用。解热作用类似阿司匹林，但镇痛和抗炎作用较弱。其抑制丘脑前列腺素合成与释放的作用较强，抑制外周前列腺素合成与释放的作用较弱。对血小板及凝血机制无影响。主要作为中小动物的解热镇痛药，用于发热、肌肉痛、关节痛和风湿症。

主要在肝脏代谢，大部分与葡萄糖醛酸或硫酸结合后经肾排出。在肝内，部分药物去乙酰基而生成对氨基酚，后者氧化成亚氨基醌。亚氨基醌在体内能氧化血红蛋白使之失去携氧能力，可造成组织缺氧、发绀、红细胞溶解、黄疸和肝脏损害等不良反应。

【应用】 用于发热、肌肉痛、关节痛、疝痛、术后疼痛和风湿病。

【注意】　①本品大剂量可引起肝、肾损害，在给药后12h内使用乙酰半胱氨酸或蛋氨酸可以预防肝损害。肝、肾功能不全的患病动物及幼宠慎用；②偶见厌食、呕吐、缺氧、发绀、红细胞溶解、黄疸和肝脏损害等症。猫禁用，因给药后可引起严重的毒性反应；③无须制定休药期。遮光，密闭保存。

【用法】　一次内服，犬0.1~1g。一次肌内注射，犬0.1~0.5g。栓剂，便后将栓置于直肠，1粒/10kg体重之内，2粒/10kg体重以上，2次/d。

【规格】　片剂：①0.3g；②0.5g。注射液：①1mL：0.075g；②2mL：0.25g；③5mL：0.5g；④10mL：1g；⑤20mL：2g。栓剂：0.3g。

萘普生

【概述】　白色或类白色片。主要成分为萘普生。属于兽用非处方药。

【作用】　本品对前列腺素合成酶的抑制作用为阿司匹林的20倍。抗炎作用明显，亦有镇痛和解热作用。对类风湿性关节炎、骨关节炎、强直性脊椎炎、痛风、运动系统（如关节、肌肉及腱）的慢性疾病以及轻中度疼痛，均有肯定疗效，药效比保泰松强。

犬内服吸收迅速，血药浓度达峰时间为0.5~3h，生物利用度为68%~100%，血清蛋白结合率达99%，表观分布容积0.13L/kg，半衰期达74h，为肠肝循环所致。

【应用】　用于肌炎、软组织炎症疼痛所致的跛行和关节炎等。

【注意】　①本品可增强双香豆素等的抗凝血作用，引起中毒和出血反应，原因是萘普生能与血浆蛋白竞争性结合，使游离型抗凝血药比例增多。能明显抑制白细胞游走，对血小板黏着和聚集亦有抑制作用，可延长凝血时间；②与呋塞米或氢氯噻嗪等合用，可使后者的排钠利尿效果下降，因本品除抑制肾脏前列腺素合成外，还抑制利尿药从肾小管排出。偶致黄疸和血管性水肿。长期应用应注意肾功能损害；③丙磺舒可增加本品的血药浓度，明显延长本品的血浆半衰期。阿司匹林可加速本品的排出；④本品副作用较阿司匹林、消炎痛、保泰松，但仍有胃肠道反应，如溃疡甚至出血，犬较敏感，特敏感犬偶见溃疡出血或肾炎，应慎用。消化道溃疡患病动物禁用；⑤无须制定休药期。遮光，密闭保存。

【用法】　一次内服，犬2~5mg/kg体重。

【规格】　片剂：①0.1g；②0.125g；③0.25g。

水杨酸钠

【概述】　无色至微黄色的澄明液体。主要成分为水杨酸钠。属于兽用非处方药。

【作用】　本品为解热镇痛抗炎药。其镇痛作用较阿司匹林、非那西汀、氨基比林弱。临床上主要用作抗风湿药。对于风湿性关节炎，用药数日后关节疼痛显著减轻，肿胀消退，风湿热消退。另外，本品还有促进尿酸排泄的作用，可用于痛风。

本品内服后易自胃和小肠吸收，血药达峰时间为1~2h。生物利用度种属间差异较大，犬吸收最好。血浆半衰期：犬8.6h。血浆蛋白结合率，犬53%~70%，猫54%~64%。水杨酸钠能分布到各组织中，并透入关节腔、脑脊液及乳汁中，也易通过胎盘屏障。主要在肝中代谢，代谢物为水杨尿酸等，与部分原药一起由尿排出。排泄速度受尿液酸碱度影响，碱性尿液排泄加快，酸性尿液则相反。

【应用】 用于风湿症等。

【注意】 ①水杨酸钠可使血液中凝血酶原的活性降低，故不可与抗凝血药合用；②因抑制凝血酶原合成而产生出血倾向。有出血倾向、肾炎及酸中毒的患病动物禁用；③与碳酸氢钠同时内服可减少本品吸收，加速本品排泄。长期大剂量应用，偶见耳聋、肾炎等；④本品仅供静脉注射，不能漏出血管外；⑤无须制定休药期。遮光，密闭保存。

【用法】 一次静脉注射，犬0.1~0.5g。

【规格】 注射液：①10mL：1g；②20mL：2g；③50mL：5g。

氟尼辛葡甲胺

【概述】 颗粒制剂为类白色或淡黄色颗粒；注射液为无色或淡黄色澄明液体。主要成分为氟尼辛葡甲胺。属于兽用非处方药。

【作用】 本品是一种强效环氧化酶抑制剂，具有镇痛、解热、抗炎和抗风湿作用。镇痛作用是通过抑制外周的前列腺素或其痛觉增敏物质的合成，从而阻断痛觉冲动传导所致。外周组织的抗炎作用可能是通过抑制环氧化酶、减少前列腺素前体物质形成，以及抑制其他介质引起局部炎症反应所致。氟尼辛葡甲胺能改善败血性休克动物的血流动力学。犬口服给药能迅速吸收。犬的血浆蛋白结合率为92.2%。

【应用】 用于小动物的发热性、炎症性疾患、肌肉痛和软组织痛等。

【注意】 ①氟尼辛葡甲胺勿与其他非甾体类抗炎药同时使用，因为会加重对胃肠道的毒副作用，如溃疡、出血等。不得用于胃肠溃疡、胃肠道及其他组织出血、对氟尼辛葡甲胺过敏、心血管疾病、肝肾功能紊乱及脱水的动物；②因血浆蛋白结合率高，与其他药物联合应用时，氟尼辛葡甲胺可能置换与血浆蛋白结合的其他药物或者自身被其他药物所置换，以致被置换的药物的作用增强，甚至产生毒性；③犬的主要不良反应为呕吐和腹泻，长期大剂量使用本品可能导致动物胃溃疡及肾功能损伤。肌内注射对局部有刺激作用；④无须制定休药期。遮光、密闭保存。

【用法】 一次内服，犬、猫2mg/kg体重，1~2次/天；一次肌内、静脉注射，犬、猫1~2mg/kg体重，1~2次/天。连用不超过5天。

【规格】 按$C_{14}H_{11}F_3N_2O$计算，颗粒制剂：5%。注射液：①2mL：10mg；②2mL：100mg；③5mL：250mg；④10mL：0.5g；⑤50mL：0.25g；⑥50mL：2.5g；⑦100mL：0.5g；⑧100mL：5g。

美洛昔康

【概述】　混悬液为淡黄绿色；注射液为黄色或黄绿色澄明液体。主要成分为美洛昔康。

【作用】　本品主要通过抑制环氧化酶（COX）的活力，减少前列腺素（PGs）的产生而发挥其镇痛的作用。本品能选择性地抑制环氧化酶（COX-2），而对环氧化酶（COX-1）的抑制作用较轻。因此，与其他同类药相比，本品对胃肠道或肾脏的不良反应较轻。

本品经内服吸收很好，血药浓度达峰时间快，在犬体内生物利用度高，单剂量口服该药后消除半衰期约为24h，吸收后能分布到动物的所有组织中，包括中枢静脉系统、肌肉层和发生炎症的关节。

本品皮下注射给药后，在犬体内吸收迅速，达峰快，单剂量给药后，约2.31h达到峰浓度，血中平均滞留时间较长，皮下注射吸收完全，生物利用度高（109.19%）。

【应用】　用于控制犬急慢性骨关节炎引起的疼痛和炎症，治疗犬软组织及骨、关节损伤引起的疼痛，如股骨头切除术引发的骨及软组织损伤引起的术后疼痛、髋关节发育不良等引发的疼痛。

【注意】　①与其他非甾体类抗炎药合用时增加胃肠道溃疡及出血的危险性。对非甾体类抗炎药过敏的人应避免接触本品；②内服抗凝剂、氨苄噻哌啶、肝素、溶栓药，可增加出血的可能。禁与糖皮质激素、其他非类固醇类消炎药或抗凝血剂合用；③美洛昔康能增加氨甲蝶呤的血液毒性、环孢素的肾毒性。存在肾毒性的潜在风险，请慎用于脱水、血容量减少或低血压的动物；④与血管紧张素转化酶抑制剂、噻嗪类利尿药合用可降低后者的降压和利尿作用。禁用于胃肠道溃疡或出血，肝脏、心脏或肾脏功能受损及出血异常的犬；⑤食欲不振、呕吐、腹泻。通常是暂时性的，极少数引起死亡；⑥禁用于对本品过敏的犬。不推荐用于妊娠期、泌乳期或不足6周龄的犬；⑦无须制定休药期。遮光，密闭保存。

【用法】　内服或皮下注射：用前充分摇匀，犬首次量0.2mg/kg体重，维持量0.1mg/kg体重，1次/天，连用7天。因存在个体差异，请遵医嘱。

【规格】　混悬液：①10mL：15mg；②32mL：48mg；③100mL：150mg；注射液：①2mL：4mg；②20mL：40mg。

安乃近

【概述】　片剂为白色或几乎白色片，注射液为无色至微黄色的澄明液体。主要成分为安乃近。属于兽用非处方药。

【作用】　本品内服吸收迅速，作用较快，药效维持3~4h。解热作用较显著，镇痛作用也较强，并有一定的消炎和抗风湿作用。对胃肠蠕动无明显影响。

【应用】　用于肌肉痛、风湿症、发热性疾患和疝痛等。

【注意】 ①本品不能与氯丙嗪合用，以免体温剧降。不能与巴比妥类及保泰松合用，会影响肝微粒体酶活力。不宜于穴位注射，尤其不适于关节部位注射，否则可能引起肌肉萎缩和关节机能障碍；②长期应用可引起粒细胞减少；③可抑制凝血酶原的合成，加重出血倾向；④无须制定休药期。遮光，密闭保存。

【用法】 一次内服：犬 0.5g~1g。一次肌内注射：犬 0.3g~0.6g。

【规格】 片剂：①0.25g；②0.5g。注射液：①2mL：0.5g；②5mL：1.5g；③5mL：2g；④10mL：3g；⑤20mL：6g。

复方氨基比林

【概述】 无色至淡黄色的澄明液体。主要成分为氨基比林、巴比妥。属于兽用非处方药。

【作用】 氨基比林是一种环氧化酶抑制剂，通过抑制环氧化酶的活性，从而抑制前列腺素前体物——花生四烯酸转变为前列腺素这一过程，使前列腺素合成减少，进而产生解热、镇痛、抗炎和抗风湿作用。与巴比妥类合用能增强镇痛效果。

本品内服吸收迅速，主要在肝内代谢，经脱甲基形成 4-氨基安替比林，进一步乙酰化为无活性的 *N*-乙酰-4-氨基安替比林；主要生成 4-甲基氨基安替比林。代谢物以原形或与葡萄糖醛酸和硫酸形成结合物，由尿排出。半衰期为 1~4h。主要用于犬等动物的解热和抗风湿。

【应用】 用于解热、抗风湿和疝痛等，但镇痛效果较差。

【注意】 ①本品剂量过大或长期应用，可引起高铁血红蛋白血症、缺氧、发绀、粒细胞减少症等；②连续长期使用可引起粒性白细胞减少症，应定期检查血象；③遮光，密闭保存。

【用法】 一次皮下、肌内注射：犬 0.5~1mL。

【规格】 注射液：①2mL；②10mL；③20mL；④50mL。

非罗考昔咀嚼片

【概述】 棕褐色片。主要成分为非罗考昔。

【作用】 非罗考昔是一种非甾体类抗炎药，通过选择性抑制环氧合酶-2（COX-2）介导的前列腺素合成。COX-2 是该酶的亚型，主要负责合成前列腺素，调节疼痛、炎症及发烧。在犬体外的全血检测中，非罗考昔对 COX-2 的选择性是对 COX-1 的选择性的 380 倍左右。

【应用】 用于治疗犬骨关节炎及临床手术等引起的急性、慢性疼痛和炎症。

【注意】 ①本品禁用于怀孕、哺乳期母犬，以及 10 周龄以下、体重 3kg 以下的犬。禁用于患有胃肠出血、血液恶液质或者出血性疾病的犬；禁用于任何脱水、血容量减少或低血压的犬；②禁止与糖皮质激素类或其他非甾体类抗炎药联合使用；禁止与其他潜在的具有肾脏毒性的药物同时使用；③如果出现以下任何反应应停止治疗：反复腹泻、呕吐、粪便潜血、体重突然减轻、厌食、嗜睡、肝肾生化指标下降等；④将未使用的半片放回原包装内，最多保存7天。勿超剂量使用；⑤使用本品后应洗手。本品应存放于儿童触及不到之处；⑥密封，30℃以下保存。

【用法】　一次内服：犬5mg/kg体重，1次/天。用于治疗临床手术等引起的急性疼痛和炎症时，动物可在手术前约2h开始给药，连续给药3天。体重为3~5.5kg的犬，给药28.5mg；体重为5.6~10kg的犬，给药57mg；体重为10.1~15kg的犬，给药85.5mg；体重为15.1~22kg的犬，给药113.5mg；体重为22.1~45kg的犬，给药227mg；体重为45.1~68kg的犬，给药340.5mg；体重为68.1~90kg的犬，给药454mg。

【规格】　片剂：①57mg；②227mg。

托芬那酸

【概述】　白色片。主要成分为托芬那酸。

【作用】　本品具有非甾体结构，能够发挥抗炎、特别是抗渗出和止痛的效果，同时具有抗高热效果。主要作用方式和其他非甾体药物一样，通过抑制环氧化酶，来阻断重要的炎性介质类花生酸类物质的合成，如前列腺素。已有研究证明，犬体内血小板对凝血脂素合成的抑制也是基于上述机理。托芬那酸也可能有其他的作用方式，有研究显示，无论在体内或体外，在临床相关浓度条件下，托芬那酸都可以抑制由多核白细胞到白三烯B4的形成，而且托芬那酸还有可能对前列腺素受体有直接对抗性反应。

【应用】　用于治疗猫发热综合征、犬炎症的急性期以及慢性运动系统疾病的疼痛。

【注意】　①本品在治疗过程中会有少数动物出现腹泻和呕吐。此外，会出现短暂的多饮和/或多尿。大多数的这种病例在停药后症状会自动消失；②对于心脏、肝脏、肾脏功能不全的犬不可服用此药，这些犬服用后可能会引起胃肠道溃疡或出血，也有证据表明此药物可能引起血液恶液质或超敏反应。犬服用此药时，如治疗超过3个月，应遵从兽医医嘱。肝功能不全的犬应对其进行密切监测；③服药不可超过处方剂量或疗程，亦不可同时或在24h内再给以甾体类药物。某些甾体类药物可能与血浆蛋白的结合能力过高，与其他高结合力的药物相拮抗，这些会导致药物的毒副作用。不可与糖皮质激素类药物联合用药；④甾体类药物可引起吞噬抑制作用，因此在治疗细菌感染的并发炎症时，应与适当的抗生素类药物联合用药。对小于6周龄或老年动物使用该药物时，应考虑额外的风险。如必须使用该药物时，应考虑酌情减量并仔细地进行临床观察；⑤对患有脱水、低血容或低血压的动物避免使用该药物，因为使用该药物会增加潜在的肾脏毒性风险。避免与具有潜在肾脏毒性作用的药物联合用药。最好在麻醉动物完全苏醒后再给以此药物。对患有慢性肾功能不全且必须接受消炎治疗的动物，使用托芬那酸治疗时无须调整用药剂量。但该产品忌用于肾功能不全的急性期；⑥无须制定休药期。密封，25℃以下干燥保存。

【用法】　一次内服：犬、猫 4mg/kg 体重，1 次/天，连用 3 天。犬可以长期给药（连续 3 天给药，停药 4 天，持续 13 周）。

【规格】　片剂：①6mg；②60mg。

柴胡

【概述】　无色或微乳白色的澄明液体；气芳香。主要成分为北柴胡。属于兽用非处方药。

【功能】　解热。

【主治】　感冒发热。

【注意】　①按规定的用法用量使用，尚未见不良反应；②密封，避光，置阴凉处。

【用法】　一次肌内注射，犬、猫 1~3mL。

【规格】　注射液：①2mL（2mL 相当于原生药 2g）；②5mL（5mL 相当于原生药 5g）；③10mL（10mL 相当于原生药 10g）。

柴辛

【概述】　无色至微黄色的澄明液体。主要成分为柴胡、细辛。属于兽用非处方药。

【功能】　解表退热，祛风散寒。

【主治】　感冒发热。

【注意】　①按规定的用法用量使用，尚未见不良反应。不宜长期使用，亦不宜与含藜芦的药物同用。怀孕动物、弱小动物及幼龄动物慎用；②密封，避光，置阴凉处。

【用法】　一次肌内注射，犬、猫 1~3mL。

【规格】　注射液：①2mL（2mL 相当于原生药 6g）；②5mL（5mL 相当于原生药 15g）；③10mL（10mL 相当于原生药 30g）。

清瘟败毒片

【概述】　灰黄色片（或糖衣片）；味苦、微甜。主要成分为石膏、地黄、水牛角、黄连、栀子等。属于兽用非处方药。

【功能】　泻火解毒，凉血。

【主治】　热毒发斑，高热神昏。

【注意】　①按规定剂量使用，暂未见不良反应；②密封，防潮。

【用法】　一次内服，犬、猫 2 片/kg 体重。

【规格】　片剂：每 1 片相当于原生药 0.3g。

任务三 糖皮质激素类药物

【案例分析】

一金毛犬，昨晚和一萨摩耶打闹，今早发现眼睛挣不开，经临床检查可见角膜红肿，流泪。诊断为角膜炎。请问选择何种药物？如何使用？

【任务目标】

掌握常用糖皮质激素类药物的药理作用、临床应用、使用注意事项和用法用量。

【知识准备】

糖皮质激素又名“肾上腺皮质激素”，是由肾上腺皮质分泌的一类甾体激素，也可由化学方法人工合成。由于可用于一般的抗生素或消炎药所不及的病症，如SARS、败血症等，具有调节糖、脂肪、蛋白质的生物合成和代谢的作用，还具有抗炎作用，称其为“糖皮质激素”，是因为其调节糖类代谢的活性最早为人们所认识。

醋酸氢化可的松

【概述】 微细颗粒的混悬液，静置后微细颗粒下沉，振摇后成均匀的乳白色混悬液。主要成分为醋酸氢化可的松。注射液属于兽用处方药，滴眼液属于兽用非处方药。

【作用】 本品具有抗炎、抗过敏、抗免疫、抗休克作用。多用作静脉注射。由于肌内注射吸收不良，一般不作全身治疗，主要供乳室内、关节腔、鞘内等局部注入。局部注射吸收缓慢，药效作用持久，应用有很好的疗效。

【应用】 本品有抗炎、抗过敏和影响糖代谢等作用，用于结膜炎、虹膜炎、角膜炎、巩膜炎及炎症性和过敏性疾病等。

【注意】 ①苯巴比妥等肝药酶诱导剂可促进本类药物的代谢，使药效降低。本类药物可使水杨酸盐的消除加快、疗效降低，合用时还易引起消化道溃疡。与强心苷合用，可增加洋地黄毒性及心律失常的发生；本品可使内服抗凝血药的疗效降低，两者合用时应适当增加抗凝血药的剂量；②本品有较强的水钠潴留和排钾作用。有较强的免疫抑制作用。与排钾利尿药合用，可致严重低血钾症，并由于水钠潴留而减弱利尿药的排钠利尿效应；③本品禁用于骨质疏松症和疫苗接种期。妊娠后期大剂量使用偶见流产。妊娠早期及后期雌性动物禁用。严重肝功能不良、骨折治疗期、创伤修复期动物禁用；④急性细菌性感染时，应与抗菌药配伍使用。大剂量或长期用药易引起肾上腺皮质功能低下。长期用药不能突然停药，应逐渐减量，直至停药；⑤滴眼液按规定的用法用量使用，尚未见不良反应。角膜溃疡禁用。眼部有感染时应与抗菌药物配伍使用；⑥无须制定休药期。遮光，密封保存。

【用法】 一次肌内注射，犬25~100mg。滴眼，2~3次/天。

【规格】 注射液：5mL：125mg。滴眼液：3mL：15mg。

醋酸可的松

【概述】 微细颗粒的混悬液，静置后微细颗粒下沉，振摇后成均匀的乳白色混悬液。主要成分为醋酸可的松。属于兽用处方药。

【作用】 本品本身无活性，需在体内转化为氢化可的松后起效，具有抗炎、抗过敏、抗毒素、抗休克作用。本品皮肤等局部用药无效。肌内注射吸收缓慢，作用持久。

【应用】 本品有抗炎、抗过敏和影响糖代谢等作用，用于炎症性、过敏性疾病等。

【注意】 同醋酸氢化可的松。

【用法】 一次肌内注射，犬 25~100mg。

【规格】 注射液：10mL：0.25g。

醋酸泼尼松

【概述】 眼膏为淡黄色软膏；片剂为白色片。主要成分为醋酸泼尼松。眼膏属于兽用非处方药，片剂属于兽用处方药。

【作用】 本品本身无药理活性，需在体内转化为氢化泼尼松后显效。具有抗炎、抗过敏、抗毒素和抗休克作用。氢化泼尼松的抗炎作用与糖原异生作用为氢化可的松的 4 倍，而水钠潴留及排钾作用比氢化可的松小。因抗炎、抗过敏作用强，副作用较少，故较常用。能促进蛋白质转变为葡萄糖，减少机体对糖的利用，使血糖和肝糖原增加，出现糖尿。

【应用】 本品有抗炎、抗过敏和影响糖代谢等作用，用于结膜炎、虹膜炎、角膜炎、巩膜炎及炎症性和过敏性疾病等。

【注意】 同醋酸氢化可的松。

【用法】 眼部外用：2~3 次/天。一次内服，犬、猫 0.5~2mg/kg 体重。

【规格】 眼膏：0.5%。片剂：5mg。

地塞米松磷酸钠

【概述】 无色的澄明液体。主要成分为地塞米松磷酸钠。属于兽用处方药。

【作用】 本品的作用与氢化可的松基本相似，但作用较强，显效时间长，副作用较小。抗炎作用与糖原异生作用为氢化可的松的 25 倍，而水钠潴留和排钾的作用比氢化可的松的稍小。对垂体-肾上腺皮质轴的抑制作用较强。地塞米松除上述作用外，还可用于母畜的同期分娩的引产，但可使胎盘滞留率升高，泌乳延迟，子宫恢复到正常状态较晚。

对犬肌注给药后，显示出快速的全身作用，0.5h 血药达峰浓度，半衰期约 48h，主要经粪和尿排泄。

【应用】 本品有抗炎、抗过敏和影响糖代谢等作用。用于炎症性、过敏性疾病。

【注意】 ①苯巴比妥等肝药酶诱导剂可促进本类药物的代谢，使药效降低。可使水杨酸盐的消除加快、疗效降低，合用时还易引起消化道溃疡。可使内服抗凝血药的疗效降低，两者合用时应适当增加抗凝血药的剂量；②有较强的水钠潴留和排钾作用。噻嗪类利尿药能促进钾排泄，合用时应注意补钾；③有较强的免疫抑制作用。严格掌握适应证，防止滥用。严重肝功能不良、骨软症、骨折治疗期、创伤修复期、疫苗接种期动物禁用；④妊娠后期大剂量使用偶见流产。妊娠早期及后期动物禁用；⑤对细菌性感染应与抗菌药合用。长期用药不能突然停药，应逐渐减量，直至停药；⑥可导致犬迟钝，被毛干燥，体重增加，喘息，呕吐，腹泻，肝脏药物代谢酶升高，胰腺炎，胃肠溃疡，脂血症，引发或加剧糖尿病，肌肉萎缩，行为改变（沉郁、昏睡、富于攻击），可能需要终止给药；⑦猫偶尔可见多饮、多食、多尿、体重增加、腹泻或精神沉郁。长期高剂量给药治疗可导致皮质激素分泌紊乱；⑧无须制定休药期。遮光，密闭保存。

【用法】 肌肉、静脉注射，犬、猫 0.125~1mg/天。

【规格】 注射液：①1mL：1mg；②1mL：2mg；③1mL：5mg；④5mL：2mg；⑤5mL：5mg。

醋酸地塞米松

【概述】 白色片。主要成分为醋酸地塞米松。属于兽用处方药。

【作用】 本品具有抗炎、抗过敏、抗毒素、抗休克作用。抗炎作用与糖原异生作用为氢化可的松的 25 倍，而水钠潴留和排钾的作用仅为氢化可的松的四分之三。对垂体-肾上腺皮质轴的抑制作用较强。

【应用】 本品有抗炎、抗过敏和影响糖代谢等作用。用于炎症性、过敏性疾病。

【注意】 ①苯巴比妥等肝药酶诱导剂可促进本类药物的代谢，使药效降低。可使水杨酸盐的消除加快、疗效降低，合用时还易引起消化道溃疡。与强心苷合用，可增加洋地黄毒性及心律失常的发生；可使内服抗凝血药的疗效降低，两者合用时应适当增加抗凝血药的剂量；②有较强的水钠潴留和排钾作用。与排钾利尿药合用，可致严重低血钾症，并由于水钠潴留而减弱利尿药的排钠利尿效应；③有较强的免疫抑制作用。禁用于骨质疏松症和疫苗接种期；④妊娠后期大剂量使用偶见流产。易引起怀孕动物早产；⑤急性细菌性感染时应与抗菌药物配伍使用；⑥无须制定休药期。遮光，密闭保存。

【用法】 一次内服，犬、猫 0.5~2mg。

【规格】 片剂：0.75mg。

倍他米松

【概述】 白色片。主要成分为倍他米松。属于兽用处方药。

【作用】 本品具有抗炎、抗过敏、抗毒素、抗休克作用，但其抗炎作用与糖原异生作用较地塞米松强，为氢化可的松的 30 倍，钠潴留作用稍弱于地塞米松。本品内服易吸收，在体内广泛分布。

【应用】 本品有抗炎、抗过敏和影响糖代谢等作用。用于炎症性、过敏性疾病等的治疗。

【注意】 ①苯巴比妥等肝药酶诱导剂可促进本品的代谢，使药效降低。可使水杨酸盐的消除加快、疗效降低；②有较强的水钠潴留和排钾作用。噻嗪类利尿药能促进钾排泄，与本品合用时可导致低血钾，应注意补钾；③有较强的免疫抑制作用。大剂量或长期使用易引起肾上腺皮质功能衰退。多见于犬，包括烦渴、多食、多尿、体重增加、气喘、呕吐和腹泻；④妊娠后期大剂量使用偶见流产。妊娠早期及后期禁用；⑤严格掌握适应证，防止滥用。严重肝功能不良、骨软症、骨折治疗期、创伤修复期、疫苗接种期动物禁用；⑥对细菌性感染应与抗菌药合用。长期用药不能突然停药，应逐渐减量，直至停药；⑦无须制定休药期。遮光，密封保存。

【用法】 一次内服，犬、猫 0.25~1mg。

【规格】 片剂：0.5mg。

醋酸氟轻松

【概述】 白色乳膏。主要成分为醋酸氟轻松。属于兽用非处方药。

【作用】 本品作用强而副作用小。局部涂敷，对皮肤和黏膜的炎症、瘙痒和皮肤过敏反应等都能迅速显效。

【应用】 用于过敏性皮炎等。

【注意】 ①局部细菌感染时，应与抗菌药物配伍使用。按规定的用法用量使用，尚未见不良反应；②无须制定休药期。密闭，在阴凉处保存。

【用法】 外用：涂患处适量。

【规格】 乳膏：①10g：2.5mg；②20g：5mg。

【项目练习】

（一）选择题

1. 抗组胺药 H_1 受体拮抗剂药理作用是（　　）

A. 能与组胺竞争 H_1 受体，使组胺不能同 H_1 受体结合而起拮抗作用

B. 和组胺起化学反应，使组胺失效

C. 有相反的药理作用，发挥生理对抗效应

D. 能稳定肥大细胞膜，抑制组胺的释放

E. 以上都不是

2. 具有较强解热作用的药物是（　　）

A. 替泊沙林　　B. 安乃近　　C. 保泰松　　D. 氢化可的松

E. 地塞米松

3. H_1 受体阻断药对下列哪种与变态反应有关的疾病最有效（　　）

A. 过敏性休克　B. 支气管哮喘　C. 过敏性皮疹　D. 风湿热

E. 过敏性结肠炎

4. 治疗类风湿性关节炎的首选药物是（　　）
A. 阿司匹林　　B. 保泰松　　C. 吲哚美辛　　D. 对乙酰氨基酚
5. 氟尼新葡甲胺的药理作用不包括（　　）
A. 解热　　B. 镇静　　C. 抗炎　　D. 镇痛
E. 抗风湿
6. 可预防阿司匹林引起的凝血障碍的维生素是（　　）
A. 维生素 A　　B. 维生素 B_1　　C. 维生素 B_2　　D. 维生素 E
E. 维生素 K
7. 对皮肤瘙痒效果最理想的是（　　）
A. 强的松龙　　B. 氟轻松　　C. 地塞米松　　D. 氢化可的松
E. 倍他米松
8. 下列不属于苯海拉明的临床应用是（　　）
A. 荨麻疹　　B. 过敏性休克
C. 胃肠痉挛　　D. 胃和十二指肠溃疡
E. 血清病
9. 解热镇痛药的作用机理是（　　）
A. 抑制前列腺素的合成与释放　　B. 抑制组织胺的释放
C. 抑制缓激肽的释放　　D. 抑制性激素的释放
E. 抑制垂体促性腺激素
10. 糖皮质激素的药理作用不包括（　　）
A. 抗内毒素　　B. 抗过敏　　C. 抗休克　　D. 抗病毒
E. 抗炎

（二）简答题

1. 解热镇痛抗炎药的共同药理作用是什么？
2. 简述阿司匹林的药理作用和临床应用。
3. 简述抗组胺药物的分类及其临床应用。

项目九
抗肿瘤药物

在兽医临床上肿瘤已经是威胁宠物健康的常见病、多发病。现阶段治疗肿瘤的方法包括药物治疗（包括免疫治疗和中兽医治疗）、手术治疗及放射治疗。肿瘤组织主要由增殖细胞群、非增殖细胞群组成，根据细胞增殖周期特点，将抗肿瘤药物按照化学结构和来源进行分类，可分为烷化剂、抗代谢药、抗肿瘤抗生素、抗肿瘤植物药等。

任务一　抗肿瘤药物概述

【案例分析】

良性肿瘤组织分化好，异型性小，和来源组织形态相似；核分裂象无或少见，不见病理核分裂象；生长速度缓慢；呈膨胀性生长有包膜或外生性生长，和周围组织分界清楚，可以推动；很少发生坏死、出血；不转移；手术后复发很少。恶性肿瘤组织不好，异型性大，和来源组织形态差别大；核分裂象多见，可见核分裂象；生长较快；呈浸润性生长或外生性浸润性生长，无包膜和周围组织分界不清楚，不能推动；常发生出血、坏死、溃疡等；常转移；手术后复发较快。试根据良性肿瘤和恶性肿瘤的不同点、肿瘤组织学特点及抗肿瘤药物的作用机理，浅谈临床上如何对肿瘤进行治疗。

【任务目标】

1. 了解肿瘤组织的细胞学组成，熟知抗肿瘤药的作用机理。
2. 掌握抗肿瘤药的分类、不良反应及使用注意事项。

【知识准备】

（一）细胞增殖周期

细胞增殖周期是指细胞从一次分裂结束到下一次细胞分裂完成之间的间隔

周期。根据细胞生长增殖特点，将肿瘤细胞群分为增殖细胞群和非增殖细胞群。

1. 增殖细胞群

增殖细胞为肿瘤细胞中按指数分裂增长的细胞，生长代谢活跃。肿瘤增殖细胞群与全部肿瘤细胞群之比称为生长比率（GF）。增长较快的肿瘤其生长比率值较大，对化疗药物敏感性较高；增长较慢的肿瘤其生长比率值较小，对化疗药物敏感性较低。按照细胞内 DNA 含量的变化，细胞增殖周期可分为 DNA 合成前期、DNA 合成期、DNA 合成后期和有丝分裂期四期。

2. 非增殖细胞群

非增殖细胞有增殖能力但暂不分裂，处于静止期，对药物不敏感。当增殖细胞群被大量杀灭后，处于静止期的非增殖细胞可进入增殖期，是肿瘤复发的根源。

（二）抗肿瘤药物的作用机理

1. 细胞生物学机理

几乎所有的肿瘤细胞都有一个共同的特点，即与细胞增殖有关的基因被开启或激活，而与细胞分化有关的基因被关闭或抑制，从而使肿瘤细胞表现为不受机体约束的无限增殖状态。从细胞生物学角度，诱导肿瘤细胞分化，抑制肿瘤细胞增殖或者导致肿瘤细胞死亡的药物均可发挥抗肿瘤作用。

2. 生化作用机理

（1）影响核酸生物合成 ①阻止叶酸辅酶形成；②阻止嘌呤类核苷酸形成；③阻止嘧啶类核苷酸形成；④阻止核苷酸聚合。

（2）破坏 DNA 结构和功能。

（3）抑制转录过程，阻止 RNA 合成。

（4）影响蛋白质合成与功能 影响纺锤丝形成；干扰核蛋白体功能；干扰氨基酸供应。

（5）影响体内激素平衡。

（三）抗肿瘤药物的分类

1. 根据药物化学结构和来源分

（1）烷化剂 氮芥类、乙烯亚胺类、亚硝脲类、甲烷磺酸酯类等。

（2）抗代谢药 叶酸、嘧啶、嘌呤类似物等。

（3）抗肿瘤抗生素 蒽环类抗生素、丝裂霉素、博来霉素类、放线菌素类等。

（4）抗肿瘤植物药 长春碱类、喜树碱类、紫杉醇类、三尖杉生物碱类、鬼臼毒素衍生物类。

（5）激素 肾上腺皮质激素、雌激素、雄激素等激素及其拮抗药。

（6）杂类 铂类配合物和酶等。

2. 根据抗肿瘤作用的生化机制分

(1) 干扰核酸生物合成的药物。

(2) 直接影响 DNA 结构与功能的药物。

(3) 干扰转录过程和阻止 RNA 合成的药物。

(4) 干扰蛋白质合成与功能的药物。

(5) 影响体内激素平衡的药物。

(四) 抗肿瘤药物的不良反应及使用注意事项

多数抗肿瘤药物的治疗指数小，选择性低，在杀伤肿瘤细胞的同时对宠物机体的正常组织也有杀伤作用，特别是增殖迅速的组织，所以在治疗量时可引起不良反应。

(1) 抑制骨髓　常见白细胞、血小板及红细胞减少，可导致出血、贫血、感染等。可见于大多数抗肿瘤药，但长春新碱、博来霉素毒性较小，激素类、门冬酰胺酶无骨髓抑制作用。

(2) 胃肠反应　多数抗肿瘤药物可引起恶心、呕吐、食欲减退，也能直接损害消化道黏膜，引起口腔炎、溃疡、腹痛、腹泻及消化道出血等。

(3) 损害皮肤及被毛　多数抗肿瘤药物可损伤毛囊上皮细胞，引起掉毛；损害皮肤引起红斑、水肿等。应保持患宠皮肤及被毛清洁，经常检查皮肤有无瘀点、红斑。

(4) 肝、肾毒性　多数抗肿瘤药物经肝代谢、由肾排泄，可引起肝损害，出现肝大、黄疸、肝功能异常等；肾损害可引起血尿、蛋白尿、血尿素氮升高等。应定期检查肝、肾功能，肝、肾功能不全的患宠应避免使用可导致肝、肾损害的药物，如环磷酰胺、顺铂等。

(5) 免疫抑制　多数抗肿瘤药物可抑制机体的免疫功能，杀伤和抑制免疫细胞，使机体抵抗力下降而引起感染。应注意预防感染，避免和消除引发感染的途径，如静脉穿刺、导尿等操作应严格消毒；病房及房内物品也应定期消毒；如有感染，应及早加用抗生素。

(6) 其他　多柔比星、顺铂等有心脏毒性；甲氨蝶呤、博来霉素等可引起肺纤维化；环磷酰胺可致出血性膀胱炎；长春喊类可引起周围神经炎；顺铂有耳毒性等。

任务二　常用抗肿瘤药物

【案例分析】

李某饲养一只八哥犬，雌性，11 岁，一直吃犬粮，近三个月左右嘴角内长出十多个小肉疙瘩，形似菜花样，常用前爪去挠。对病变组织取样进行细胞学检查可见棘细胞增生呈乳头状，表层过度角化，每个乳头都有血管分支状结缔组织间质构成的轴心，表面被覆增生的鳞状上皮。根据病变部位的形态及组织学特征诊断为口腔乳头状瘤。请问该选用何种药物治疗？

【任务目标】

掌握常用抗肿瘤药物的类别、临床应用、使用注意事项等。

【知识准备】

(一) 烷化剂

氮芥

【概述】 无色或几乎无色的澄明黏稠液体。

【作用】 本品能与鸟嘌呤第 7 位氮共价结合，产生 DNA 交叉联结。对 G1 期及 M 期细胞作用敏感，使 G1 期进入 S 期延迟，抑制细胞分裂增殖。大剂量对各周期的细胞和非增殖细胞均有杀伤作用。

【应用】 用于治疗淋巴网状细胞肿瘤等恶性淋巴瘤、癌性积液，对白血病无效。

【注意】 ①凡有骨髓抑制、感染、肿瘤细胞侵及骨髓、曾接受过多程化疗或放疗的患宠应慎用；②本品剂量限制性毒性为骨髓抑制，故应密切观察血象变化，每周查血象 1~2 次。本品对局部组织刺激性强，若漏出血管外，可导致局部组织坏死，故严禁口服、皮下及肌内注射，药物一旦溢出，应立即用硫代硫酸钠注射液或 1%普鲁卡因注射液局部注射，用冰袋冷敷局部 6~12h；③本品水溶液极易分解，故药物开封后应在 10min 内注入体内；④遮光，密闭保存。

【用法】 一次静脉注射，犬 5mg。

环磷酰胺

【概述】 白色结晶或结晶性粉末。

【作用】 本品在体外无活性，不具有抗肿瘤作用，当进入体内后被肝微粒体酶系氧化生成中间产物醛磷酰胺，在肿瘤细胞内分解出磷酰胺氮芥，与 DNA 发生交叉联结，抑制 DNA 的合成，也可干扰 RNA 的功能，属细胞周期非特异性药物。

【应用】 用于治疗淋巴瘤、急性或慢性淋巴细胞白血病、多发性骨髓瘤，对乳腺癌、睾丸肿瘤、卵巢癌、肺癌、头颈部鳞癌、鼻咽癌、神经母细胞瘤、横纹肌肉瘤及骨肉瘤均有一定疗效。

【注意】 ①本品的代谢产物对尿路有刺激性，应用时应给与患宠多饮水，大剂量应用时应水化、利尿，同时给予尿路保护剂美司钠；②凡有骨髓抑制、感染、肝肾功能损害者禁用或慎用，对本品过敏者禁用，妊娠及哺乳期患宠禁用；③本品常见骨髓抑制，如白细胞、血小板减少；消化道反应，如恶心、呕吐、胃肠黏膜出血；出血性膀胱炎，表现为尿频、尿急、血尿及蛋白尿等；④遮光，密闭，在 30℃以下保存。

【用法】 一次口服，犬 50mg，连用 4 天，1 次/周。

噻替哌

【概述】 白色结晶或结晶性粉末。

【作用】 本品化学结构中有 3 个乙酰亚胺基，能与细胞内 DNA 组成的碱基结合，抑制肿瘤细胞分裂，属于细胞周期非特异药。选择性高，抗瘤谱广，作用快而强。

【应用】 用于治疗卵巢癌、乳腺癌、膀胱癌、肝癌等。

【注意】 ①本品具有骨髓抑制，常在用药后 1~6 周发生，停药后大多数恢复，有时骨髓抑制突然发生。其他可有食欲减退、恶心及呕吐等。另外，本品可增加血尿酸水平，为了控制高尿酸血症，可给予别嘌醇；②凡有骨髓抑制、有痛风病史、肝功能损害、感染、肾功能损害、肿瘤细胞浸润骨髓、有泌尿系结石史的患宠慎用。用药期间须定期检查外周血象白细胞与血小板及肝、肾功能；③本品与琥珀胆碱同用，会使呼吸减慢或暂停；④干燥、遮光、低温保存。

【用法】 一次静脉注射，犬 0. 2~0. 5mg/kg 体重。

（二）抗代谢药

甲氨蝶呤

【概述】 橙黄色结晶性粉末。

【作用】 本品的化学结构与二氢叶酸类似，与其竞争二氢叶酸还原酶的结合，干扰叶酸的代谢，主要抑制 dTMP 合成，继而影响 S 期的 DNA 合成代谢，属周期特异性药物。

【应用】 用于治疗急性白血病、绒毛膜上皮癌、恶性葡萄胎、头颈部肿瘤、消化道癌、卵巢癌等。

【注意】 ①本品对骨髓抑制较明显，表现为白细胞、血小板减少及全血细胞下降。用药前应监测肝、肾及骨髓功能；②消化道反应常见口腔及肠道黏膜损伤，如口腔炎、胃炎、腹泻、便血甚至死亡等。

【用法】 一次口服，犬、猫 2. 5mg/kg 体重，2~3 次/周。

氟尿嘧啶

【概述】 白色或类白色的结晶或结晶性粉末。

【作用】 本品可与 dUMP 竞争 dTMP 合成酶，影响 S 期的 DNA 合成代谢，是常用的周期特异性药物。

【应用】 用于治疗消化系统癌，如食管癌、胃癌、结肠癌、直肠癌、胰腺癌、肝癌等，也可治疗乳腺癌、子宫癌、卵巢癌等。

【注意】 ①本品具有骨髓抑制、掉毛及皮肤色素沉着等；②消化道反应有恶心、口腔炎、吞咽困难，严重者血便腹泻，应立即停药。

【用法】 一次静脉注射，犬 5~10mg/kg 体重，1 次/周。

（三）抗肿瘤抗生素

博来霉素

【概述】 白色至淡黄色冻干疏松块状物。

【作用】 本品属于广谱抗肿瘤药，直接破坏 DNA 的抗生素，可与铜或铁离子络合，使氧分子大量转化为氧自由基，通过与 DNA 结合，引起 DNA 单链或双链断裂，阻断 DNA 复制。

【应用】　用于治疗各种鳞状上皮细胞癌，包括头颈部癌、口腔癌、食管癌、阴茎癌、宫颈癌等。

【注意】　①本品不良反应有发热、掉毛等；骨髓抑制轻微；肺毒性较严重，可引起间质性肺炎和肺纤维化；②使用本品后避免日晒。

【用法】　一次静脉注射，10mg/kg 体重。

放线菌素 D

【概述】　鲜红色结晶或橙红色结晶性粉末。

【作用】　本品能嵌入 DNA 双螺旋中相邻的鸟嘌呤和胞嘧啶碱基之间，与 DNA 结合成复合体，干扰转录过程，阻止 RNA 的合成，属于细胞周期非特异性药物。

【应用】　用于治疗恶性葡萄胎、绒毛膜上皮癌、恶性淋巴瘤、肾母细胞瘤、骨骼肌肉瘤、神经母细胞瘤等。

【注意】　①本品具有消化道反应、骨髓抑制，少数患者有脱发、皮炎、发热及肝功能损伤等；②对本品过敏、严重骨髓抑制、严重肝肾功能损害、妊娠患宠禁用；③骨髓功能低下、有痛风病史、肝功能损害、感染、有尿酸盐性肾结石病史、近期接受过放射治疗或抗癌药治疗的患宠慎用。用药期间应严格检查血象。定期查肝肾功能。毒副作用出现后可考虑减量或停药。注射时防止药液漏出血管外。本品可能使尿及血内尿酸升高。

【用法】　一次静脉注射，犬 0.5~1mg/kg 体重，1 次/1~3 周。

（四）抗肿瘤植物药

长春新碱

【概述】　白色或类白色的疏松块状物或无定形固体。

【作用】　本品作用于肿瘤的 M 期细胞，抑制微观聚合和纺锤丝的形成，使细胞有丝分裂终止，还可干扰蛋白合成和 RNA 多聚酶，对 G_1 期细胞也有作用。

【应用】　用于治疗急性淋巴性白血病。

【注意】　①本品仅用于静脉注射，漏于皮下可导致组织坏死、蜂窝织炎。一旦漏出或可疑外漏，应立即停止输液，并予相应处理；②本品对骨髓抑制不明显，但外周神经系统毒性较大。

【用法】　一次静脉注射，犬 0.5mg/kg 体重，1 次/周。

任务三　抗肿瘤药物的合理应用

【案例分析】

钱某饲养一只德国牧羊犬，3 岁，雌性，近期常舔阴门，阴道肿胀，有时有血尿，并持续出现发情的表现，但屡配未孕。使用过青霉素、呋喃妥因进行治疗未果。根据临床表现怀疑该犬为阴道肿瘤，遂进行组织学检查，使用注射器抽吸外阴部一菜花样肿胀物，组织切片镜检可见纤维细胞分布不均，胶原纤维束粗细不等，呈平行、交错排列，细胞长轴与纤维平行。根据临床检查和实验室检查诊断该犬为阴道黏膜纤维瘤。请问该如何选择药物进行治疗？

【任务目标】

掌握抗肿瘤药物的应用原则。

【知识准备】

目前临床常用的抗恶性肿瘤药物对肿瘤细胞的选择性差，对宠物机体毒性大，且肿瘤细胞容易产生耐药性，应根据患宠的机体状况、肿瘤的病理类型、侵犯范围和发展趋向，制订合理的用药方案，以提高疗效、降低毒性、延缓耐药性的发生。临床化疗时一般主张 2~3 种药物联合应用，主要原则如下。

1. 根据细胞增殖周期用药

增长缓慢的实体瘤，其 G_0 期细胞较多，可先用细胞周期非特异性药物，杀灭增殖期及部分 G_0 期细胞，使瘤体缩小而驱动 G_0 期细胞进入增殖周期；再用细胞周期特异性药物杀灭。与此相反，对生长比率高的肿瘤，如急性白血病，则先使用杀灭 S 期或 M 期的周期特异性药物，然后再用周期非特异性药物杀灭其他各期细胞。待 G_0 期细胞进入增殖周期时，再重复上述疗程。以上给药方法称为序贯疗法。

2. 根据抗恶性肿瘤药物的作用机理用药

不同作用机理的药物联合应用，一般都可增强疗效。

（1）序贯阻断　用两种以上药物阻断同一代谢途径的不同环节或阶段，可提高疗效，如羟基脲与阿糖胞苷合用，前者抑制核苷酸还原酶，后者抑制 DNA 多聚酶，从而阻止 DNA 的生物合成。

（2）同时阻断　即阻断同一代谢的不同途径，如阿糖胞苷和巯嘌呤，前者抑制 DNA 多聚酶，后者抑制嘌呤核苷酸合成，从而共同抑制 DNA 合成。

（3）互补性阻断　将抑制核苷酸合成的药物与直接损伤生物大分子的药物合用，阻止 DNA 的修复，如多柔比星与环磷酰胺的合用。

3. 根据抗恶性肿瘤药物的抗瘤谱用药

消化道癌症宜用氟尿嘧啶，也可用噻替哌、环磷酰胺、丝裂霉素等；鳞癌宜用博来霉素、甲氨蝶呤等；肉瘤类宜用环磷酰胺、喜树碱、多柔比星等。

4. 根据抗恶性肿瘤药物的毒性用药

一般将毒性不同的药物合用，既可增强疗效，又可减小毒性。多数抗肿瘤药可抑制骨髓，而长春新碱、博来霉素、激素类药则无明显的骨髓抑制作用，合用可降低毒性，增强疗效。

5. 选择合理的给药方法

有些药物如环磷酰胺、甲氨蝶呤、多柔比星、羟喜树碱等，一般采用大剂量间歇给药，比小剂量连续用药的效果好，因为前者既可发挥药物抗肿瘤的最大疗效，又有利于机体造血系统及免疫功能的恢复，减轻抗恶性肿瘤药的毒性反应，提高机体的抗恶性肿瘤能力及减少耐药性的产生。

【项目练习】

（一）选择题

1. 为减轻甲氨蝶呤的毒性，可并用（　　）

A. 叶酸　B. 甲酰四氢叶酸　C. 维生素 B_6　D. 维生素 B_{12}

E. 维生素 C

2. 在细胞增殖周期能特异地抑制 S 期的抗癌药是（　　）

A. 氟尿嘧啶　B. 环磷酰胺　C. 长春新碱　D. 羟喜树碱

E. 白消安

3. 下列抗癌药对骨髓抑制不明显的是（　　）

A. 甲氨蝶呤　B. 博来霉素　C. 长春新碱　D. 环磷酰胺

E. 阿糖胞苷

4. 下列疾病与治疗的组合，哪一组不确切？（　　）

A. 特发性血小板减少性紫癜—肾上腺皮质激素

B. 急性粒细胞白血病—柔红霉素

C. 恶性淋巴瘤—白消安

D. 慢性粒细胞白血病—羟基脲

E. 顺铂—卵巢癌

5. 多功能基团烷化剂发生烷化作用的最重要方式是（　　）

A. 形成异常的碱基配对

B. 脱嘌呤作用

C. 与 DAN 双链形成交叉联结，影响 DAN 复制

D. 抑制蛋白质合成

E. 抑制 DAN 多聚酶

（二）简答题

1. 抗肿瘤药物的作用机理包括哪些？

2. 抗肿瘤药物是怎样进行分类的？

3. 环磷酰胺的使用注意事项包括哪些？

4. 抗肿瘤药物如何进行合理地应用？

项目十
解毒药物

在兽医临床上宠物出现的中毒性疾病日渐增多，而中毒的原因也各不相同。病因不同而使用的解毒药物也会不同，通常临床上将用于解救中毒的药物都统称为解毒药。而理想的解毒方法就是使用针对性、特异性的解毒药物进行解救，往往由于临床上不能及时确诊中毒的原因，所以我们会按照解毒的一般原则对宠物进行急救。在掌握一般解毒原则的基础上掌握非特异性和特异性的解毒药物。

任务一　解毒的一般原则

【案例分析】

某动物医院接诊一病犬，3.6kg，主述该犬在遛时一切正常，在草坪玩了大约半小时左右开始呕吐、不能站立、抽搐。如果该犬为中毒现象，试分析该如何进行解救。

【任务目标】

掌握宠物临床常见中毒病的解救原则。

【知识准备】

（一）药物与毒物

同一化学物质，在使用治疗量时，可以预防和治疗疾病，即药物；如果剂量过大、反复使用或注射速度过快等，可引起宠物中毒，甚至死亡，则成毒物。药物和毒物这两个概念是相对的，其区别在于剂量，毒物在小剂量时，也可用于治疗疾病。

除使用药物不当可引起宠物中毒外，还有自然因素和人为原因造成的宠物中毒。例如有毒植物、土壤中某种元素含量超标等引起的地区性宠物中毒；又如牧场和水源受工业或环境污染，农药、杀鼠药施用后导致的残留，发霉、变质、烹调或处理不当的饲料或农副产品，饲料药物添加剂应用不恰当或添加过量等，都是导致宠物中毒常见的原因。在集约化养殖场中发生的宠物中毒，一般都由人为因素造成，通常是意外事故，很多是由于工作人员的无知、疏忽或误用化学药品，或者是对化学药品的贮存或管理不当，因而只要加以注意，是可以避免发生的。

（二）中毒解救的一般原则

中毒的解救原则与其他疾病的治疗原则没有太大的区别。准确的诊断是正确治疗和预防的唯一基础，包括病史、临床症状观察、病理学检查、毒物的化学分析、宠物人工发病试验。

解救中毒（或治疗中毒病）一般采用综合性解毒措施，主要有以下三方面的措施。

1. 消除毒物的来源

为预防宠物与毒物再次接触，应将进行隔离，例如清除有毒或可疑饲料、呕吐物、废渣及其他毒物。在未弄清中毒原因之前，最好彻底更换饲料、饮水和各种饲养用具，更换厩舍或轮换牧场，如无条件更换厩舍，则须进行彻底清扫。

2. 排除吸收部位的毒物防止继续被吸收

宠物主要通过消化道或皮肤与毒物接触，往往由于持续吸收毒物造成死亡，所以从胃肠道或皮肤表面排除毒物，对解救中毒宠物具有重要意义。为防止皮肤表面毒物被吸收，可用水彻底冲洗，但不可用油或有机溶剂，因它们可增加皮肤对毒物的吸收。剪毛可使化学物质迅速、完全地从体表排除。当宠物经口摄入毒物不久，大量毒物尚存留在胃内时，由于毒性作用，多数情况下会引起宠物呕吐，但仅使胃部分排空，而马属宠物和反刍宠物不可能通过呕吐使胃排空。毒物被摄入 1h 后，大部分即进入小肠。对胃肠道内的毒物可采用下述方法排除，并防止继续吸收。

（1）诱吐　诱吐对犬、猫和猪有效，应用中枢催吐剂诱吐效果最好，如注射无水吗啡，但不用于猫，因可引起中枢兴奋。内服吐根糖浆对犬催吐有效，但作用产生较慢。适用于猪和犬的内服催吐剂有 1%硫酸铜溶液、氯化钠等。毒物摄入 4h 后，诱吐的意义不大。当宠物摄入腐蚀剂或挥发性碳氢化合物、石油馏出物时不能诱吐；宠物失去知觉或处于半昏迷状态、咳嗽反射消失时，引起惊厥的毒物中毒时，均不能诱吐。

（2）洗胃　对失去知觉或麻醉的宠物可进行洗胃。灌洗液可用自来水或生理盐水，每次洗胃后将灌洗液抽出。重复数次，直到抽出的灌洗液不含任何颗粒。在最后一次引入的灌洗液中可加吸附剂或盐类泻药，并将其保留于胃肠道中。在洗胃的同时，应进行适度的温水灌肠，以排除消化道中的毒物。对马属宠物和反刍宠物，不易通过洗胃将毒物从消化道内排出，洗胃也不安全。建议应用不被吸收的矿物油（如石蜡油）或盐类泻药（如硫酸镁）。

（3）使毒物在胃肠中形成不易吸收物　对不能用诱吐或洗胃方法从胃肠道排出的毒物，可采用下述方法防止它们在胃肠道中吸收，这对解救中毒很重要。使毒物形成不溶解的沉淀、复合物或络合物，有些化学物质能阻止毒物溶解或形成不溶解的复合物，如2%~5%硫酸钠可与铅或钡结合形成不溶解的硫酸铅或硫酸钡；3%乳酸钙或10%葡萄糖酸钙中的钙离子与草酸或氟化物等阴离子结合，形成不溶解的草酸钙或氟化钙；络合剂与金属离子结合形成络合物，并以络合物形式将有毒金属由尿或粪便排出，可用作治疗铅、铜、锰、汞、镉等多种金属中毒以及镭、钇、钚、锆等放射性金属中毒的解毒剂。

（4）应用吸附剂　活性炭是一种吸附效果好，且吸附范围广的吸附剂。实际上，除氰化物外，活性炭能吸附所有的化学物质。活性炭的吸附效果不受毒物酸碱性的影响，能在整个消化道中吸附毒物。有中毒可疑而中毒原因不明时，活性炭是很好的解毒药。活性炭不能与其他药物同时服用，因为活性炭能降低其他药物的作用，而其他药物的存在也会影响活性炭的吸附能力。临床上常将活性炭给中毒宠物直接内服或加于最后一次洗胃液中，以吸附未洗尽的毒物。

（5）应用泻药　泻药可促进毒物从消化道排出，这对不能呕吐的宠物尤为重要。一般应用矿物油或盐类泻药。

3. 已吸收毒物的灭活及排除

已吸收毒物的最理想灭活方法是迅速运用特效解毒药。与毒物相比，特效解毒药的种数还太少，特效解毒药的作用机理，归纳起来大致有如下几种类型：

（1）与毒物结合使形成无活性的物质　如解毒药二巯丙醇与砷的结合。

（2）促进毒物代谢使转化为无毒物质　如解毒药硫代硫酸钠在体内转硫酶的作用下，可放出硫。进入体内的少量氰化物，在体内硫氰生成酶的作用下，与硫结合转化为无毒的硫化合物，并由肾脏排出体外。

（3）抑制毒物在体内转化成毒性更大的代谢物　如利用乙醇对醇脱氢酶的竞争作用，抑制乙二醇转化为毒性更大的草酸。

（4）与毒物竞争必要的受体　如维生素K能与香豆素类抗血凝剂竞争形成凝血酶原复合体所需要的受体。

（5）抑制毒物作用的受体　如阿托品能选择性地阻断M-胆碱能受体，使拟胆碱药不能发挥毒蕈碱样作用。

（6）纠正毒物的毒作用使机体恢复正常机能　如当亚硝酸盐中毒时，宠物体内的血红蛋白转变为高铁血红蛋白，而失去携带和运输氧的能力。静脉注射小剂量（1~2mg/kg体重）美蓝注射液后，能使高铁血红蛋白还原为血红蛋白，使其携带和运输氧的能力得到恢复。

（7）酶诱导作用　如巴比妥类药物可通过诱导宠物体内酶的活力，促进抗凝血药双香豆素的代谢，使其转化为毒性较小的代谢物。

之前所介绍的泻药可促进毒物从消化道排出，而利用泌尿系统排除已吸收的毒物是解救中毒最有效的途径。促进肾脏排泄毒物的功能，首先与毒物在肾小球中的滤过有关。只有不与蛋白结合的、较小的分子才能被肾小球滤过。增加游离毒物/结合毒物的比率，并增强肾小球的滤过能力，能使更多的毒物通过肾小球进入肾小管。静脉滴注5%～10%葡萄糖液或渗透性利尿药（如甘露醇）或化学性利尿药（如呋塞米）等可增强肾小球的滤过能力，促进利尿。

（三）解毒药分类

根据作用特点及疗效，解毒药可分为两类：非特异性解毒药和特异性解毒药。

任务二　非特异性解毒药

【案例分析】

王某饲养一只牧羊犬，3岁，13.5kg，王某发现家中冰箱有5瓶过期酸奶，为防止浪费给该犬饲喂，喂完半天以后该犬出现呕吐、拉稀的症状，精神沉郁、不食。经诊断该犬为食物中毒。请问该选用何种药物治疗？

【任务目标】

掌握常用非特异性解毒药的类别、临床应用、使用注意事项等。

【知识准备】

非特异性解毒药又称一般解毒药，是指能阻止毒物继续吸收和促进其排出的药物。非特异性解毒药对多种毒物或药物中毒均可应用，但由于不具特异性，且效能较低，仅用作解毒的辅助治疗。分类包括：物理性解毒药、化学性解毒药、药理性解毒药、对症治疗药。

（一）物理性解毒药

1. 吸附剂

不溶于水而性质稳定的细微粉末。表面积大、吸附力强，同时配合使用泻剂或催吐剂。常用药物有活性炭（药用炭）、白陶土、木炭末、通用解毒剂（活性炭、氧化镁、鞣酸）。

2. 催吐剂

用于中毒初期，毒物被胃肠道吸收前。只用于猪、猫、犬。常用药物有0.5%～1%硫酸铜、酒石酸锑钾。

3. 泻药

用于中毒中期。肾功能不全不能用硫酸镁。

4. 利尿药

用于急性中毒。常用药物有速尿或利尿酸。

5. 其他

静脉输入生理盐水、葡萄糖，稀释血液中毒物浓度。

（二）化学性解毒药

1. 氧化剂

用于生物碱类药物、氰化物、无机磷、巴比妥类、阿片类、士的宁、砷化物、一氧化碳、烟碱、毒扁豆碱、蛇毒、棉酚等。有机磷类中毒不用（氧化生成毒性更大的对氧磷类）。常用药物有高锰酸钾、过氧化氢等。

2. 中和剂

利用弱酸弱碱类与强酸强碱类毒物发生中和作用。常用：弱酸解毒剂包括食醋、酸奶、稀盐酸、稀醋酸；弱碱解毒剂包括氧化镁、石灰水上清液、小苏打水、肥皂水。

3. 还原剂

利用还原剂与毒物间的还原反应破坏毒物，从而使毒物毒性降低或丧失，常用的药物如维生素 C。

4. 沉淀剂

多数生物碱如士的宁、奎宁、重金属。常用：3%~5%鞣酸、浓茶、稀碘酊、钙剂、蛋清、牛奶等。

（三）药理性解毒药

利用药物与毒物之间的拮抗作用，部分或完全抵消毒物的毒性作用而产生解毒效果。

1. 拟胆碱药与抗胆碱药

拟胆碱药包括毛果芸香碱、烟碱、氨甲酰胆碱、氨甲酰甲胆碱、新斯的明；抗胆碱药包括阿托品、颠茄及制剂、曼陀罗、莨菪碱。阿托品对有机磷类、吗啡类也有解毒作用。

2. 中枢抑制药与中枢兴奋药

中枢抑制药包括水合氯醛、巴比妥类；中枢兴奋药包括尼可刹米、安钠咖、士的宁、麻黄碱、山梗菜碱、美解眠（贝美格）。

（四）对症治疗药

中毒时往往会伴有一些严重的症状，如呼吸衰竭、心力衰竭、惊厥、休克等，如不迅速处理会影响宠物康复，甚至危及生命。因此，在解毒的同时要及时使用强心药、呼吸兴奋药、抗惊厥药、抗休克药等对症治疗药以配合解毒。

任务三　特异性解毒药

【案例分析】

王某饲养一犬，该犬下午在小区玩耍时见到一只死老鼠，王某发现后准备阻止该犬食用，但该犬叼着死老鼠奔跑王某未追上，当王某找到该犬时，该犬已趴在草坪中，呕吐、不能站立。诊断该犬为老鼠药（氟乙酰胺）中毒。请问该选用何种药物治疗？

【任务目标】

掌握常用特异性解毒药的药理作用、临床应用、使用注意事项和用法用量。

【知识准备】

特异性解毒药指可特异性地对抗或阻断毒物或药物的效应，而其本身并不具有与毒物相反的效应。本类药物特异性强，如能及时应用，则解毒效果好，在 中毒的治疗中占有重要地位。根据解救毒物的性质，可分为金属络合剂、胆碱酯酶复活剂、高铁血红蛋白还原剂、氰化物解毒剂和其他解毒剂等。

（一）金属络合剂

二巯基丙醇

【概述】 无色或淡黄色的澄明油状液体。主要成分为二巯基丙醇。属于兽用处方药。

【作用】 本品属于竞争性解毒剂，可防止金属与细胞酶的巯基结合，并可使与金属络合的细胞酶复活而解毒，在宠物接触金属后 1~2h 内用药较好，超过 6h 则作用减弱。本品对急性金属中毒有效。宠物慢性中毒时，本品虽能使尿中金属排泄量增多，但由于被金属抑制过久的含巯基细胞酶的活力已不可能恢复，故疗效不佳。

本品肌内注射，在 30min 内血药浓度达峰，维持 2h，4h 后几乎全部代谢、降解，以中性硫形式经尿迅速排出体外。

【应用】 用于解救砷、汞、铋、锑等中毒。

【注意】 ①本品与依地酸钙钠合用，可治疗幼龄小宠物的急性铅中毒；②本品对肝、肾具有损害作用；有收缩小动脉作用，可引起暂时性心动过速、血压上升。过量使用可引起宠物呕吐、震颤、抽搐、昏迷甚至死亡。由于药物排出迅速，多数不良反应为时短暂。肝、肾功能不良宠物慎用；③本品为竞争性解毒剂，应及早足量使用。当重金属中毒严重或解救过迟时疗效不佳；④本品仅供肌内注射，由于注射后会引起剧烈疼痛，故作深部肌内注射；⑤本品可与镉、硒、铁、铀等金属形成有毒复合物，其毒性作用高于金属本身，故本品应避免与硒或铁盐同时应用。在最后一次使用本品，至少经过 24h 后才能应用硒、铁制剂。碱化尿液可减少复合物重新解离，从而使肾损害减轻；⑥ 二巯基丙醇对机体其他酶系统也有一定抑制作用，故应控制剂量；⑦无须制定休药期。遮光，密闭保存。

【用法】 一次肌内注射，犬、猫 0. 25~0. 5mL/10kg 体重。

【规格】 注射液：①2mL：0. 2g；②5mL：0. 5g；③10mL：1g。

（二）胆碱酯酶复活剂

碘解磷定

【概述】 无色或几乎无色的澄明液体。主要成分为碘解磷定。属于兽用处方药。

【作用】　本品以其季铵基团直接与胆碱酯酶的磷酰化基团结合，然后脱离胆碱酯酶，使得胆碱酯酶恢复活力。胆碱酯酶被有机磷抑制超过 36h，其活性难以恢复，所以应用胆碱酯酶复活剂治疗有机磷中毒时，早期用药效果较好，而治疗慢性有机磷中毒则无效。本品对由有机磷引起的烟碱样症状的治疗作用明显。另外肟类化合物尚能直接与血中的有机磷结合，使其成为无毒物质由尿排出。碘解磷定可用于解救多种有机磷中毒，但其对有机磷的解毒作用有一定选择性。如对内吸磷、对硫磷等中毒的疗效较好；而对马拉硫磷、敌敌畏、敌百虫等中毒的疗效较差；对氨基甲酸酯类杀虫剂中毒则无效。对轻度有机磷中毒，可单独应用本品或阿托品控制中毒症状；中度或重度中毒时，因本品对体内已蓄积的乙酰胆碱无作用，则必须合用阿托品。由于阿托品能解除有机磷中毒症状，严重中毒时与胆碱酯酶复活剂联合应用，具有协同作用，因此临床上治疗有机磷中毒时，必须及时、足量地给予阿托品。

【应用】　本品能活化被抑制的胆碱酯酶。用于有机磷中毒。

【注意】　①本品注射速度过快可引起呕吐、心率加快和共济失调。大剂量或注射速度过快还可引起血压波动、呼吸抑制；②有机磷内服中毒的宠物先以 2.5%碳酸氢钠溶液彻底洗胃（敌百虫除外）；由于消化道后部也可以吸收有机磷，应用本品至少维持 48～72h，以防延迟吸收的有机磷加重中毒程度，甚至致死。用药过程中定时测定血液胆碱酯酶水平，作为用药监护指标。血液胆碱酯酶应维持在 50%以上。必要时应及时重复应用本品；③本品与阿托品有协同作用，与阿托品联合应用时，可适当减少阿托品剂量。与碱性药物配伍易发生分解，降低药效，故禁与碱性药物配伍；④无须制定休药期。遮光，密闭保存。

【用法】　一次静脉注射，0.6～1.2mL/kg 体重。

【规格】　注射液：①10mL：0.25g；②20mL：0.5g。

（三）高铁血红蛋白还原剂

亚甲蓝

【概述】　深蓝色的澄明液体。主要成分为亚甲蓝。属于兽用处方药。

【作用】　本品本身是氧化剂，体内 6-磷酸葡萄糖脱氢过程中的氢离子传递给亚甲蓝，使其转变为还原型亚甲蓝；还原型亚甲蓝又将氢离子传递给带 Fe^{3+} 的高铁血红蛋白，使其还原为带 Fe^{2+} 的正常血红蛋白，与此同时还原型亚甲蓝又被氧化成亚甲蓝。亚甲蓝的作用类似还原型辅酶Ⅱ高铁血红蛋白还原酶的作用，可作为中间电子传递体，促进含高铁血红蛋白还原为正常血红蛋白，并使血红蛋白重新恢复携氧的功能，所以临床上使用小剂量（1～2mg/kg 体重）解救高铁血红蛋白症。在组织中可迅速被还原为还原型亚甲蓝，并部分被代谢。亚甲蓝、还原型亚甲蓝及代谢产物均由尿中缓慢排出。

【应用】　用于亚硝酸盐中毒。

【注意】　①本品刺激性强，禁止皮下或肌内注射（可引起组织坏死）。静脉注射过快可引起呕吐、呼吸困难、血压降低、心率加快和心律失常。用药后尿液呈蓝色，有时可产生尿路刺激症状；②由于亚甲蓝溶液与多种药物为配伍禁忌，因此不得将本品与其他药物混合注射。本品忌与强碱性溶液、氧化剂、还原剂和碘化物配伍；③无须制定休药期。遮光，密闭保存。

【用法】　一次静脉注射，0.1~0.2mL/kg 体重。

【规格】　注射液：①2mL：20mg；②5mL：50mg；③10mL：100mg。

（四）氰化物解毒剂

亚硝酸钠

【概述】　无色至微黄色的澄明液体。主要成分为亚硝酸钠。属于兽用处方药。

【作用】　本品为氧化剂，可使血红蛋白中的二价铁（Fe^{2+}）氧化成三价铁（Fe^{3+}），形成高铁血红蛋白，后者中的 Fe^{3+} 与 CN^- 结合力比氧化型细胞色素氧化酶的 Fe^{3+} 为强，可使 CN^- 结合后形成的氰化高铁血红蛋白，在数分钟后又逐渐解离，释放的 CN^- 又重现毒性，此时宜再注射硫代硫酸钠。

【应用】　用于解救氰化物中毒。

【注意】　①本品有扩张血管作用，注射速度过快时，可致血压降低、心动过速、出汗、休克和抽搐。重复给药及用量过大时可因形成过多的高铁血红蛋白，而出现紫绀、呼吸困难等亚硝酸盐中毒的缺氧症状；②治疗氰化物中毒时，宜与硫代硫酸钠合用。应密切注意血压变化，避免引起血压下降；③注射中出现严重不良反应应立即停止给药，因过量引起的中毒，可用亚甲蓝解救；④无须制定休药期。遮光，密闭保存。

【用法】　一次静脉注射，0.5~1mL/kg 体重。

【规格】　注射液，10mL：0.3g。

硫代硫酸钠

【概述】　无色的澄明液体。主要成分为硫代硫酸钠。属于兽用非处方药。

【作用】　本品在肝内硫氰生成酶的催化下，能与体内游离的或已与高铁血红蛋白结合的 CN^- 结合，转化为无毒的硫氰酸盐随尿排出。本品静脉注射后可迅速分布到各组织的细胞外液。

【应用】　用于解救氰化物中毒，也可用于砷、汞、铅、铋、碘等中毒。

【注意】　①本品解毒作用产生较慢，应先静脉注射亚硝酸钠再缓慢注射本品，但不能将两种药液混合静脉注射。按规定的用法用量使用，尚未见不良反应；②对内服中毒宠物，还应使用本品的 5%溶液洗胃，并于洗胃后保留适量溶液于胃中；③无须制定休药期。密闭保存。

【用法】　一次静脉、肌内注射，犬、猫 1~2g。

【规格】　注射液：①10mL：0.5g；②20mL：1g；③20mL：10g。

（五）其他解毒剂

乙酰胺

【概述】 无色的澄明液体。主要成分为乙酰胺。属于兽用处方药。

【作用】 本品为有机氟中毒解毒剂，对有机氟杀虫剂和杀鼠药氟乙酰胺、氟乙酸钠等中毒具有解毒作用。乙酰胺的解毒机理是由于其化学结构与氟乙酰胺相似，乙酰胺的乙酰基与氟乙酰胺争夺酰胺酶，使氟乙酰胺不能脱胺转化为氟乙酸，阻止氟乙酸对三羧酸循环的干扰，恢复组织正常代谢功能，从而消除有机氟对机体的毒性。

【应用】 用于氟乙酰胺等有机氟中毒的解救。

【注意】 ①本品酸性强，肌内注射时可引起局部疼痛，为减轻局部疼痛，肌内注射时可配合使用适量的盐酸普鲁卡因注射液；②无须制定休药期。密闭保存。

【用法】 一次静脉、肌内注射，0.05~1g/kg 体重。

【规格】 注射液：①5mL：2.5g；②5mL：0.5g；③10mL：1g；④10mL：5g。

【项目练习】

（一）选择题

1. 碘解磷定治疗有机磷中毒的主要机制是（　　）

A. 与结合在胆碱酯酶上的磷酰化基因结合成复合物后脱掉

B. 与胆碱酯酶结合，保护其不与有机磷酸酯类结合

C. 与胆碱能受体结合，使其不受磷酸酯类抑制

D. 与乙酰胆碱结合，阻止其过度作用

E. 与游离的有机磷酸酯类结合，促进其排泄

2. 关于氰化物中毒以下说法错误的是（　　）

A. 从毒理上讲主要是因为氰化物造成组织不能利用氧引起组织缺氧

B. 可视黏膜鲜红，呼吸困难

C. 特效解毒药为亚硝酸钠、硫代硫酸钠

D. 无毒的硫氰酸盐，迅速由尿中排出

E. 中毒宠物出现呕吐、腹泻等消化道症状

3. 可用于汞、砷中毒的解救药是（　　）

A. 丙二醇　　B. 山梨醇　　C. 二巯丙醇　　D. 甘露醇

E. 美蓝

4. 关于中毒病的治疗不正确的是（　　）

A. 防止毒物吸收　　B. 促进毒物排出

C. 对症治疗　　D. 使用特效解毒药

E. 使用大量葡萄糖和维生素 C

5. 治疗中毒病时，促进毒物排出主要的方法不包括（　　）

A. 催吐　　B. 洗胃　　C. 导泻　　D. 使用特效解毒药
E. 灌肠

6. 有机磷农药中毒时，解除中枢神经系统中毒症状最快的药物是（　　）
A. 双解磷　　B. 双复磷　　C. 碘磷定　　D. 氯磷定
E. 阿托品

7. 解救有机磷农药中毒，可选用（　　）
A. 美蓝　　B. 亚硝酸盐　　C. 依地酸钙钠　　D. 阿托品、解磷定
E. 二巯丙醇

（二）简答题

1. 金属及类金属中毒的解毒药都有哪些？
2. 解救氰化物中毒时，为什么要同时使用亚硝酸盐和硫代硫酸钠？
3. 有机氟中毒时如何解救？
4. 中毒时解毒的一般原则有哪些？

项目十一
常用生物制品及诊断试剂

生物制品及诊断试剂是目前兽医临床上应该较多的一类药物。生物制品包括常见的疫苗、血清和单克隆抗体等主要用于特定传染性疾病的预防和治疗；诊断试剂主要用于临床常见传染性病或寄生虫病的快速诊断，从而能够实现快诊、快治的原则。

【案例分析】

张某饲养一只贵宾犬，近期该犬吐白色液体、大便呈水样腹泻、不食，经确诊感染犬细小病毒病。请问该选择何种药物？如何使用？

【任务目标】

掌握犬常用的生物制品及诊断试剂的药理作用、诊断原理、临床应用、使用注意事项和用法用量。

【知识准备】

犬、猫常用的生物制品及诊断试剂主要是用于犬、猫常见传染病的预防、诊断及治疗。主要是通过疫苗、快速检测试剂盒、血清、单克隆抗体、干扰素、免疫球蛋白等来预防、诊断和治疗犬、猫的常见疫病。

犬瘟热、副流感、腺病毒和细小病毒病四联活疫苗

【概述】　本品为犬瘟热病毒、犬副流感病毒、犬腺病毒和犬细小病毒弱毒株接种易感细胞培养，收集的细胞培养物而制成，微黄白色海绵状疏松团块，易于瓶壁脱离，加稀释液后迅速溶解成粉红色澄清液体。每头份疫苗中含有犬瘟热病毒≥104. 0$TCID_{50}$、副流感病毒≥105. 5$TCID_{50}$、犬腺病毒 2 型≥104. 0$TCID_{50}$、犬细小病毒≥106. 5$TCID_{50}$。属于兽用非处方药。

【应用】　用于预防犬瘟热、副流感、腺病毒和细小病毒病。

【注意】　①本品仅用于非食用犬的预防接种，不能用于紧急接种与治疗；②应用过免疫血清的犬需间隔 7～14d 后方可接种本品；③本品需现配现用，如发生过敏反应的，需立即肌内注射 0.5~1mL 盐酸肾上腺素用于抢救；④接种注射期内应避免运输、调教和饲养管理条件的骤变，且禁止与病犬接触。

【用法】 肌内注射，用注射用水稀释成每头份 2mL，断奶幼犬以 21d 为间隔连续接种 3 次；成年犬以 21d 为间隔连续接种 2 次。

【免疫期】 1 年。

【贮藏】 在 2~8℃保存，有效期为 6 个月；在-15℃以下保存，有效期为 12 个月。

【规格】 1 头份/瓶。

犬瘟热、传染性肝炎、细小病毒病、副流感四联活疫苗

【概述】 白色或乳白色海绵状疏松团块，易于瓶壁脱离，加稀释液后迅速溶解。属于兽用非处方药。

【应用】 用于预防犬瘟热、传染性肝炎、细小病毒病、副流感。

【注意】 ①本品仅用于健康犬（包括妊娠犬）的预防接种，不能用于肉用犬的接种；②本品稀释后需在 30min 内注射；③本品不要冻结，不要将疫苗长时间或反复暴露在高温条件下。

【用法】 皮下注射，用疫苗稀释液稀释后，每只犬接种 1 头份，断奶幼犬以 21d 为间隔连续接种 4 次；成年犬每年接种 1 次。

【免疫期】 1 年。

【贮藏】 在 2~8℃保存，有效期为 24 个月。

【规格】 1 头份/瓶。

犬钩端螺旋体病（犬型、黄疸出血型）二价灭活疫苗

【概述】 无色透明的水溶液，有时可见轻微沉淀。每头份疫苗中含有灭活的犬型钩端螺旋体 CA-12-000 株和黄疸出型钩端螺旋体 820K 株，犬型钩端螺旋体抗原至少 1300U，黄疸出血型钩端螺旋体抗至少 750U。属于兽用非处方药。

【应用】 用于预防犬型和黄疸出血型钩端螺旋体引起的犬钩端螺旋体病。

【注意】 ①本品仅用于健康犬（包括妊娠犬）的预防接种，免疫前要进行足够的检查。偶见轻微自行消失的过敏反应。免疫后开始几天可见小范围的局部反应；②本品免疫时采用无菌器材；③本品不要冻结，不要将疫苗长时间或反复暴露在高温条件下；④使用前应将疫苗恢复至室温（15~25℃），并将疫苗摇匀。一旦开盖，应该在一个工作日内使用；⑤用过的疫苗瓶、器具和未用完的疫苗等应进行无害化处理。

【用法】 皮下注射，每只犬 1mL。幼犬首免应在 8 周龄后开始，间隔 2~4 周进行第二次免疫。以后每年加强免疫一次。

【免疫期】 1 年。

【贮藏】 在2~8℃保存，有效期为24个月。

【规格】 ①1头份/瓶；②10头份/瓶。

猫鼻气管炎、嵌杯病毒病、泛白细胞减少症三联灭活疫苗

【概述】 乳白色至粉色不透明液体。属于兽用非处方药。

【应用】 用于预防猫鼻气管炎、嵌杯病毒病、泛白细胞减少症。

【注意】 ①本品仅用于8周龄以上（含8周龄）健康猫的预防接种；②本品含有硫柳汞、新霉素、多黏菌素B和两性霉素B，猫出现过敏反应时立即应用肾上腺素急救；③本品不要冻结，接种前常规无菌操作并充分摇匀，使疫苗达到室温。

【用法】 皮下或肌内注射，每只猫接种1头份，8周龄以上（含8周龄）健康猫以21d为间隔连续接种2次；成年猫每年接种1次。

【免疫期】 1年。

【贮藏】 在2~8℃保存，有效期为24个月。

【规格】 1头份/瓶。

狂犬病灭活疫苗（Flury LEP株）

【概述】 疫苗中含灭活的狂犬病病毒至少为2.5IU/头份。白色团块，加稀释液后迅速溶解。属于兽用非处方药。

【应用】 用于预防犬的狂犬病。

【注意】 ①本品仅用于健康犬的预防接种，妊娠犬禁用。接种前后犬不要剧烈运动；②本品需使用配套的稀释液；③本品用前和使用过程中应振摇，并使其达到室温（15~25℃），配完一次用完；④如疫苗瓶有裂纹、标签不清或有异物均不可使用。

【用法】 皮下或肌内注射，用配套稀释液稀释，3月龄以上犬，每只1.0mL（含1头份）。3月龄时进行首次接种，首免后30~60d加强接种1次，以后每12个月接种1次。

【免疫期】 1年。

【贮藏】 在2~8℃保存，有效期为24个月。

【规格】 疫苗：①1头份/瓶；②2头份/瓶；③5头份/瓶；④10头份/瓶。稀释液：①1mL/瓶；②2mL/瓶；③5mL/瓶；④10mL/瓶。

犬、猫狂犬病灭活疫苗

【概述】 红色到浅紫色，底部有无色沉淀物，轻轻摇振后呈均匀悬液。属于兽用非处方药。

【应用】 用于预防犬、猫狂犬病。

【注意】 ①本品仅用于健康犬、猫（包括妊娠犬、猫）的预防接种；②本品稀释后需在30min内注射；③本品不要冻结，用前和使用过程中应振摇，并使其达到室温。

【用法】 皮下或肌内注射，每只犬、猫接种1头份，接种后21d内产生免疫力。

【免疫期】　3 年。

【贮藏】　在 2~8℃保存，有效期为 48 个月。

【规格】　1 头份/瓶。

兔病毒性出血症、多杀性巴氏杆菌病二联灭活疫苗

【概述】　均匀混悬液，静置后上层为澄清液体，下层有少量沉淀。本品含灭活的兔病毒性出血症病毒皖阜株和灭活的荚膜 A 群多杀性巴氏杆菌 C51-17 株（CVCC1753）。属于兽用非处方药。

【应用】　用于预防兔病毒性出血症及多杀性巴氏杆菌病。

【注意】　①仅用于接种健康兔，但不能接种怀孕后期的母兔；②注射器械及接种部位必须严格消毒，以免造成感染；③在兽医指导下进行接种。在已发病地区，应按紧急防疫处理；④部分兔注射后可能出现一过性食欲减退的现象；⑤用过的疫苗瓶、器具和未用完的疫苗等应进行无害化处理。

【用法】　皮下注射，2 月龄以上兔，每只 1.0mL。

【免疫期】　6 个月。

【贮藏】　在 2~8℃保存，有效期为 12 个月。

【规格】　①20mL/瓶；②50mL/瓶；③100mL/瓶。

家兔多杀性巴氏杆菌病和支气管败血症波氏杆菌感染二联灭活疫苗

【概述】　乳白色均匀乳剂。本品含有灭活的兔荚膜 A 群多杀性巴氏杆菌和兔 I 相支气管败血波氏杆菌。属于兽用非处方药。

【应用】　用于预防家兔多杀性巴氏杆菌病和家兔支气管败血博代氏菌感染。

【注意】　①本品避免阳光直射与高温；②注射器械及接种部位必须严格消毒，以免造成感染。每只兔需换 1 个针头，防止疫病通过针头传播；③注射前将疫苗震荡均匀。

【用法】　使用 12~16 号针头颈部肌内注射，成年兔，每只 1.0mL。初次免疫的兔需在首次 14d 加强免疫一次。

【免疫期】　6 个月。

【贮藏】　在 2~8℃保存，有效期为 12 个月。

【规格】　①20mL/瓶；②40mL/瓶。

兔产气荚膜梭菌病（A 型）灭活疫苗

【概述】　均匀混悬液，静置后，上层为澄清液体，下层有少量沉淀。本品含灭活的 A 型产气荚膜梭菌苏 84-A 株及其类毒素。属于兽用非处方药。

【应用】　用于预防兔 A 型产气荚膜梭菌病。

【注意】　①切忌冻结，冻结过的疫苗严禁使用；②使用前，应将疫苗恢复至室温，并充分摇匀；③接种时，应做局部消毒处理；④用过的疫苗瓶、器具和未用完的疫苗等应进行无害化处理。

【用法】 皮下注射，不论大小，每只 2.0mL。

【免疫期】 6 个月。

【贮藏】 在 2~8℃保存，有效期为 12 个月。

【规格】 ①20mL/瓶；②50mL/瓶；③100mL/瓶。

兔病毒性出血症灭活疫苗

【概述】 均匀混悬液，静置后，下层有少量沉淀。本品含灭活的兔病毒性出血症病毒。属于兽用非处方药。

【应用】 用于预防兔病毒性出血症（即兔瘟）。

【注意】 ①切忌冻结，冻结过的疫苗严禁使用；②使用前，应将疫苗恢复至室温，并充分摇匀；③接种时，应做局部消毒处理；④用过的疫苗瓶、器具和未用完的疫苗等应进行无害化处理。

【用法】 皮下注射，45d 龄以上兔，每只 1.0mL。未断奶乳兔也可使用，每只 1.0mL，断奶后应再接种 1 次。

【免疫期】 6 个月。

【贮藏】 在 2~8℃保存，有效期为 18 个月。

【规格】 ①20mL/瓶；②50mL/瓶；③100mL/瓶。

破伤风抗毒素

【概述】 清亮液体，长期贮存后，可有微量能摇散的沉淀。本品含破伤风抗毒素，每毫升不少于 2400IU。属于兽用非处方药。

【应用】 用于预防和治疗破伤风。

【注意】 ①应防止冻结。如有沉淀，用前应摇匀；②注射时，应做局部消毒处理；③用过的疫苗瓶、器具和未用完的抗体等应进行无害化处理；④注射后，可能出现过敏反应，应注意观察，必要时，采取注射肾上腺素等脱敏措施抢救。

【用法】 皮下、肌肉或静脉注射，犬，预防：1200~3000IU；治疗：5000~20000IU。

【贮藏】 在 2~8℃保存，有效期为 24 个月。

【规格】 ①1500IU/安瓿；②10000IU/安瓿。

犬瘟热病毒单克隆抗体

【概述】 微带乳光浅红色透明液体，中和抗体效价≥1024。属于兽用非处方药。

【作用】 本品是利用细胞融合技术，将犬瘟热病毒免疫的小鼠脾细胞与瘤细胞融合，制备出能分泌犬瘟热病毒单克隆抗体的杂交瘤细胞，接种生物反应器进行连续灌流培养，经浓缩纯化后制备的高效特异性抗体。

【应用】 用于治疗和预防犬瘟热病毒感染。

【注意】 ①本品为异种球蛋白，如有过敏反应，需立即停用并使用抗过敏药物；②注射前需恢复至室内常温；③预防时剂量减半，可保护犬一周免受犬瘟热病毒感染。

【用法】 肌内注射，0.5mL/kg体重，1次/天，连用3天。

【贮藏】 在-20℃以下保存，有效期为12个月。

【规格】 ①5mL/瓶；②10mL/瓶。

犬细小病毒单克隆抗体

【概述】 微带乳光浅红色透明液体，中和抗体效价≥1280。属于兽用非处方药。

【作用】 本品是利用细胞融合技术，将犬细小病毒免疫的小鼠脾细胞与瘤细胞融合，制备出能分泌犬细小病毒单克隆抗体的杂交瘤细胞，接种生物反应器进行连续灌流培养，经浓缩纯化后制备的高效特异性抗体。

【应用】 用于治疗和预防犬细小病毒感染。

【注意】 ①本品为异种球蛋白，如有过敏反应，需立即停用并使用抗过敏药物；②注射前需恢复至室内常温；③预防时剂量减半，可保护犬一周免受犬细小病毒感染。

【用法】 肌内注射，0.5mL/kg体重，1次/天，连用3天。

【贮藏】 在-20℃以下保存，有效期为12个月。

【规格】 ①5mL/瓶；②10mL/瓶。

猫瘟热病毒单克隆抗体

【概述】 微带乳光浅红色透明液体，中和抗体效价≥1280。属于兽用非处方药。

【作用】 本品是利用细胞融合技术，将猫瘟热病毒免疫的小鼠脾细胞与瘤细胞融合，制备出能分泌猫瘟热病毒单克隆抗体的杂交瘤细胞，接种生物反应器进行连续灌流培养，经浓缩纯化后制备的高效特异性抗体。通过淋巴和血液循环系统快速到达病毒侵害的组织和细胞，杀灭病猫体内病毒，并激活细胞免疫系统。

【应用】 用于治疗和预防猫瘟热病毒感染。

【注意】 ①本品为异种球蛋白，如有过敏反应，需立即停用并使用肾上腺素及地塞米松急救；②本品溶解后尽快使用，避免反复冷冻。注射前需恢复至室内常温；③因皮下注射吸收较慢，注射时需分点注射，每个点不宜超过1.2mL。

【用法】 肌肉或皮下注射，0.5mL/kg体重，1次/天。

【贮藏】 在-18℃以下保存，有效期为24个月。

聚乙二醇牛血红蛋白偶联物

【概述】 红色澄明液体，不应有异物、浑浊和沉淀。主要成分为聚乙二醇牛血红蛋白偶联物。属于兽用非处方药。

【作用】 主要药理作用为携氧和扩容。

①氧气的携带与释放：血红蛋白是动物体内唯一具有携带与释放氧气的功

能物质，是红细胞主要组成部分。血红蛋白经聚乙二醇修饰后提高了在血循环系统中的稳定性并保持了其独特的携放氧功能，进而为组织输送维持生理所需要的氧。

② 增加血容量和维持胶体渗透压：聚乙二醇牛血红蛋白偶联物相对分子质量较高，透过膜内速度较慢，使聚乙二醇牛血红蛋白偶联物的胶体渗透压与毛细管的静力压抗衡，以此维持正常与恒定的血容量，从而起到增加循环血容量和维持血浆胶体渗透压作用。

【应用】 本品具有携放氧和增加血循环容量的双重作用。用于治疗犬急性失血和失血性休克。

【注意】 ①长期毒性研究发现，给药 1 周后少数动物出现局部脱毛，食量减少，体重增长减慢。给药结束后，食量逐渐恢复，体重增长加快，停药 5 周后，基本恢复正常。大量使用会出现稀释性凝血时间滞后；②本品开启后应一次注射完毕，不得分次或给其他动物使用。当发现有浑浊、沉淀、异物及超过有效期，请勿使用；③输注过程中如发现动物有不适反应，应立即停止输注；④禁止将本品同含蛋白水解酶或酒精的注射液混合使用，以免蛋白变性。孕期动物慎用；⑤无须制定休药期。-28℃冷冻条件下保存 1 年，2~8℃复溶后应在 4 周内使用。

【用法】 静脉输注。使用剂量一般为失血量的 50%，兽医可根据情况酌情考虑。

【规格】 25mL。

重组犬干扰素 α

【概述】 白色或微黄色柱状疏松体，稀释后为橙色液体，无肉眼可见的不溶物。

【作用】 本品为一种非特异性抗病毒物质，具有广谱抗病毒、抗肿瘤、抑制细胞增殖和提高免疫功能等作用。其与细胞表面受体结合可诱导细胞产生多种抗病毒蛋白，抑制病毒在细胞内繁殖，提高机体免疫功能。

【应用】 用于治疗犬病毒疾病的感染。

【注意】 ①本品偶有发烧等过敏反应，通常在 48h 后消失，如遇不良反应需立即停药；②本品为冻干制剂，稀释后为无色透明液体，如遇浑浊、沉淀等异常现象，不得应用；③稀释时，应将液体沿瓶壁注入，轻轻摇匀，防止产生气泡，稀释后应在当天用完。

【用法】 肌肉或皮下注射，每支用 1mL 灭菌用水稀释，20~50 万 IU/kg 体重，1 次/天。

【贮藏】 在 2~8℃保存，有效期为 24 个月。

重组犬干扰素 γ

【概述】 白色疏松体，稀释后为橙色液体，无肉眼可见的不溶物。

【作用】 本品由活化的 T 淋巴细胞产生，参与机体免疫调节，起双向免疫调节作用，是体内重要的免疫调节因子。同时，本品可激活体内自然杀伤细胞，增强机体的抗病毒、抗肿瘤能力；抑制 B 细胞分泌 IgE，从而抑制 IgE 水平过高导致的Ⅰ型超敏反应的发生；恢复抑制性 T 细胞的功能，减少免疫复合物的局部沉积，抑制Ⅲ型超敏反应发生，减轻类风湿性关节炎等疾病的症状。

【应用】 用于治疗犬的皮肤病、病毒性疾病和免疫低下症。

【注意】 ①本品偶有发烧等过敏反应，通常在 48h 后消失，如遇不良反应需立即停药；②本品为冻干制剂，稀释后为无色透明液体，如遇浑浊、沉淀等异常现象或包装瓶有破损的产品不得应用。

【用法】 肌肉或皮下注射，每支用 1mL 灭菌用水稀释，30~50 万 IU/kg 体重，1 次/天。

【贮藏】 在 2~8℃保存，有效期为 24 个月。

重组猫干扰素 ω

【概述】 白色或微黄色柱状疏松体，稀释后为橙色液体，无肉眼可见的不溶物。

【作用】 本品具有广谱性抗病毒作用，其与细胞表面受体结合，诱导细胞产生多种抗病毒蛋白，从而抑制病毒在细胞内的复制，对 RNA 和 DNA 病毒都有效；有免疫调节作用，可以调节主要组织相容性抗原的表达，增强吞噬细胞的活性，增强天然杀伤细胞和细胞毒性 T 细胞的活性，提高机体抗病毒能力；有加速和强化疫苗的免疫作用，和疫苗联合使用，可缩短产生抗体的时间，提高机体的抗体含量。

【应用】 用于治疗猫病毒疾病的感染。

【注意】 ①本品偶有发烧等过敏反应，通常在 48h 后消失，如遇不良反应需立即停药；②本品为冻干制剂，稀释后为无色透明液体，如遇浑浊、沉淀等异常现象或包装瓶有破损的产品不得应用；③对疫苗等生物制品有过敏史者慎用，对于过敏猫需进行皮试。

【用法】 肌肉或皮下注射，每支用 1mL 灭菌用水稀释，50 万 IU/kg 体重，1 次/天。

【贮藏】 在 2~8℃保存，有效期为 24 个月。

犬细小病毒免疫球蛋白

【概述】 微带乳白色的清明液体，在冷暗处久置后，瓶底可能有微量白色沉淀，轻摇即可溶解。本品含纯化的犬细小病毒性肠炎免疫球蛋白，卵黄磷蛋白（VN）效价不低于 1∶80，中和抗体效价应不低于 90。属于兽用非处方药。

【作用】 本品是机体重要的免疫活性物质，含有大量特异性免疫球蛋白分子，具有靶细胞阻断作用、中和自身免疫性抗体、改变免疫复合物结构和可溶性、增加自然杀伤细胞的数量与功能、调节多种细胞因子表达、改善 IgG 新陈代谢等。

【应用】 用于治疗犬细小病毒引起的犬急性出血性肠炎。

【注意】 ①本品使用过程中偶有不适反应，如遇不适反应需立即停药并注射脱敏药物；②瓶内出现摇不散的团块、瓶裂、外观混浊或过期失效者严禁使用。

【用法】 肌肉、皮内或静脉注射，0.5mL/kg 体重，2 次/天，每次间隔 12 小时，连用 3~5 天。

【贮藏】 在 2~8℃保存，有效期为 12 个月。

【规格】 2mL/支。

犬瘟热病毒抗原检测试剂盒

【概述】 本品为配套材料，包括犬瘟热病毒抗原快速检测试纸、反应缓冲液、一次性吸管、棉签棒、干燥剂。

【作用】 本品通过免疫色谱分析法定性地检测出犬类结膜上皮细胞、尿液、血清或血浆中的犬瘟热病毒抗原，以达到快速检测犬瘟热病毒病。

【应用】 用于诊断犬瘟热病毒病。

【注意】 ①本品为一次性诊断试剂盒，不能重复使用；②试纸卡使用前不能随便打开，现开现用，包装有破损或超过有效期的禁止使用；③判读结果以 10min 内的显示结果为准；④犬在接种犬瘟热病毒疫苗 3~10d 内检测可能会出现假阳性结果，需要专业兽医结合临床综合判断；⑤反应进行时，反应的色带在试纸中间的结果窗中会向前移行，如果在滴加混合液 1min 后仍没有色带移动时，需再向加样孔加一滴混合液。

【用法】 用沾有生理盐水的棉签棒收集犬的结膜上皮细胞或尿液或血清或血浆，取样后将棉签棒放入反应缓冲液中以同方向旋转稀释，充分稀释后用吸管吸取混合液缓慢逐滴滴入 3~4 滴至加样孔，待反应完全时判读结果，不要超过 10min。

【判定】 ①阳性：C 和 T 位置处均显示红色线条；②阴性：C 位置处显示红色线条，T 位置处不显色；③无效：C 位置处不显色，T 位置处不显色或显示红色线条。

犬细小病毒抗原检测试剂盒

【概述】 本品为配套材料，包括犬细小病毒抗原试纸卡、反应缓冲液、一次性吸管、棉签棒、干燥剂。

【作用】 本品通过免疫色谱分析法定性地检测出犬类粪便中的犬细小病毒抗原，以达到快速检测犬细小病毒病。

【应用】 用于诊断犬细小病毒病。

【注意】 ①本品为一次性诊断试剂盒，不能重复使用；②试纸卡使用前不能随便打开，现开现用，包装有破损或超过有效期的禁止使用；③判读结果以 10min 内的显示结果为准；④犬在接种犬细小病毒疫苗 3~10d 内检测可能会出现假阳性结果，需要专业兽医结合临床综合判断；⑤反应进行时，反应的色带在试纸中间的结果窗中会向前移行，如果在滴加混合液 1min 后仍没有色带移动时，需再向加样孔加一滴混合液。

【用法】 用棉签棒从犬的直肠取样，取样后将棉签棒放入反应缓冲液中以同一方向旋转充分稀释，稀释后静置 1min 用吸管吸取上清液缓慢逐滴滴入 3~4 滴至加样孔，待反应完全时判读结果，不要超过 10min。

【判定】 ①阳性：C 和 T 位置处均显示红色线条；②阴性：C 位置处显示红色线条，T 位置处不显色；③无效：C 位置处不显色，T 位置处不显色或显示红色线条。

犬冠状病毒抗原检测试剂盒

【概述】 本品为配套材料，包括犬冠状病毒抗原试纸卡、稀释液、一次性吸管、棉签棒、干燥剂。

【作用】 本品通过双抗体夹心法的原理，应用免疫层析金标记技术快速检测犬冠状病毒病。

【应用】 用于诊断犬冠状病毒病。

【注意】 ①本品为一次性诊断试剂盒，不能重复使用；②试纸卡在打开后 1h 内使用；③判读结果以 10min 内的显示结果为准；④犬在接种犬冠状病毒疫苗 3~10d 内检测可能会出现假阳性结果，需要专业兽医结合临床综合判断；⑤反应进行时，反应的色带在试纸中间的结果窗中会向前移行，如果在滴加混合液 1min 后仍没有色带移动时，需再向加样孔加一滴混合液。

【用法】 用棉签棒从犬的直肠取样，取样后将棉签棒放入稀释液中旋转稀释，稀释后用吸管吸取上清液缓慢逐滴滴入 3~4 滴至加样孔，待反应完全时判读结果，不要超过 10min。

【判定】 ①阳性：C 和 T 位置处均显示红色线条；②阴性：C 位置处显示红色线条，T 位置处不显色；③无效：C 位置处不显色，T 位置处不显色或显示红色线条。

猫瘟病毒抗原检测试剂盒

【概述】 本品为配套材料，包括猫瘟病毒抗原试纸卡、稀释液、一次性吸管、棉签棒、干燥剂。

【作用】 本品通过双抗体夹心法的原理，应用免疫层析法检测猫粪便中的猫瘟病毒抗原，以达到快速检测猫瘟病毒病。

【应用】 用于诊断猫瘟病毒病。

【注意】 ①本品为一次性诊断试剂盒，不能重复使用；②试纸卡不能随意打开，打开后需在 10min 内使用；③判读结果以 10min 内的显示结果为准；④反应进行时，反应的色带在试纸中间的结果窗中会向前移行，如果在滴加混合液 1min 后仍没有色带移动时，需再向加样孔加一滴混合液。

【用法】 用棉签棒从猫的直肠中取样，取样后将棉签棒放入稀释液中旋转充分稀释，稀释后静置 1min 用吸管吸取上清液缓慢逐滴滴入 3~4 滴至加样孔，待反应完全时判读结果，不要超过 10min。

【判定】 ①阳性：C 和 T 位置处均显示红色线条；②阴性：C 位置处显示红色线条，T 位置处不显色；③无效：C 位置处不显色，T 位置处不显色或显示红色线条。

【项目练习】

（一）选择题

1. 犬瘟热病毒抗原检测试剂盒应用时，结果判定不宜超过（　　）

A. 5min　　B. 10min　　C. 15min　　D. 20min　　E. 25min

2. 兔病毒性出血症、多杀性巴氏杆菌病二联灭活疫苗的免疫期为（　　）月

A. 1　　B. 3　　C. 6　　D. 12　　E. 18

3. 犬、猫狂犬病灭活疫苗的免疫期是（　　）

A. 6 个月　　B. 1 年　　C. 2 年　　D. 3 年　　E. 5 年

4. 下列不属于动物常用的生物制品及诊断试剂是（　　）

A. 抗生素　　B. 干扰素

C. 快速检测试剂盒　　D. 血清

E. 疫苗

5. 犬血免疫球蛋白不适用于（　　）

A. 病毒性疾病　　B. 细菌性疾病

C. 真菌性疾病　　D. 寄生虫性疾病

E. 外伤性疾病

（二）简答题

1. 试分析临床上疫苗免疫失败的原因。

2. 简述幼犬的免疫程序。

项目十二 技能训练

技能训练一 实验动物的捉拿、保定及给药方法

（一）准备工作

小白鼠、家兔、青蛙或蟾蜍、鸡、灭菌生理盐水、1mL 注射器，2.5mL 注射器，兔固定器，兔开口器、兔胃导管、烧杯、酒精棉球若干，小白鼠投胃管，聚氯乙烯管若干，小白鼠固定筒。

（二）训练方法

1. 动物捉拿及固定法

（1）小白鼠　以右手抓其尾，放在实验台上或鼠笼盖铁纱网上，然后用左手拇指及其食指沿其背向前抓住其颈部皮肤，并以左手的小指和掌部夹住其尾固定在手上（图 12-1）。

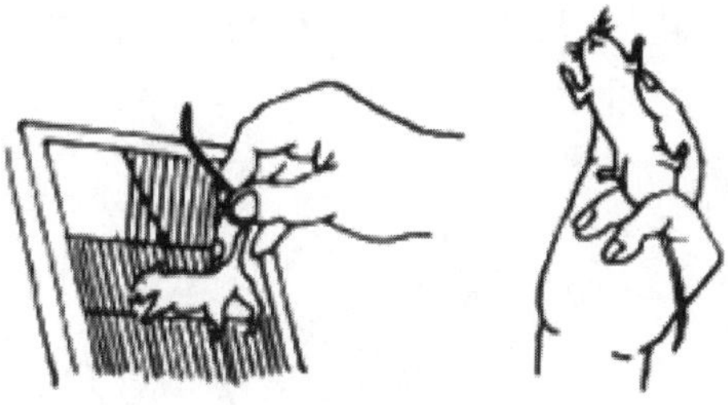

图 12-1　小鼠单手捉拿法

（2）兔　一只手抓住兔颈背部皮肤，将兔轻轻提起，另一只手托住臀部，

使兔呈蹲坐姿势（图 12-2）。切不可用手握持双耳提起兔子。

图 12-2　家兔捉拿法

（3）青蛙或蟾蜍：以左手食指和中指夹住一侧前肢，大拇指压住另一侧前肢，右手将两后肢拉直，夹于左手无名指与小指之间（图 12-3）。

图 12-3　蟾蜍捉拿法

2. 动物给药方法

（1）小白鼠的给药法

①灌胃：如上述用左手抓住小白鼠后，仰持小白鼠，使头颈部充分伸直，但不可抓得太紧，以免窒息。右手持投胃管，自小白鼠口角插入口腔，再从舌背面紧沿上颚进入食道，注入药液（图 12-4）。操作时应避免将胃管插入气管，投注液量 0. 1~0. 25mL/10g 体重。

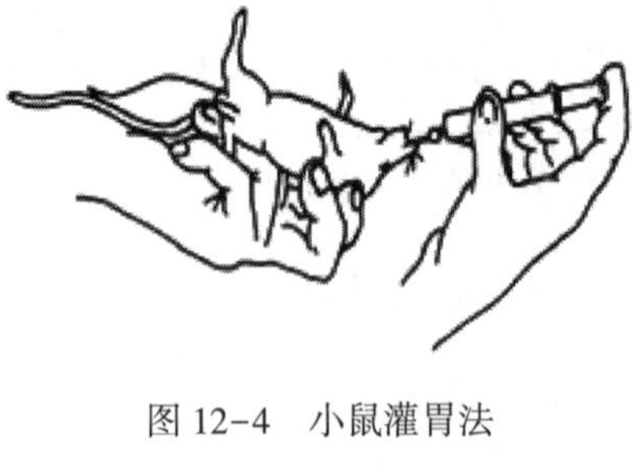

图 12-4　小鼠灌胃法

②皮下注射：如两个人合作，一人左手抓小白鼠头部皮肤，右手抓鼠尾，另一人在鼠背部皮下组织注射药液。如一人操作，则左手抓鼠，右手将准备好的药液注射器针头插入颈部皮下或腋部皮下，将药液注入，注射量每只不超过0.5mL（图12-5）。

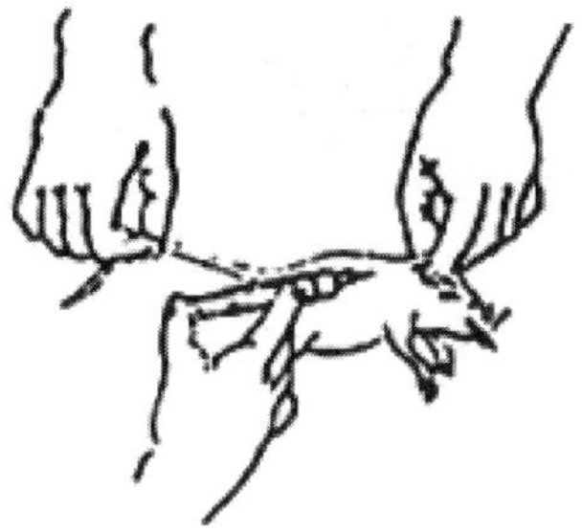

图12-5 小鼠皮下注射法

③肌内注射：小白鼠固定同上。将注射器针头插入后肢大腿外侧肌肉注入药液，注射量每腿0.2mL。

④腹腔注射：左手仰持固定小白鼠，右手持注射器从腹左侧或右侧（避开膀胱）朝头部方向刺入，宜先刺入皮下，经2~3mm再刺入腹腔，此时针头与腹腔的角度约45°，针头插入不宜太深或太近上腹部，以免刺伤内脏（图12-6），注射量一般为0.1~0.25mL/10g体重。

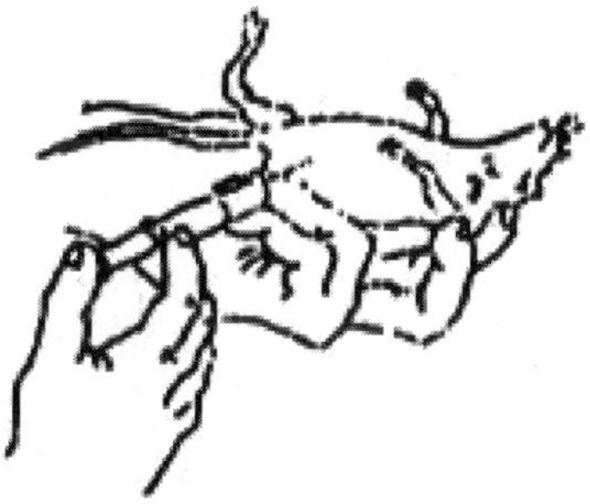

图12-6 小鼠腹腔注射法

⑤尾静脉注射：将小白鼠放入特制圆筒或倒置的漏斗内，将鼠尾浸入40~45℃温水中半分钟，使血管扩张，然后将鼠尾拉直，选择一条扩张最明显的小血管，用拇指及中指拉住尾尖，食指压迫尾根保持血管瘀血扩张。右手持吸好药液的注射器（连接4号或5号针头）将针头插入尾静脉内，缓慢将药液注入。如注入药液有阻力，而且局部变白，表示药液注入皮下，应重新在针眼上方注射（图12-7）。

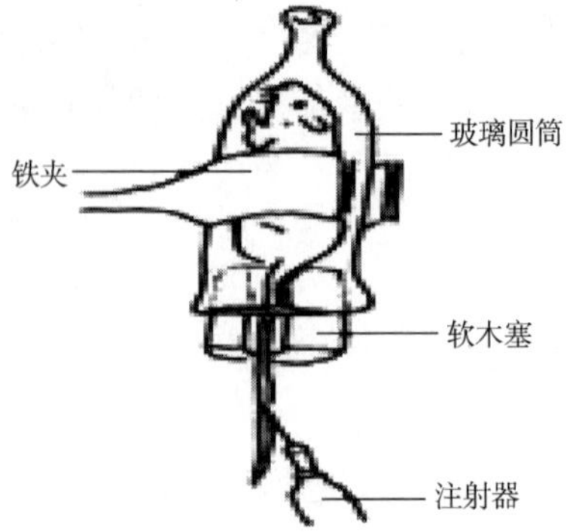

图 12-7 小鼠尾静脉注射法

(2) 兔的给药法

①灌胃：将兔固定或放置在兔固定器内。只需一人操作，右手固定开口器于兔口中，左手插胃管（也可用导尿管）轻轻插入 15cm 左右。将导管口放入一杯水中，如无气泡从管口冒出，表示导管已插入胃中。然后慢慢注入药液，最后注入少量空气，取出导管和开口器（图 12-8）。如无兔固定器，需两个人合作，一人左手固定兔身及头部，右手将开口器插入兔口腔并压在兔舌上，另一人用合适的导尿管从开口器小孔插入食道约 15cm 左右。其余方法同前。灌药前实验兔要先禁食为宜，灌药量一般不超过 20mL。

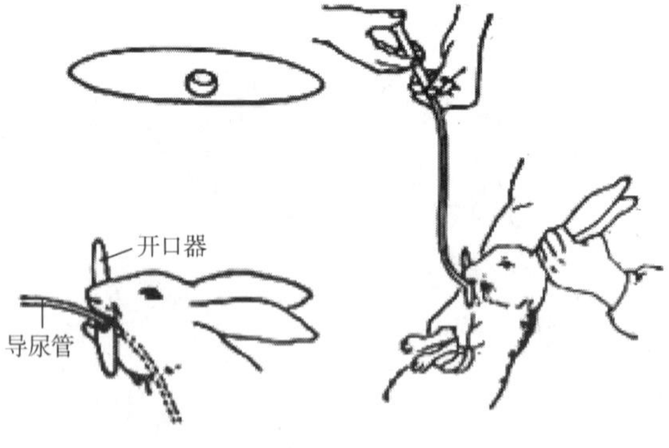

图 12-8 家兔灌胃法

②耳静脉注射法：注射部位多在耳背侧边缘静脉。将兔放在固定器内或由助手固定。将耳缘静脉处皮肤的粗毛剪去，用手指轻弹或以酒精棉球反复涂擦，使血管扩张。助手以手指于耳缘根部压住耳缘静脉，待静脉充血后，操作者以左手拇指食指捏住耳尖部，右手持注射器，从静脉近末梢处刺入血管，如见到针头在血管内，即用手指将针头与兔耳固定之，助手放开压迫耳根之手指，即可注入药液。若感觉畅通无阻，并可见到血液被药液冲走，则证明在血

管内；如注入皮下则阻力大且耳壳肿胀，应拔出针头，再在上次所刺的针孔前方注射。注射完毕，用棉球或手指按压片刻，以防出血，注射量为 0.5～2.5mL/kg 体重（图 12-9）。

图 12-9　家兔耳缘静脉注射法

③皮下注射：一人保定兔，另一人用左手拇指及中指提起家兔背部或腹内侧皮肤，使成一皱褶，以右手持注射器，自皱褶下刺入针头在表皮下组织时，松开皱褶将药液注入。

④肌内注射：应选择肌肉丰满处进行，一般选用兔子的二侧臀肌或大腿肌。一人保定好兔子，另一人右手持注射器，使注射器与肌肉呈 60°角刺入肌肉中，为防止药液进入血管，在注射药液前应轻轻回抽针栓，如无回血，即可注入药液。

（3）青蛙或蟾蜍淋巴囊给药法　青蛙皮下淋巴囊分布。蛙的皮下有数个淋巴囊（图 12-10），注入药液易吸收，一般以腹淋巴囊或胸淋巴囊作为给药部位。操作时，一手固定青蛙，使其腹部朝上，另一手持注射器针头从青蛙大腿上端刺入，经过大腿肌层和腹肌层，再浅出进入腹壁皮下至淋巴囊，然后注入药液。

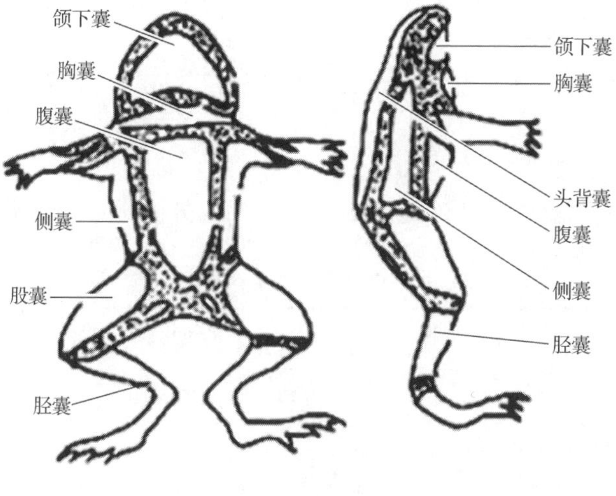

图 12-10　蛙淋巴囊内注射法

另外还可用颌淋巴囊给药法。从口部正中前缘插针，穿过下颌肌层而进入胸淋巴腔。因蛙皮肤弹性差，不经肌层，药液易漏出。注射量为0.25~1.0mL/只。

(4) 鸡翅静脉注射法　将鸡翅展开，露出腋窝部，拔去羽毛，可见翼根静脉。注射时，由助手固定好鸡，消毒皮肤，将注射器针头沿静脉平行刺入血管。

(三) 归纳总结

捕捉和保定动物的姿势。不同给药方法的部位、操作手法。灌胃时避免插入气管。

(四) 实训报告

根据实训情况总结小白鼠、家兔、青蛙的捉拿、固定及给药方法的操作要领，写一份操作过程的实训报告。

技能训练二　观察不同剂量对药物作用的影响

(一) 准备工作

蟾蜍或青蛙、小白鼠、0.1%硝酸士的宁注射液，0.2%、1%、2%安钠咖注射液、1mL玻璃注射器、大烧杯、酒精棉球等。

(二) 训练方法

(1) 取大小相近的蟾蜍3只，编号，由腹淋巴囊分别注射0.1%硝酸士的宁注射液0.1mL、0.4mL、0.8mL。记录给药后引起蟾蜍惊厥所需要的时间。

(2) 取小白鼠3只，称量，编号，分别放入三个大烧杯内，观察正常活动。然后按0.2mL/10g体重进行腹腔注射，甲鼠注射0.2%安钠咖注射液，乙鼠注射1%安钠咖注射液，丙鼠注射2%安钠咖注射液。给药后再放入相应的大烧杯中。记录给药时间，然后观察小白鼠有无兴奋、举尾、惊厥甚至死亡情况，记录发生作用的时间，比较3只小白鼠有何不同。

(三) 归纳总结

药物必须准确注射到蟾蜍腹淋巴囊及小白鼠腹腔内。认真观察用药前后动物的反应。

(四) 实训报告

记录实训所观察的结果（表12-1，表12-2），分析剂量与药物作用的关系。

表12-1　硝酸士的宁作用结果

药量及时间 / 蛙号	0.1mL		0.4mL		0.8mL	
	给药时间	惊厥时间	给药时间	惊厥时间	给药时间	惊厥时间
1						
2						
3						

表 12-2 安钠咖作用结果

鼠号	体重	给药浓度及剂量	用药后反应及出现时间
甲			
乙			
丙			

技能训练三 观察药物配伍的禁忌

（一）准备工作

液体石蜡、20%磺胺嘧啶钠、5%碳酸氢钠、10%葡萄糖、5%碘酊、2%氢氧化钠、葡萄糖酸钙、10%稀盐酸、0.1%肾上腺素、3%亚硝酸钠、高锰酸钾、甘油（或甘油甲缩醛）、维生素 B_1、维生素 C、福尔马林、试管、乳钵、移液管、滴管、玻璃棒、试管架、试纸、天平。

（二）训练方法

1. 分离实验

取试管一支，分别加入液体石蜡和水各 3mL，充分振荡，使试管内两种液体充分混合后，置于试管架上，观察现象。

2. 沉淀实验

（1）取试管一支，分别加入 20%磺胺嘧啶钠和 5%碳酸氢钠各 3mL，置于试管架上，观察现象。

（2）取试管一支，分别加入 20%磺胺嘧啶钠 2mL 和 10%葡萄糖 2mL，充分混合，置于试管架上，观察现象。

（3）取试管一支，分别加入磺胺嘧啶钠 2mL 和维生素 B_1 2mL，置于试管架上，观察现象。

（4）取试管一支，分别加入碳酸氢钠 2mL 和葡萄糖酸钙 2mL，充分混合，置于试管架上，观察现象。

3. 中和实验

取试管一支先加入 5mL 稀盐酸，再加碳酸氢钠 2g，置于试管架上，观察现象。同时用 pH 试纸测定两药混合前后的 pH。

4. 变色实验

（1）取试管一支，分别加入 0.1%肾上腺素和 3%亚硝酸钠各 1mL，置于试管架上，观察现象。

（2）取试管一支，分别加入 0.1%高锰酸钾和维生素 C 各 2mL，置于试管架上，观察现象。

（3）取试管一支，分别加入 5%碘酊 2mL 和 2%氢氧化钠 1mL，置于试管架上，观察现象。

5. 燃烧或爆炸实验

强氧化剂与还原剂相遇，常常可以发生燃烧甚至爆炸。

（1）称取高锰酸钾 1g，放入乳钵内，再滴加一滴甘油或甘油甲缩醛，然后研磨，观察现象。

（2）取平皿一个，分别加入 2mL 福尔马林、1g 高锰酸钾和 0.5mL 蒸馏水，观察现象。

（三）归纳总结

两种或两种以上药物进行配伍时会出现物理性、化学性或疗效性的改变，临床为了提高用药的目的及疾病的治愈率，需加强对药物的合理配伍。在实验操作时注意玻璃器皿的安全性，移液管、滴管、玻璃棒在对一种药物进行使用后需反复清洗才能用于另一种药物，以免影响观察结果。燃烧或爆炸实验需注意操作者的自身安全，研磨时需以同一方向进行，速度要快。

（四）实训报告

记录实训所观察的结果（表 12-3），并分析其产生原因，判定属于哪种药物配伍禁忌。结合临床浅谈随机将药物进行配伍的危害性。

表 12-3　药物的配伍禁忌实训结果

药品	器材	取量	加入药物	药量	结果
液体石蜡	试管	3mL	蒸馏水	3mL	
20%磺胺嘧啶钠	试管	3mL	5%碳酸氢钠	3mL	
20%磺胺嘧啶钠	试管	2mL	10%葡萄糖	2mL	
20%磺胺嘧啶钠	试管	2mL	维生素 B_1	2mL	
5%碳酸氢钠	试管	2mL	葡萄糖酸钙	2mL	
5%碳酸氢钠	试管	2mL	10%稀盐酸	5mL	
0.1%肾上腺素	试管	1mL	3%亚硝酸钠	1mL	
0.1%高锰酸钾	试管	2mL	维生素 C	2mL	
高锰酸钾	乳钵	1g	甘油或甘油甲缩醛	1 滴	
福尔马林、蒸馏水	试管	2mL、0.5mL	高锰酸钾	1g	

技能训练四　宠物诊疗处方的开写

（一）准备工作

处方笺、临床病例。

（二）训练方法

结合临床病例，练习开写处方。

（三）归纳总结

处方不得用铅笔书写，不得涂改，不得有错别字，药物的名称要用药典规定的名称，不用简化字。处方中开写的剧毒药物，剂量不得超过极量，如因特殊需要而超量时，应在剂量旁加惊叹号，同时加盖处方兽医师印章，以示负责。一张处方开有多种药物时，各种药物的书写应按一定的顺序排列主药、辅药、矫正药、赋形药。如在同一张处方笺上书写几个处方时，每个处方中项均应完整，并在每个处方第一个药名的左上方写出次号①②③……。

（四）实训报告

根据给出临床病例信息及提供的药物，练习开写处方。

技能训练五　观察消毒防腐药的杀菌效果

（一）准备工作

大肠杆菌 O78、金黄色葡萄球菌、500g/L 戊二醛、1%甘氨酸、普通营养琼脂培养基、磷酸盐缓冲液（PBS）、量筒、容量瓶、平皿、移液管、试管、吸管、L 形玻璃棒、恒温箱等。

（二）训练方法

1. 实验浓度消毒液的配制

用灭菌蒸馏水将 500g/L 戊二醛稀释成质量浓度为 2.5g/L、10g/L、20g/L。

2. 实验用菌悬液的配制

将保存的大肠杆菌、金黄色葡萄球菌分别接种于肉汤培养液中，37℃恒温箱中培养 16～18h，取增菌后的菌液 0.5mL，用磷酸盐缓冲液稀释至浓度为 10^6～10^7CFU/mL。

3. 消毒效果实验

将 0.5mL 菌悬液加入 4.5mL 试验浓度消毒剂溶液中混匀计时，到规定作用时间后，从中吸取 0.5mL 加入 4.5mL 中和剂（即 1%甘氨酸）中混匀，使之充分中和，10min 后吸取 0.5mL 悬液用涂抹法接种于营养琼脂培养基平板上，于 37℃培养 24h，计数生长菌落数。每个样本选择适宜稀释度接种 2 个平皿。

4. 计算

按照下列公式计算平均杀菌率，杀菌率达 99.9%以上为达到消毒效果。

$$杀菌率\ KR = \frac{N_1 - N_0}{N_1} \times 100\%$$

式中　N_1——消毒前活菌数

N_0——消毒后活菌数

（三）归纳总结

不同消毒液要选择不同的中和剂，中和剂须有终止消毒液，又对实验无不良影响。实验温度一般要求在室温（20~25℃）条件下进行。

（四）实训报告

记录实验结果（表12-4），并分析哪些因素会影响消毒液的杀菌效果。

表12-4 戊二醛对大肠杆菌和金黄色葡萄球菌的杀菌效果

菌种	戊二醛质量浓度/（g/L）	作用不同时间的平均杀菌率/%		
		5min	10min	20min
大肠杆菌	2.5			
	10			
	20			
金黄色葡萄球菌	2.5			
	10			
	20			

技能训练六 应用管碟法测定抗菌药物的抑菌效果

（一）准备工作

培养16~18h肉汤金黄色葡萄球菌菌液、大肠杆菌O78菌液、青霉素G钠、恩诺沙星、硫酸庆大霉素、氟苯尼考、生化培养箱、电热蒸汽灭菌器、水浴锅、灭菌肉汤琼脂培养基、酒精灯、平皿、吸管、牛津杯（标准不锈钢管）、镊子、滴管、记号笔、L形玻璃棒、游标卡尺等。

（二）训练方法

（1）药液的配制与肉汤营养琼脂平板的制备

①按要求准确称取一定量的抗菌药物，用无菌蒸馏水配制成所需浓度的药液。

②将灭菌肉汤琼脂培养基熔化后取15mL倒入灭菌培养皿内，放置一定时间凝固，作为底层培养基。

（2）用无菌吸管吸取试验菌的培养液0.1mL，滴在平皿底层培养基上，用无菌L形玻璃棒将菌液涂匀。

（3）在平皿底部做好相应标记，用无菌镊子在每个平皿中等距离放置4个牛津杯。

（4）用滴管分别将药液滴加到牛津杯中，以滴满为度，盖上平皿盖。然后将滴加药液的平皿放置在玻璃板上，再水平送入恒温箱内，37℃培养16~24h。

（5）用游标卡尺测量抑菌圈直径，判定抗菌药物抗菌作用的强弱。

（三）归纳总结

本次实训应在无菌条件下操作，实训完毕后及时灭菌处理，防止散毒。牛津杯放入培养基表面时，既要确保牛津杯底端与培养基表面紧密接触，以防药液从接触面漏出，又要防止牛津杯陷入平皿底部。加入牛津杯的药液量应相同。

（四）实训报告

记录实训结果（表12-5），比较不同药物对同一菌种的抗菌效果。抗菌药物的抑菌效果判定标准：抑菌圈直径<9mm，敏感性为耐药；抑菌圈直径9~11mm，敏感性为低度敏感；抑菌圈直径12~17mm，敏感性为中度敏感；抑菌圈直径>18mm，敏感性为高度敏感。

表12-5 管碟法测定抗菌药物的抑菌效果

菌种	药物	浓度/（μg/mL或IU/mL）	抑菌圈直径/mm	判定结果
金黄色葡萄球菌	青霉素G钠			
	恩诺沙星			
	硫酸庆大霉素			
	氟苯尼考			
大肠杆菌	青霉素G钠			
	恩诺沙星			
	硫酸庆大霉素			
	氟苯尼考			

技能训练七　观察敌百虫的驱虫效果

（一）准备工作

病犬（经粪检，确定感染蛔虫的犬）、电子秤、兽用敌百虫粉、饲料、阿托品注射液、碘解磷定注射液。

（二）训练方法

对病犬称体重，清晨停止饲喂。取敌百虫粉按病犬120mg/kg用少量精料进行混饲投药。半小时后按常规饲喂，观察病犬的反应和排虫情况。

（三）归纳总结

一般多在混饲后2h左右开始排出虫体，4h左右药效消失。如出现副作用时通常不需要处理，但出现中毒现象时应予以抢救，使用阿托品和碘解磷定进行抢救。

（四）实训报告

记录投药后犬是否有呕吐拉稀、流涎或口吐白沫、肌肉震颤等情况；排出虫体的数量和蠕动情况（表 12-6）。分析敌百虫的驱除作用和副作用产生的原因。

表 12-6　　敌百虫驱虫实训结果

犬体重	给药方法与剂量	给药后是否拉稀	排虫时间	排虫数量

技能训练八　观察肾上腺素对普鲁卡因局部麻醉作用的影响

（一）准备工作

家犬 1 只、0.1%盐酸肾上腺素注射液，2%盐酸普鲁卡因注射液、注射器（1mL、5mL）、8 号针头、剪毛剪、镊子、酒精棉球、电子秤。

（二）训练方法

（1）取家犬 1 只，称体重，观察其正常活动，用针刺后肢，观察并记录有无疼痛反应。

（2）按 2mL/kg 体重，在两侧坐骨神经周围，分别注入 2%盐酸普鲁卡因注射液和加有 0.1%肾上腺素的普鲁卡因注射液。

（3）5min 后开始观察两后肢有无运动障碍，并用针刺两后肢，观察有无痛觉反应，以后每 10min 检查一次，观察两后肢恢复感觉的情况。

（三）归纳总结

实训过程中使犬自然俯卧，在尾部坐骨嵴与股骨头之间摸到一凹陷处，即为坐骨神经部位，注射点需要准确把握。普鲁卡因与肾上腺素的比例，即每 10mL 2%普鲁卡因注射液中加 0.1%盐酸肾上腺素注射液 0.1mL。

（四）实训报告

记录实训所观察的结果（表 12-7），家犬两后肢运动和感觉恢复时间为何不同？说明普鲁卡因与肾上腺素合用进行局部麻醉的临床意义。

表 12-7　　局部麻醉实训结果

药物	用药前反应	用药后反应/min						
		5	10	20	30	40	50	60
普鲁卡因								
普鲁卡因+肾上腺素								

技能训练九 不同局麻药对犬角膜麻醉作用的比较

（一）准备工作

家犬、1%盐酸丁卡因溶液、1%盐酸普鲁卡因溶液、兔犬固定架、剪刀、滴管。

（二）训练方法

取家犬1只，用犬固定箱固定。剪去睫毛后，用犬须触及其角膜，测试其两眼的眨眼反射。然后用手指将下眼睑拉成杯状并压住鼻泪管，向左右两眼分别滴入1%盐酸丁卡因溶液、1%盐酸普鲁卡因溶液各2滴。10min后观察两眼的眨眼反射，比较两眼差别。

（三）归纳总结

对犬左右眼分别滴入不同局麻药，比较其作用效果。刺激角膜用的犬须，前后及左右两眼应用同一根的同一端，刺激强度力求一致，且犬须不可触及眼睑，以免影响实训结果。实验过程中也可用同量利多卡因代替丁卡因。

（四）实训报告

记录实训所观察的结果（表12-8），分析两种不同的局麻药对犬角膜的局麻作用。

表12-8 局麻药对犬角膜的麻醉作用

动物	眼	药物	眨眼反射
犬	左	1%盐酸丁卡因	
	右	1%盐酸普鲁卡因	

技能训练十 观察水合氯醛的全身麻醉作用及氯丙嗪的增强麻醉作用

（一）准备工作

家犬3只、10%水合氯醛、2.5%氯丙嗪、家犬固定器、5mL注射器2支、针头3个、电子秤、体温计、剪毛剪、手术镊、酒精棉球。

（二）训练方法

（1）取犬3只，称体重，编号，观测正常情况，如呼吸、脉搏、体温、痛觉反射、翻正反射、瞳孔、角膜反射、骨骼肌紧张度等。

（2）分别给各犬注射药物 甲犬前肢静脉注射全麻醉量的水合氯醛，即1.2mL/kg体重的10%水合氯醛；乙犬前肢静脉注射半麻醉量的水合氯醛，即0.6mL/kg体重的10%水合氯醛；丙犬先前肢静脉注射0.12mL/kg体重的2.5%氯丙嗪，后前肢静脉注射半麻醉量的10%水合氯醛。

(3) 分别观察各犬的反应及体征变化。

(三) 归纳总结

实训过程中必须仔细观察给药前后家犬的临床表现，记录麻醉维持时间，同时还要注意家犬的体温变化。准确控制水合氯醛与氯丙嗪的剂量。

(四) 实训报告

记录实训所观察的结果（表 12-9），并分析全身麻醉时为什么要观察体征，氯丙嗪作麻醉前给药有什么好处。

表 12-9　　全身麻醉实训结果

犬号	体重	药　物	麻醉时间		用药前			用药后		
			出现时间	麻醉时间	痛觉反射	角膜反射	肌肉紧张度	痛觉反射	角膜反射	肌肉紧张度
甲		全量水合氯醛								
乙		半量水合氯醛								
丙		氯丙嗪+半量水合氯醛								

技能训练十一　观察地西泮抗药物惊厥作用的效果

(一) 准备工作

家犬 2 只、5mL 注射器 3 支、0.5%地西泮溶液、25%尼可刹米溶液、0.9%氯化钠注射液、电子秤、酒精棉球、手术镊。

(二) 训练方法

(1) 取家犬 2 只，称体重，编号。

(2) 两犬均由前肢静脉注射 25%尼可刹米溶液 0.5mL/kg，待家犬出现惊厥（躁动、角弓反张等）后，甲犬立即由前肢静脉注射 0.5%地西泮溶液 5mg/kg，乙犬前肢静脉注射等容量 0.9%氯化钠注射液，观察两犬惊厥有何不同。

(三) 归纳总结

通过对两只家犬人工制造惊厥反应，然后分别注射地西泮和氯化钠，观察注射后的家犬抗惊厥作用，选取实验动物须为同一饲养条件下饲养的家犬。

(四) 实训报告

记录实训所观察的结果（表 12-10），分析地西泮的抗惊厥作用机理。

表 12-10　　地西泮抗药物惊厥作用的效果

犬号	体重/kg	25%尼可刹米/mL	药物及剂量/mL	结果
甲			0.5%地西泮溶液	
乙			0.9%氯化钠注射液	

技能训练十二 观察不同浓度枸橼酸钠对血液的作用

(一) 准备工作

家犬、生理盐水、4%枸橼酸钠溶液、10%枸橼酸钠溶液、试管、试管架、穿刺针、注射器、恒温水浴锅、1mL 吸管、玻璃棒、秒表、记号笔。

(二) 训练方法

(1) 取 4 支试管并进行编号，1~3 号试管用吸管分别加入生理盐水、4%枸橼酸钠溶液、10%枸橼酸钠溶液各 0.1mL，第 4 号试管为空白对照。

(2) 家犬前肢静脉采血约 5mL，迅速向 1~3 号试管中加入 0.9mL 血液，用玻璃棒搅拌混匀，第 4 号试管加入 1mL，放入 (37±0.5)℃恒温水浴锅中。

(3) 用秒表记录时间，每隔 30s 将试管倾斜一次，观察血液的凝固情况，并分别记录各试管的血液凝固时间。

(三) 归纳总结

4 支试管的大小一致、清洁干燥。前肢静脉采血时动作要迅速，以免血液在注射器内产生凝固。血液加入试管后，用玻璃棒搅拌混匀时应避免产生气泡。从采血到试管置入恒温水浴锅的间隔时间不得超过 3min。

(四) 实训报告

记录各试管的血液凝固 (表 12-11) 并进行分析讨论，掌握其作用特点及应用。

表 12-11 不同浓度枸橼酸钠对血凝时间的影响

药物	生理盐水	4%枸橼酸钠溶液	10%枸橼酸钠溶液	空白对照组
时间				

技能训练十三 观察呋塞米和甘露醇对家犬的利尿作用

(一) 准备工作

家犬 3 只 (雄性，体重 2~3kg)、生理盐水、1%呋塞米注射液、20%甘露醇注射液、液体石蜡、犬固定板或手术台、导尿管、烧杯、量筒、胶布、注射器、电子秤。

(二) 训练方法

(1) 将 3 只家犬称体重，标记，仰卧保定于犬固定板或手术台上。

(2) 将充满生理盐水并涂抹过液体石蜡的导尿管由家犬尿道口缓慢插入膀胱 8~12cm，当有尿液滴出时用胶布将导尿管固定于犬体，以防滑脱。

(3) 压迫犬下腹部使膀胱排空，排空后用烧杯收集并量出 10min 内的正常尿量。

（4）分别给 3 只家犬静脉注射生理盐水（25mL）、1%呋塞米注射液（0.5mL/kg）、20%甘露醇注射液（10mL/kg）。

（5）用烧杯收集并量出每 10min 的尿量，连续观察 40min，比较在不同时间段内尿量的变化和总尿量。

（三）归纳总结

家犬在实训前 24h 内给予充足的饮水和湿粮；各家犬的体重、饮水量、给药时间和膀胱排空尽量一致，以减少误差；插入导尿管时动作缓慢，以免损伤尿道口；烧杯收集的尿液使用量筒来测定尿量，以便分析。

（四）实训报告

记录实训结果（表 12-12），比较分析家犬在不同时间段内尿量的变化和总尿量的原因，从而掌握呋塞米、甘露醇对家犬的利尿作用特点和临床应用。

表 12-12　　药物对家犬排尿量的影响

犬号	用药前尿量/mL	药物	用药后尿量/mL			
	10min		10min	20min	30min	40min
甲		生理盐水				
乙		1%呋塞米				
丙		20%甘露醇				

技能训练十四　观察解热镇痛药对发热家兔体温的影响

（一）准备工作

家兔 3 只、30%安乃近注射液、过期伤寒混合疫苗、体温计、一次性注射器、酒精棉球、电子秤。

（二）训练方法

（1）现在健康的家兔 3 只，称体重，编号，测量正常体温（如测量 2~3 次体温波动较大者不适宜作为本次实验动物使用）。

（2）按 0.5mL/kg 体重给 1 号、2 号家兔耳静脉注射过期伤寒混合疫苗，每隔 30min 测量一次体温，待体温升高 1℃以上时，1 号家兔按 2mL/kg 腹腔注射生理盐水，2 号、3 号家兔按 2mL/kg 腹腔注射 30%安乃近注射液。给药后每隔 30min 测量一次体温，共测量 4 次，观察各家兔的体温变化。

（三）归纳总结

在测量体温前应使家兔保持安静，将体温计刻度甩至 35℃以下，涂抹石蜡油进行直肠测温。正常家兔体温在 38.5~39.5℃，体温过高者对致热原反应

附录二　项目练习答案

项目一

（一）选择题

1. C	2. A	3. E	4. B	5. E
6. A	7. B	8. E	9. B	10. E
11. A	12. C	13. C	14. C	15. B

（二）简答题（略）

项目二

（一）选择题

1. B	2. A	3. B	4. E	5. A
6. C	7. D	8. E	9. D	10. C
11. B	12. B	13. D	14. E	15. C
16. C	17. B	18. D	19. A	20. E

（二）简答题（略）

项目三

（一）选择题

1. D	2. A	3. E	4. C	5. C
6. D	7. B	8. E	9. A	10. C

（二）简答题（略）

项目四

（一）选择题

1. A	2. B	3. E	4. A	5. B
6. D	7. A	8. D	9. B	10. A
11. E	12. B	13. A	14. B	15. E

（二）简答题（略）

项目五

（一）选择题

1. B	2. D	3. A	4. E	5. D
6. D	7. C	8. D	9. E	10. A

（二）简答题（略）

项目六

（一）选择题

1. B	2. D	3. A	4. C	5. C
6. A	7. D	8. C	9. B	10. E

（二）简答题（略）

项目七

（一）选择题

1. D　2. C　3. A　4. D　5. C
6. C　7. A

（二）简答题（略）

项目八

（一）选择题

1. A　2. B　3. C　4. A　5. B
6. E　7. B　8. D　9. A　10. D

（二）简答题（略）

项目九

（一）选择题

1. B　2. A　3. B　4. C　5. C

（二）简答题（略）

项目十

（一）选择题

1. A　2. A　3. E　4. E　5. D
6. B　7. D

（二）简答题（略）

项目十一

（一）选择题

1. B　2. C　3. C　4. A　5. E

（二）简答题（略）

参考文献

［1］贾林军，许建国．动物药理学［M］．北京：中国轻工业出版社，2017.

［2］陈杖榴．兽医药理学［M］.3版．北京：中国农业出版社，2016.

［3］张红超，孙红梅．宠物药理［M］．北京：化学工业出版社，2012.

［4］沈建忠．兽医药理学［M］．北京：中国农业大学出版社，2001.

［5］朱模忠．兽药手册［M］．北京：化学工业出版社，2002.

［6］中国兽医协会．执业兽医资格考试应试指南［M］．北京：中国农业出版社，2010.

［7］贺生中．宠物药理［M］．北京：中国农业出版社，2014.

［8］冯志华，黄文峰．动物药理与毒理［M］．北京：中国农业大学出版社，2016.

［9］李继昌，罗国琦．宠物药理［M］．北京：中国农业科学技术出版社，2008.

［10］邱深本，李喜旺．动物药理［M］．北京：化学工业出版社，2010.

［11］刘占民，李丽．新编动物药理学［M］．北京：中国农业科学技术出版社，2012.

［12］赵明珍．动物药理［M］．北京：中国农业出版社，2011.

［13］贺生中，李荣誉，裴春生．动物药理［M］．北京：中国农业大学出版社，2011.

［14］赵红梅，苏加义．动物机能药理实验教程［M］．北京：中国农业大学出版社，2007.

［15］曾振灵．兽医药理学实验指导［M］．北京：中国农业出版社，2009.